機械学習のための「前処理」入門

足立 悠［著］

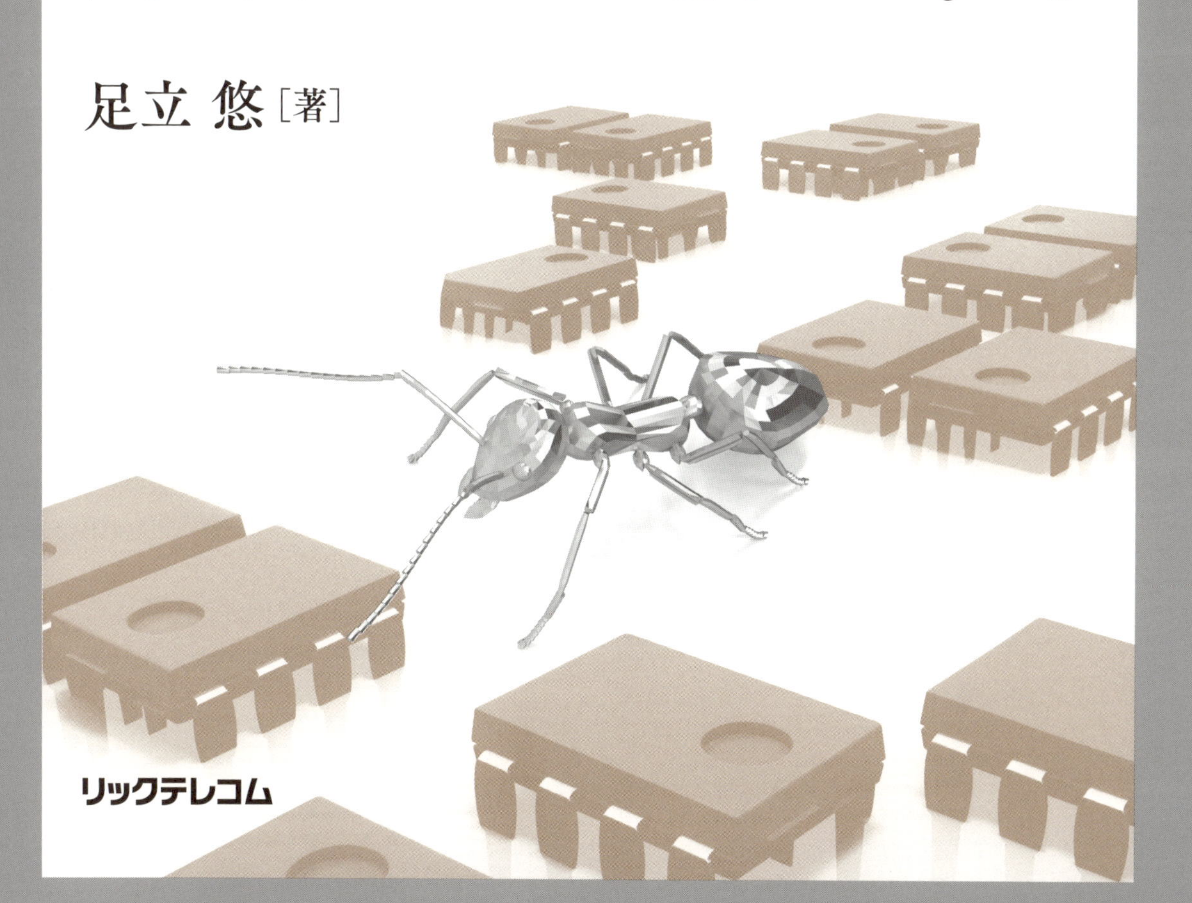

リックテレコム

注　意

1. 本書は、著者が独自に調査した結果を出版したものです。
2. 本書は万全を期して作成しましたが、万一ご不審な点や誤り、記載漏れ等お気づきの点がありましたら、出版元まで書面にてご連絡ください。
3. 本書の記載内容を運用した結果およびその影響については、上記にかかわらず本書の著者、発行人、発行所、その他関係者のいずれも一切の責任を負いませんので、あらかじめご了承ください。
4. 本書の記載内容は、執筆時点である2019年３月現在において知りうる範囲の情報です。本書に記載されたURLやソフトウェアの内容、Webサイトの画面表示内容などは、将来予告なしに変更される場合があります。
5. 本書に掲載されている画面イメージ等は、特定の環境と環境設定において再現される一例です。
6. 本書に掲載されているプログラムコード、図画、写真画像等は著作物であり、これらの作品のうち著作者が明記されているものの著作権は、各々の著作者に帰属します。

商標の扱い等について

はじめに

データ分析に関する書籍が毎日のように出版されていますが、その多くはモデリングの技術（アルゴリズム）に焦点を当てています。確かに、アルゴリズムの知識を身に付けないと、分析モデルを作成できるようにはなれません。

しかし、実務の現場で生データに向き合う中では、それ以上に「データの前処理」の重要性を実感することになります。データ分析の成否は、データを前処理して、どのように特徴量を作成するかにかかっています。

そこで本書では、「分析の目標」と「データ形式」の2つに着目し、それぞれの観点から、望まれる前処理の方法を複数紹介します。ITエンジニア向けの体験学習を基本とし、本書で試す実装の内容は、実務でもそのまま使えるようになっています。

本書の特徴

本書では、「予測」を主な分析目標とし、構造化データと非構造化データを扱います。実装作業はデータ分析のフレームワークCRISP-DMに沿って進めるので、実務に近い形で、前処理のテクニックを学び、身に付けることができます。また各章には、理解を深めるための練習問題を複数用意しました。本文を読んで基礎力を身に付け、練習問題に挑戦して応用力を身に付けてください。

対象読者

本書では、Pythonを使って実装を進めていきます。そのため、Pythonの基本文法を理解し使える方なら、データ分析は未経験でも、無理なく読める構成にしています。「データ分析もPythonも、どちらも初めて」という方でも、プログラミング的思考に抵抗がない、または他のプログラミング言語を使えれば大丈夫です。

本書の前処理をひととおり実装し終えた暁には、分析の目標とデータ形式に応じ、どのように前処理を行って特徴量を作成すべきか、勘所が見えるようになっていることでしょう。「実務でデータ分析を進めたい」「そのために前処理の基礎を身に付けたい」と考える方々にとって、本書が手助けになることを願っています。

2019年3月　足立 悠

●ダウンロードのご案内

本書をお買い上げの方は、本書に掲載されたものと同等のプログラムやデータのサンプルのいくつかを、下記のサイトよりダウンロードして利用することができます。

http://www.ric.co.jp/book/index.html

リックテレコムの上記Webサイトの左欄「総合案内」から「データダウンロード」ページへ進み、本書の書名を探してください。そこから該当するファイルの入手へと進むことができます。その際には、以下の書籍IDとパスワード、お客様のお名前等を入力していただく必要がありますので、予めご了承ください。

書籍ID　：　ric11961　　　パスワード　：　prg11961

●開発環境と動作検証

本書記載のプログラムコードは、主に以下の環境で開発と動作確認を行いました。

- **開発環境：**
  - クラウド環境：サービス提供者の環境に依存
  - ローカル環境：
    - OS：Windows10 Home 64bit
    - プラットフォーム：Anaconda3-2018.12
    - 開発言語・SDK・ライブラリ等：
      Python 3.6.8、Jupyter 1.0.0、JupyterLab 0.35.3、Pandas 0.24.1、Numpy 1.15.4、Matplotlib 3.0.2、Scikit-learn 0.20.2、OpenCV 4.0.0.21、TensorFlow 1.12.0、Keras 2.2.4、Janome 0.3.7、NetworkX 2.2、WordCloud：1.5.0

- **動作確認：**
  - OS：Windows10 Home 64bit、Windows10 Pro 64bit
  - プラットフォーム等：
    Anaconda3-2019.13、Python 3.7.3、JupyterLab 0.35.4、RapidMiner Studio 9.2.001、Gephi 0.9.24

●本書刊行後の補足情報

本書の刊行後、記載内容の補足や更新が必要となった場合、下記に読者フォローアップ資料を掲示する場合があります。必要に応じて参照してください。

http://www.ric.co.jp/book/contents/pdfs/11961_support.pdf

Contents

目次

第3章　構造化データの前処理

第4章　構造化データの前処理（2）

第5章 画像データの前処理

第6章 時系列データの前処理

第7章　自然言語データの前処理

付録　Appendix

第1章

データ分析・活用を始めるために

1　データドリブンな時代へ

デジタルトランスフォーメーション（**DX**注1）によって、私たちの生活環境は大きく変化しています。スマートフォンやAIスピーカー、IoT住宅などの登場はその象徴でしょう。ある調査結果によると、国内DX市場の規模は、2017年で約5000億円、2020年には約1兆円を超え、2030年には約2兆5000億円に届くと見込まれています[1]。

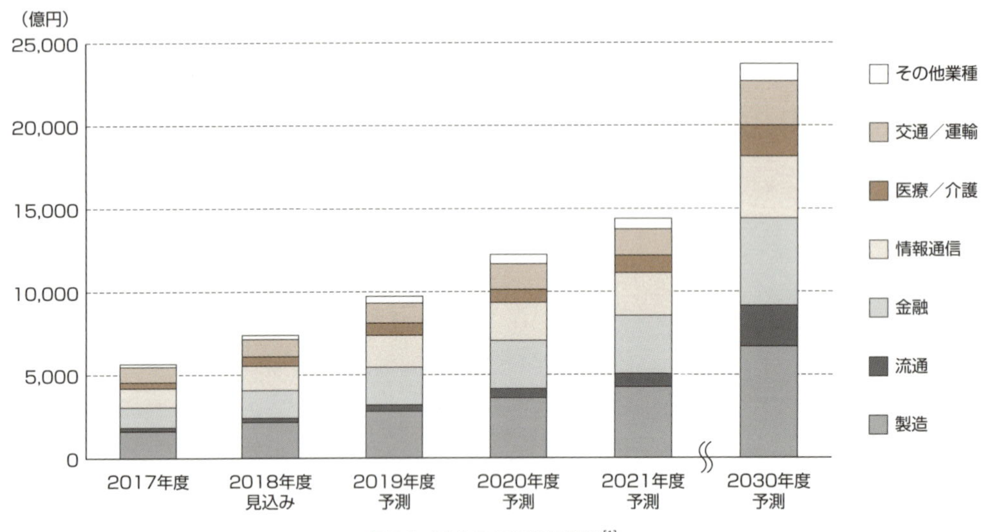

図1.1　国内のDX市場規模[1]

DXの技術要素には**AI**（Artificial Intelligence：人工知能）、IoT（Internet of Things）、クラウドコンピューティング、RPA（Robotic Process Automation）、ロボティクスがあります。いずれも、BtoBとBtoCの垣根を越えて広く認知されつつあります。

このうちIoTは主にデータ収集の手段、クラウドコンピューティングは収集したデータの蓄積手段、AIは分析・活用の手段、RPAとロボティクスはデータ活用をより具現化する手段と考えれば、全てはデータを中心に回っていると言えます。本書では**データ分析・活用**に注目します。

まずはデータ分析の目的と、結果の活用方法から考えてみましょう。よく挙げられる目的には、新規事業の創出と既存事業の改善があります。後者の方が想像しやすいですが、一口に「既存事業の改善」と言っても広すぎるので業種別に考えていきます。

製造業の事例では、機械設備の故障予測や異常検知があります。機械の操作に慣れた熟練作業者は、過去の経験をもとに機械がいつごろ故障しそうかを予測し、メンテナンス計画を立てます。

注1　英語圏ではTransをXと略すことが多いため、DTではなくDXと表記されます。

しかし、不慣れな未熟練者には経験が足りません。このような場合、機械の稼働ログ、あるいは振動や加速度など各種センサデータを収集・蓄積しておき、分析して故障のパターンを見出せれば、予測が可能となり、メンテナンス計画の立案につながります。

サービス業の事例、特に顧客窓口業務でも同じことが言えます。顧客の応対に慣れたベテランオペレータは、最初の質問内容から複数の回答パターンを用意し、状況に応じ使い分けます。しかし、不慣れな新米オペレータには真似できません。このような場合も、顧客への応対履歴を収集・蓄積しておき、分析して高い満足度の回答パターンを見出せれば予測ができ、ひいては回答のレコメンド（推奨）につながります。

これらの例は、熟練者の知見を定量的に表現でき、これまで人手で行っていた作業を、部分的に機械が代行できることを示しています。RPA や AI チャットボットは顕著な代表例です。ほかにも農業や医療、インフラなど広い分野でデータ分析・活用の取り組みが進んでいます。

以上のことからも、データ分析・活用を推進すべきであるのは明白です。しかし日本はこの取り組みが遅れており、今後さらに諸外国との差が大きく開いてしまうと予想されています[2]。

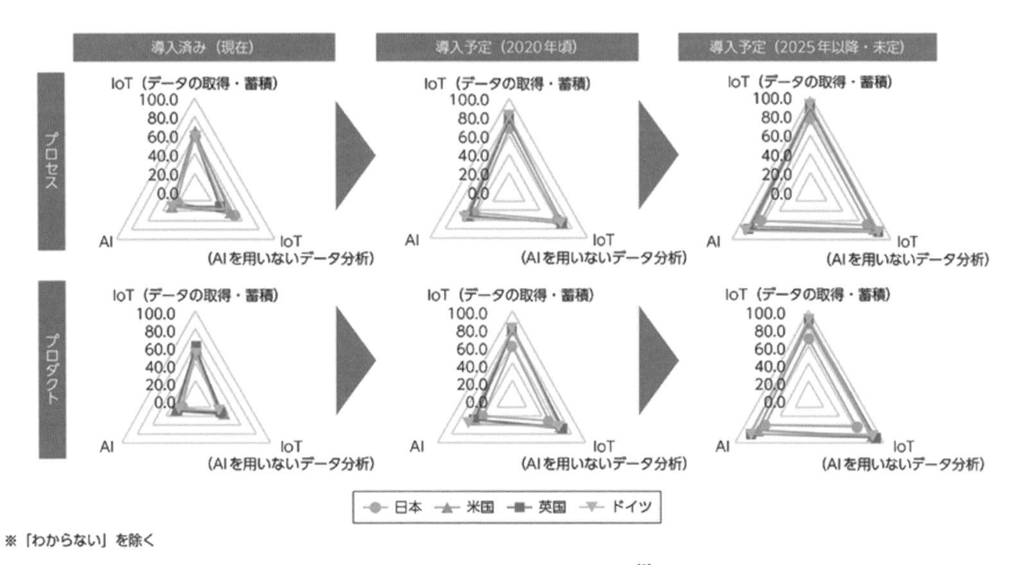

図 1.2 諸外国の AI・IoT 導入推移[2]

なぜ、取り組みが進まないのでしょうか？　次はその理由を考えてみましょう。

2　データ分析プロジェクトに必要な要素

データ分析プロジェクトを進めるには、大きく分けて「**データ**」、「**インフラ**」、「**人材**」の 3 つの要素が必要です。

2.1　データ

まず、分析の対象となるデータが必要となることは言うまでもありません。データと一口に言っても様々な種類があります。

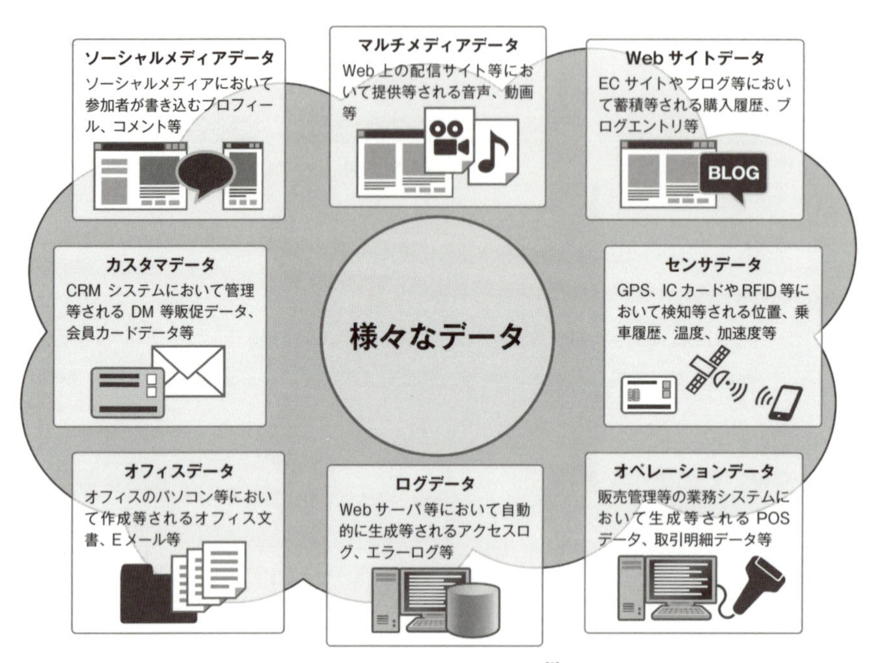

図 1.3　データの種類の一例 [3]

分析の目的に合うデータを選んで、収集・蓄積しなければなりません。例えば、機械の故障予測が目的の場合は、機械に取り付けられた各種センサのデータやイベントログが対象となります。顧客への回答レコメンドが目的の場合は、顧客の属性データや応対コメントが対象となります。

ここで、よくある勘違いを紹介しておきます。

「うちの洋服店は昔からIT投資をしてきたので、20年分の顧客データと販売データを蓄積できている。このデータを分析して、売上増加につながる知見を得られるに違いない！」

顧客データには顧客のIDや氏名、年齢、データベースへの登録日などの情報が含まれ、販売データにはどの顧客がいつ、何の商品を、何個購入したなどの情報が含まれているとします。結論から言えば、期待が叶う可能性は低いでしょう。

なぜなら、この店が蓄積してきたのは過去の「**実績データ**」だからです。これらを使えば、**BI**（Business Intelligence）、すなわち、データから現在の状態を把握する分析は可能です。つまり、顧客データと販売データをETL（Extract/Transform/Load）処理にかけ、店舗単位の月次売上額を可視化したり、商品カテゴリ単位の月次売上ランキングを表示したりすることはできます。

しかし、ここで想定される「知見」とは、過去のデータから未来の状態を予測したり、一見してわからないパターンを発見したりすることを指しており、それはBIではなく**BA**（Business Analytics）から得られるものです。

では、BAにはどのようなデータが必要なのでしょうか？　答えは、顧客の「**履歴データ**」です。次のような状況を想像してください。

ある日ある顧客がA店を訪れ、あるジャケットのサイズMを購入しようとしました。しかし店頭にはサイズSしかないため、顧客はサイズMの在庫があるかを店員に尋ねました。店員はシステムを使って他店の在庫を検索し、B店にあることを確認しました。顧客は取り寄せを依頼し、1週間後に再度A店を訪れ、希望していたサイズMのジャケットを購入しました。

実績データでは「顧客はA店でジャケット（サイズM）を購入した」という情報しか記録されません。履歴データと呼ぶには、上記に挙げた「顧客がジャケット（サイズM）を購入するまでの行動」の記録が必要です。顧客の属性データ、売上実績データ、販売履歴データが揃ってはじめて、BAの分析を始めることができ、期待している知見を得られる可能性が高くなります。

なお、本書ではBAに焦点を当てますが、一部でBIも使います。そのため、BIについて別ページの「豆知識1」で説明します。

図1.3に、様々な種類のデータを示しました。これらは表現の形式によって「**構造化データ**」「**半構造化データ**」「**非構造化データ**」に分類できます。これについては、次章で改めて説明します。

2.2 インフラ

BIやBAのデータ分析を始めるには、データを処理するための環境も必要です。世の中には、無料（オープンソース含む）／有料、GUI（プログラミングなし）／CUI（プログラミングあり）、クラウドサービス／オンプレミスなど、様々なツールがありますが、よく使われているのはどれでしょうか？　データ分析の情報サイトKDnuggetsは、毎年、分析ツールの利用状況を調査しランキングを発表しています[4]。

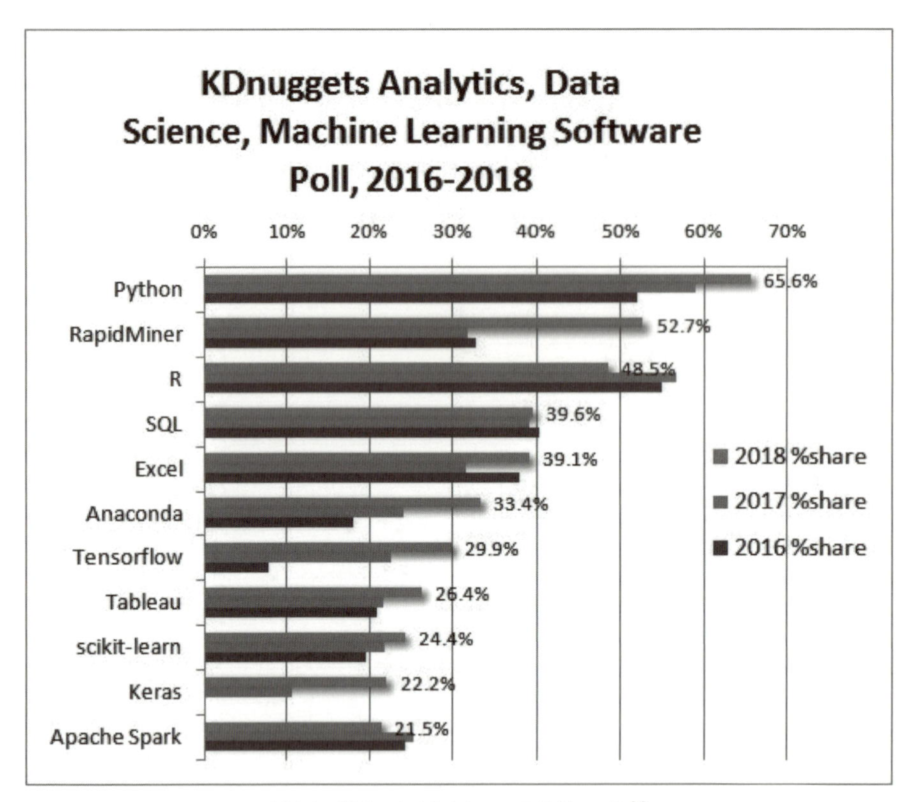

図1.4　世界でよく使われている分析ツール[4]

上位5位のツールを簡単に紹介しておきます。

- 1位は「Python」です。世間のニーズに応え、役立つパッケージが追加されていることもあり、年々人気が高まっています。また、「実装をシンプルに・誰が見ても読みやすいこと」という思想が根底にあるため、これからプログラミングを始める人にも、既にプログラミングに慣れている人にも幅広く利用されています。
- 2位は「RapidMiner」です。GUIで実装できるため、非ITエンジニアにも扱いやすいことが人気の高さの要因でしょう。このツールは RapidMiner 社が販売している商用製品ですが、一部はオープンソースとして無料で使用できます。

- 3位は「R」です。コードを記述する点と、データ分析用のパッケージが用意されている点は、Python と同じです。近年は、パッケージの豊富さや扱いやすさの点で、人気は Python に後れを取っています。しかし従来の統計解析やネットワーク分析など、特定の分析手法は、Python よりも R の方が実装しやすいと言えます。
- 4位は「SQL」です。Python や R と同じくコードを書きます。このツールはデータ分析のための、データの加工・整形処理（いわゆる前処理）に利用されます。データの前処理は SQL のほか、R の data.table パッケージや Python の Pandas パッケージを使っても実装できます。しかし、処理するデータ量が多くなればなるほど、SQL の方が高速に実行できます。

なお、SQL よりも速く実行できるツールとして、NYSOL の MCMD があります。NYSOL は日本発、無料で使える分析のツール群です[5]。分析ツールの多くが海外発であることを考えると、珍しいツールだと言えます。

Python（Pandas）、R（data.table）、SQL、NYSOL（MCMD）それぞれ、どの程度の時間でデータを処理できるか比較した結果を、別ページの「豆知識 2」で説明します。

- 5位は「Excel」です。GUI でデータを前処理するときに利用されます。また、統計解析の機能を一部備えているため、簡単な分析はできます。

分析ツールを選定する際、無料のものか有料のものか、GUI のものか CUI のものか、いったいどれを使えばよいか悩むことでしょう。選定のポイントは、分析の目的、プロジェクトの規模や予算、人数など様々です。もちろん、複数のツールを使い分けることもあります。例えば、GUI ツールを使って分析フローを作成し効果を検証した後、プログラミングで本格的に実装して運用する、そのような使い分けもよいでしょう。

2.3 人材

データとインフラが準備できていても、分析のストーリーを描き、計画を立てて実行する人がいなければ話になりません。そのような人材を「**データサイエンティスト**」と呼びます。

現状、データサイエンティストは日本に限らず世界で見ても不足しています。理由の1つは、従来の IT スキルに加え、データ分析に必要な数学の基礎知識が必要であり、ハードルが高いと考えられているためです。データサイエンティストに必要なスキルについては、次節で詳しく説明します。

とはいえ、手をこまぬいてばかりはいられません。大学では、産学連携のデータサイエンス講座を開講しています。企業では、データサイエンティストを中途採用して、社員教育にあたらせるといった試みを行っています。

ここで、米調査会社のガートナー社が 2018 年に発表した、日本版最新のハイプ・サイクルを確認してみましょう[6]。ハイプ・サイクルとは、注目すべき先進テクノロジーの成熟度合いをグラフで表現したものです。ハイプ・サイクルの左上に「市民データ・サイエンス」というキーワードが表示されており、このテクノロジーは 2〜5 年で主流になると予想されています。

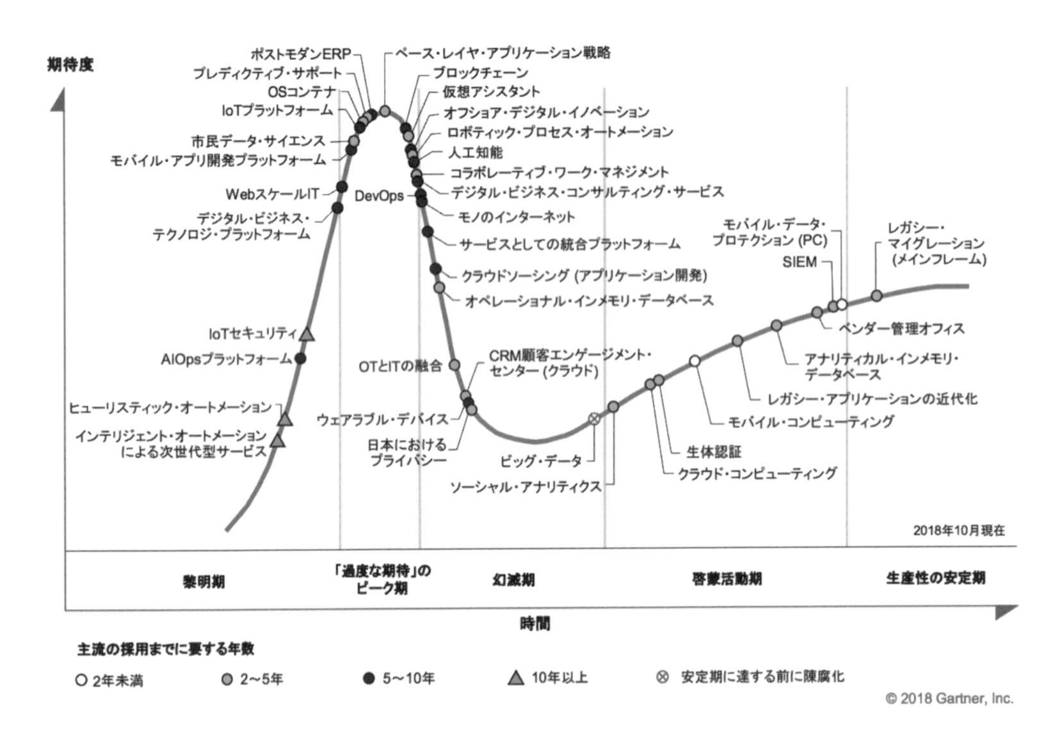

出典:ガートナー (2018年10月)

図 1.5　日本版ハイプ・サイクル[6]

このキーワードは、同じくガートナー社が定義した「**市民データサイエンティスト**」と近い意味を持ちます。市民データサイエンティストは、プロフェッショナルなデータサイエンティストではないが、データ分析業務を担う人材を指します。ガートナー社は、2020 年までにデータ分析業務の 40% は自動化され、市民データサイエンティストの活躍により、生産性は大きく向上すると予測しています[7]。

市民データサイエンティストが登場した背景には「AI の民主化」があります。データ分析を含めた AI に関する技術情報が、書籍や雑誌・Web サイトの記事などを介して世間に発信され始めたこと、オープンソースの無料ソフトやクラウドの安価なツールが登場したことで、閉じた世界の知識ではなくなりました。また、市民データサイエンティストの業務を後押しする武器として、分析を自動化するプラットフォームが注目を集めています。中でも、DataRobot 社が提供する DataRobot は有名です。

では、市民データサイエンティストが分析自動化ツールを使えば、全てのデータ分析プロジェクトは円滑に回るのでしょうか？　そうなればよいのでしょうが、実際は中々うまくはいきません。その理由は、次章までとっておくことにしましょう。

Column 豆知識 1. BI で何ができるのか？

BI (Business Intelligence) では、蓄積されたデータを加工・分析して、ビジネスに有用な情報に変えます。BI にはレポーティングや可視化、OLAP (On-Line Analytical Processing) などの手法が含まれ、データの理解を助けてくれます。

まずはデータを ETL 処理にかけるところから始めます。ETL 処理とは、データベースからデータを抽出し (**E**xtract)、分析しやすい形へ変換・加工し (**T**ransform)、格納先であるデータウェアハウス (Data Ware House, DWH) へ書き出す (**L**oad) ことです。

データは、抽出したままの状態では欠損や重複、誤字・脱字・表記揺れ、保存形式の違いなどにより不揃いなものが多く、ほとんど使えません。そのため、最適な形へと整えなければなりません。

整形したデータは DWH へ格納します。DWH は、様々なシステムに分散しているデータを一元的に管理するための、その名のとおり「倉庫」の役割を担います。DWH があらゆるデータを格納するのに対して、データを利用目的別に整理して構築したものを「データマート」と呼ぶことがあります。

蓄積されたデータは色々な手法で分析しますが、ここでは OLAP を取り上げましょう。OLAP では、データを様々な側面から見るために、「キューブ」と呼ぶ参照モデルを構築します。例えば売上分析を行うとき、売上期間と商品カテゴリの側面から、立体的にデータを把握することを考えてみましょう。図 1.6（左）のようにクロス集計し、その結果を図 1.6（右）のように棒グラフで表現することができます。

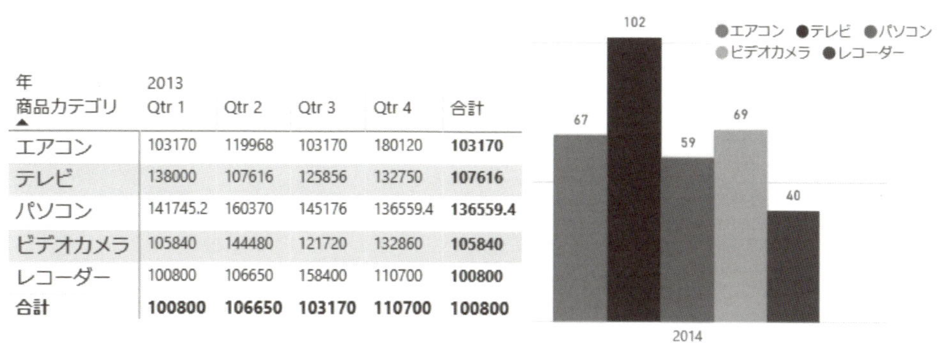

年 商品カテゴリ	2013 Qtr 1	Qtr 2	Qtr 3	Qtr 4	合計
エアコン	103170	119968	103170	180120	**103170**
テレビ	138000	107616	125856	132750	**107616**
パソコン	141745.2	160370	145176	136559.4	**136559.4**
ビデオカメラ	105840	144480	121720	132860	**105840**
レコーダー	100800	106650	158400	110700	**100800**
合計	**100800**	**106650**	**103170**	**110700**	**100800**

図 1.6　OLAP と可視化

　このような処理には通常、BIツールが用いられます。専門知識なしに、直感的な操作でデータを加工・分析できるからです。また、作業時間を削減でき、鮮度の高い情報を得られます。さらに、情報が視覚化され、わかりやすく表現されるため、状況を一目で把握できます。
　こうしたメリットがあるので、BIがBAにとって替わられてしまうわけではなく、データ分析の広がりとともに、BIツールは今後も普及していくでしょう。

Column　豆知識 2. データ処理が速いツールは？

　2.2項では、データの加工・整形などの前処理作業に使うツールとして、Python（Pandas）、R（data.table）、SQL、NYSOL（MCMD）を挙げました。同じデータ量に対する、各ツールの処理速度を比較してみましょう[8]。

対象データ
　ここでは飛行機の各年における定時運航データを使用します[9]。このデータは、飛行機の出発・到着地や時刻など29項目で構成されています。

	Year	Month	DayofMonth	DayOfWeek	DepTime	CRSDepTime	ArrTime	CRSArrTime	UniqueCarrier	FlightNum	...
0	1987	10	14	3	741.0	730	912.0	849	PS	1451	...
1	1987	10	15	4	729.0	730	903.0	849	PS	1451	...
2	1987	10	17	6	741.0	730	918.0	849	PS	1451	...
3	1987	10	18	7	729.0	730	847.0	849	PS	1451	...
4	1987	10	19	1	749.0	730	922.0	849	PS	1451	...

図1.7　1987年の定時運航データ

　1987年から2008年までのデータを結合して、表1.1の件数を持つ複数のデータセット（CSVファイル）を作成します。

表1.1　データ件数ごとの容量

データ件数	データ容量
1000件	約100kB
1万件	約1MB
10万件	約10MB
100万件	約100MB
1000万件	約1GB
5000万件	約5GB

前処理の種類

処理を比較する前処理の種類は「**列選択**」（図 1.8 左上）、「**行選択**」（図 1.8 右上）、「**列計算**」（図 1.8 左下）、「**並び替え**」（図 1.8 右下）の 4 つです。

	Year	Month	Origin	ArrDelay	DepDelay
0	1987	10	SAN	23.0	11.0
1	1987	10	SAN	14.0	-1.0
2	1987	10	SAN	29.0	11.0
3	1987	10	SAN	-2.0	-1.0
4	1987	10	SAN	33.0	19.0

Year	Month	Origin	ArrDelay	DepDelay
1987	10	SAN	23.0	11.0
1987	10	SAN	14.0	-1.0
1987	10	SAN	29.0	11.0
1987	10	SAN	-2.0	-1.0
1987	10	SAN	33.0	19.0

Year	Month	Origin	ArrDelay	DepDelay	TotalDelay
1987	10	SAN	23.0	11.0	34.0
1987	10	SAN	14.0	-1.0	13.0
1987	10	SAN	29.0	11.0	40.0
1987	10	SAN	-2.0	-1.0	-3.0
1987	10	SAN	33.0	19.0	52.0

Year	Month	Origin	ArrDelay	DepDelay	TotalDelay
1987	10	SAN	-10.0	-1.0	-11.0
1987	10	SAN	-11.0	0.0	-11.0
1987	10	SAN	-11.0	0.0	-11.0
1987	10	SAN	-10.0	-1.0	-11.0
1987	10	SAN	-6.0	-2.0	-8.0

図 1.8　前処理の種類

- 列選択：5 つの項目 Year（年）、Month（月）、Origin（出発地）、ArrDelay（到着遅延時刻・分）、DepDelay（出発遅延時刻・分）を選択します。
- 行選択：Origin の値が SAN である行を選択します。
- 列計算：ArrDelay と DepDelay の和を、新規項目 TotalDelay へ格納します。
- 並び替え：TotalDelay を昇順で並べ替えます。

処理速度の比較

データ件数ごとに、各前処理の実行にかかる時間（秒）を比較してみましょう。

1000 件から 10 万件までのデータセットに関しては、どのツールを使用しても処理が 1 秒未満で完了します。そのため、自分が使いやすく必要とする機能（関数）を提供しているツールを使用すればよいでしょう。

表 1.2　100 万件（上）と 5000 万件（下）の処理速度

前処理の種類	MCMD	Pandas	data.table	SQL
列選択	0.017	0.0158	0.017	0.001
行選択	0.011	0.0109	0.007	0.001
列計算	0.015	0.016	0.006	0.002
並び替え	0.017	0.0134	0.005	0.002
複合	0.034	0.0356	0.015	0.001

前処理の種類	MCMD	Pandas	data.table	SQL
列選択	0.039	0.605	0.071	0.073
行選択	0.031	0.1	0.022	0.006
列計算	0.019	0.0248	0.008	0.002
並び替え	0.018	0.0292	0.006	0.002
複合	0.048	0.324	0.074	0.019

複合では、列選択・行選択・列計算・並び替えを一気に処理します。すると、100万件以上のデータセットから、使用するツールによって、処理にかかる時間の差が大きく開いてきます。

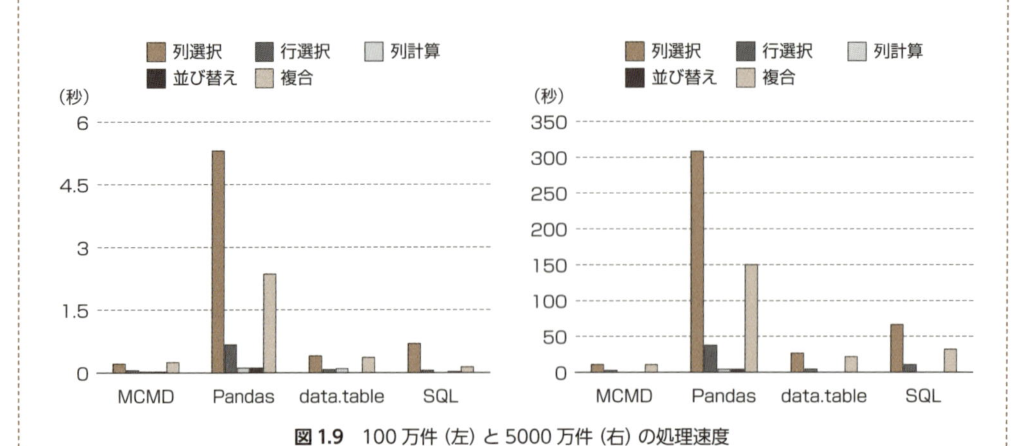

図1.9　100万件（左）と5000万件（右）の処理速度

データ件数が多くなればなるほど、Python（Pandas）の遅さが目立ってきます。

結論として、どのツールを使うべきか、一意に決めることはできません。データの量、多用する前処理の手法によって、自分が使いやすいと感じるツールを選定するとよいでしょう。ここではツール選定の１つの指針として処理速度に注目しました。

3 データ分析人材のスキル

一般社団法人データサイエンティスト協会という業界団体では、データ分析人材に必要なスキルを次の3つと定義しています[10]。

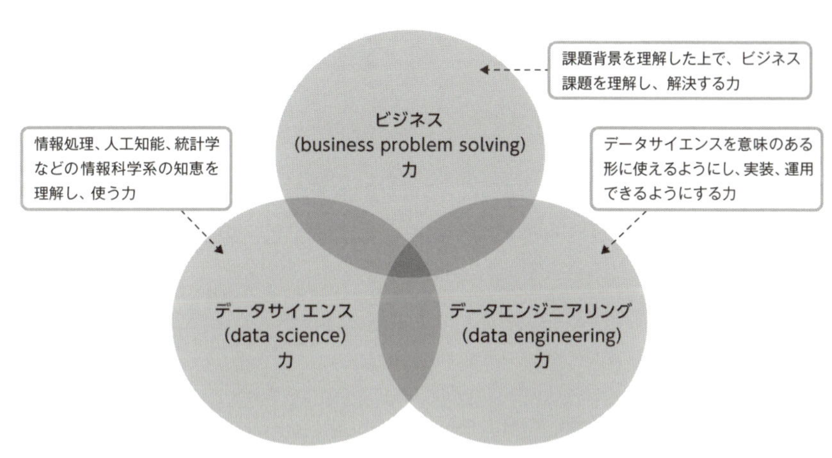

図 1.10　データ分析人材の 3 つのスキル[10]

- **ビジネス力：**
  課題背景を理解した上で、ビジネス課題を整理し、解決する力です。ただ闇雲に目の前にあるデータを解析しても、価値のない結果しか出てきません。手を動かす前に目標を設定することが重要です。
- **データサイエンス力：**
  情報処理、人工知能、統計学などの情報科学系の知恵を理解し、使う力です。世の中には数多くのアルゴリズムがあり、全部を試していくと途方もない時間がかかってしまいます。適切なものを選択し、使いこなす力が必要です。
- **データエンジニアリング力：**
  データサイエンスを意味のある形に使えるようにし、実装・運用できるようにする力です。IoT デバイスやデータベースなどから出力したデータ（いわゆる生データ）を、解析できる形へ加工・整形（前処理）する技術力が求められます。

以上、3つのスキルの一部分だけを説明しました。詳細は、データサイエンティスト協会発行のスキルチェックリストに掲載されています[10]。

データ分析人材は、データサイエンス力とデータエンジニアリング力をベースにして、データから価値を創出し、ビジネス課題に答えを出すプロフェッショナルです。とはいえ、全てを兼ね備えたハイスペック人材はそうそう存在しません。そのため、どれか1つのスキルに特化した人材を集めて分析チームを組み、チーム一丸となってプロジェクトを進めていくとよいでしょう。
　次章では、これらのスキルを使って、どのように課題の解決を導くか、具体的なプロセスを確認していきます。

第1章のまとめ

　第1章では、データ分析を取り巻く環境や、分析を進めていく上で必要になるスキルを中心に説明しました。数年前に比べると、データ分析そのものの重要性が高まっていますが、これから始める方々がまだ多いように感じます。
　また、何から始めればよいか調べようにも、情報が多すぎるためかえって混乱してしまうこともあるでしょう。そのようなときには本書の第1章を振り返ってください。最低限必要な情報だけをコンパクトにまとめています。

第1章の出典

[1] https://www.fcr.co.jp/pr/18075.htm
[2] http://www.soumu.go.jp/johotsusintokei/whitepaper/ja/h30/html/nd132210.html
[3] http://www.soumu.go.jp/johotsusintokei/whitepaper/ja/h24/html/nc121410.html
[4] https://www.kdnuggets.com/2018/05/poll-tools-analytics-data-science-machine-learning-results.html
[5] https://www.nysol.jp/#softwareLists
[6] https://www.gartner.co.jp/press/pdf/pr20181011-01.pdf
[7] https://www.gartner.com/en/newsroom/press-releases/2017-01-16-gartner-says-more-than-40-percent-of-data-science-tasks-will-be-automated-by-2020
[8] https://bit.ly/2BK9Ik4
[9] http://stat-computing.org/dataexpo/2009/the-data.html
[10] https://www.datascientist.or.jp/common/docs/skillcheck.pdf

第2章

データ分析のプロセスと環境

データ分析プロジェクトの全体像や進め方を理解するには、**CRISP-DM**（**Cr**oss-**i**ndustry **s**tandard **p**rocess for **d**ata **m**ining）フレームワークを参照するとよいでしょう[1]。このフレームワークは順に、ビジネス理解（Business Understanding）、データ理解（Data Understanding）、データ準備（Data Preparation）、モデル作成（Modeling）、評価（Evaluation）、展開／共有（Development）の6フェーズから成り立ちます。

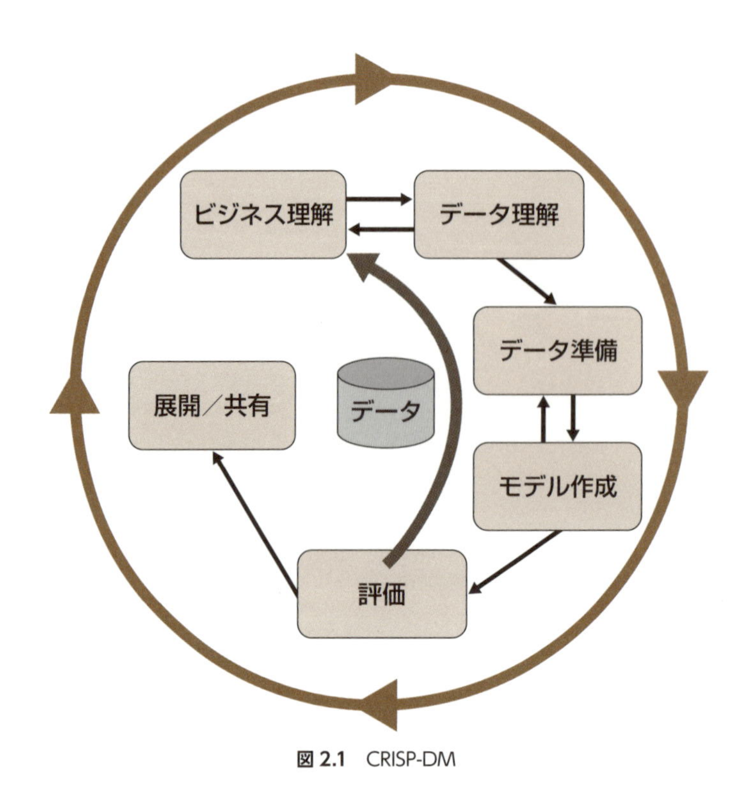

図 2.1　CRISP-DM

各フェーズでどのような作業が必要かを明らかにしていきましょう。

1 ビジネス理解

このフェーズでは、ビジネスの目的、ならびに分析の目標と成功の判定基準を定義します。例えば次のようなビジネスシナリオを想定してみましょう。

> ある銀行では、定期預金契約のテレマーケティングを実施しています。オペレータが過去の経験に基づき見込み顧客に電話をかけていますが、ここ数年は新規顧客の獲得数が伸び悩んでおり不発が目立ちます。電話をかければかけるほど人件費だけがかさんでいくので、顧客数を増やすための何かしらの対策を講じなければならないと考えています。

まず、ビジネスの目的は「契約獲得件数を増やすこと」です。ビジネスの現在の姿（**As Is**）とあるべき姿（**To Be**）を定義し、そのギャップを埋めるものを課題とします。

As Is（現状の姿）
- 過去の経験に基づいたテレマーケティングを実施している（定性的）
- 熟練者はどの顧客から優先して電話をかければよいか当たりを付けられるが、初心者は経験が浅いためそれをできない

To Be（あるべき姿）
- データを活用したテレマーケティングを実施している（定量的）
- 経験の大小に関係なく、全ての社員が契約確度の高い見込み客から優先して電話をかけられる

図 2.2 As Is と To Be の例

上記のギャップを埋める課題として、「契約確度の高い顧客を見つけること」が挙げられます。また、分析成功の判定基準は、「納得できる ROI（Return on Investment、費用対効果）まで新規顧客が増加すること」にしましょう。

2 データ理解

分析のもととなるデータについて理解しなければなりません。例えば、以下の観点で確かめてみましょう。

- いつ、どこで、なぜデータを取得したのか
- データはどの程度の間隔で取得したのか
- データは何を意味しているか
- データに取得漏れはないのか、完成しているのか
- データに欠損値や外れ値は含まれるのか
- データの項目間に関連はあるのか

データを理解するために、分析者は自分の手を動かすだけでなく、実務担当者と密にコミュニケーションをとらなければなりません。本書では前者に焦点を当てますが、後者も同等に重要であることを知っておいてください。

データを理解するには、BIの手法が役立ちます。第1章の2節と豆知識1では、データから現在の状態を把握するBIを説明しましたが、BIを使ってデータを集計し、代表値を知り、可視化すれば、単にデータを眺める以上の発見を得ることができるでしょう。

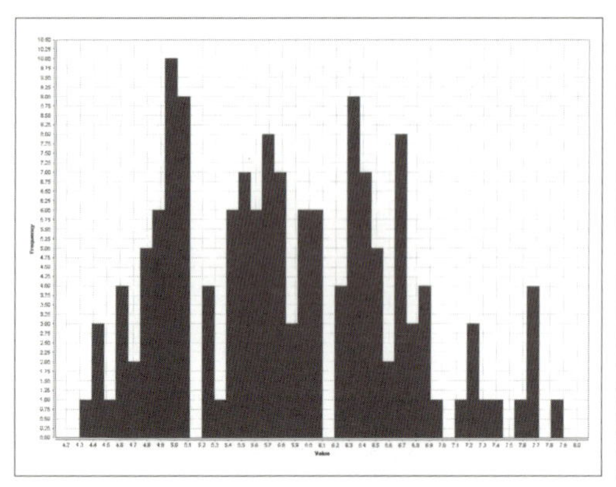

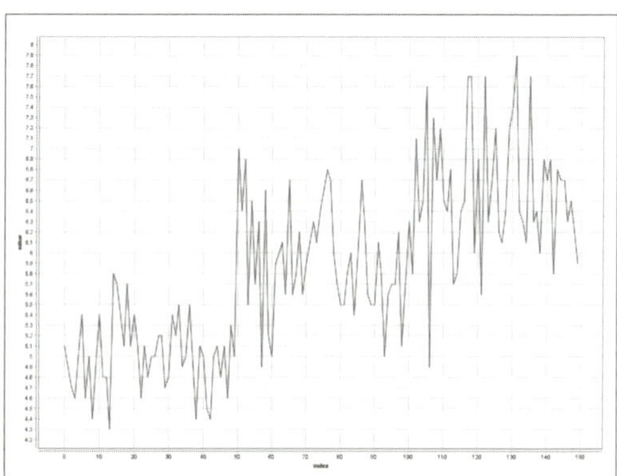

図 2.3　ヒストグラムと折れ線グラフによる可視化の例

3 データ準備

データを理解できたら、モデルを作成するために、データを前処理します。ここで、対象となるデータの種類を改めて確認しておきましょう。第1章の2節では、様々なデータを紹介しました。それらのデータは表現によって、**構造化データ**と**非構造化データ**に大別できます。

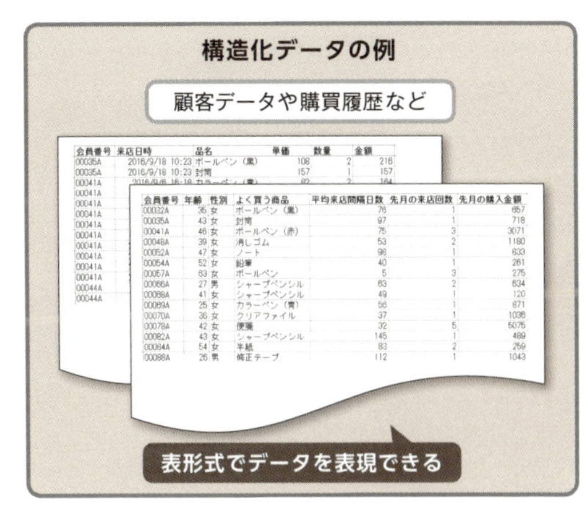

図 2.4 構造化データと非構造化データ

構造化データは、顧客データや購買履歴用に表形式で扱えるものを指します。この種類のデータには、従来からのデータベースで管理しやすいという特徴があります。

非構造化データは、主に画像や音声、文章の形式で表されます。構造化データよりも容量が大きく、扱いが難しいという特徴を持っています。

データの形式によって、前処理に使用する手法は大きく異なります。第3章からの実装で具体的に試していきましょう。

データの前処理は、多くの場合、プロセス全体の時間の**6~7割**、場合によっては9割を占めます。データをいかに表現するか、つまり「**どのように特徴量を作成するか**」が、次のフェーズで作成する「モデルの精度」を左右します。ひいては、ビジネス理解のフェーズで設定した分析の目標を達成できるかどうかにもつながるため、作業には十分な時間を費やすべきです。また、分析の目的によって前処理の内容は変わるため、このフェーズの作業はオーダメイドであり、自動化することは難しいでしょう。

3.1　特徴量とは？

特徴量とは何でしょうか。それを理解するには、先に**機械学習**（Machine Learning）の仕組みを理解する必要があります。機械学習は、今日のデータ分析でよく使われる手法の1つです。

機械学習とは、データに潜むルール（規則性）やパターンを、機械が学習によって得ることです。データ量が数十件程度と少なければ、人間がルールやパターンを発見できるかもしれませんが、現実のデータ量は大規模かつ構造が複雑であり、人間が処理できる範囲を超えています。そこで、この処理を機械に任せれば、役立つ知識をデータから効率よく得ることができます。

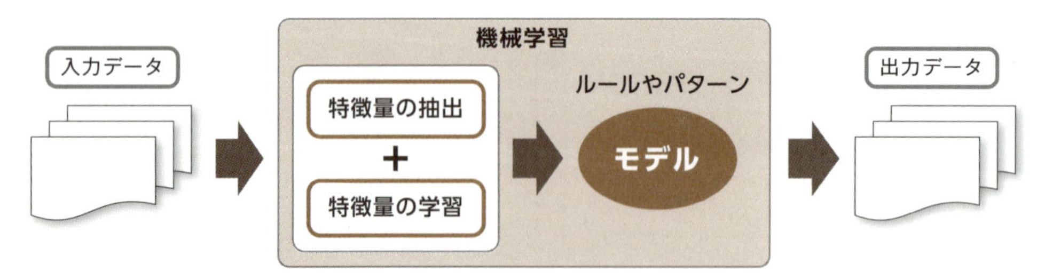

図 2.5　機械学習の仕組み

機械はまず、入力データ（学習データ）を受け取り、そこから特徴量を抽出します。特徴量とは個々のデータが持つ何らかの特徴を、数値化して表したものです。特徴量をどのように抽出すべきかは、人間が定義する必要があります。

特徴量をイメージしやすいよう、図2.6を使って補足説明します。前から歩いてくる人間が、男性か女性かを見分ける（分類する）とします。シルエットではなく、数値やYes／Noだけで判断するとしたら、どの属性に着目すべきでしょうか？

年齢	43歳
出身地	東京都
身長	162cm
体重	58kg
視力	1.2
髪の長さ	38cm
スカート着用	はい
ハイヒール着用	はい
喉仏の凹凸	小

図 2.6　男女を見分けるために着目すべき属性は？

年齢、出身地、身長、体重、視力に着目して、男女を見分けることができるでしょうか。これらの属性では、結果を断言するには弱いでしょう。有効な属性は、髪の長さ、スカート着用、ハイヒール着用、喉仏の凹凸です。中でも特に有効な属性は、喉仏の凹凸でしょう。結果、前から歩いてくる人間は女性だとわかります。

図 2.6 の表を入力データとした場合、上記の属性全てが特徴量であり、**喉仏の凹凸**が最も重要な特徴量だと言えます。

4　モデル作成

前処理した結果、つまり特徴量に基づいて、機械学習のアルゴリズムを使って「モデル」を作成します。モデルとは、図 2.5 に示したデータに潜むルールやパターンの集まりだと考えてください。

機械学習には大きく分けて、**教師あり学習**、**教師なし学習**、**強化学習**があります。それぞれの学習によって何ができるか、イメージを確認してみましょう。

教師あり学習では、データの「**分類**」と「**回帰**」ができます。

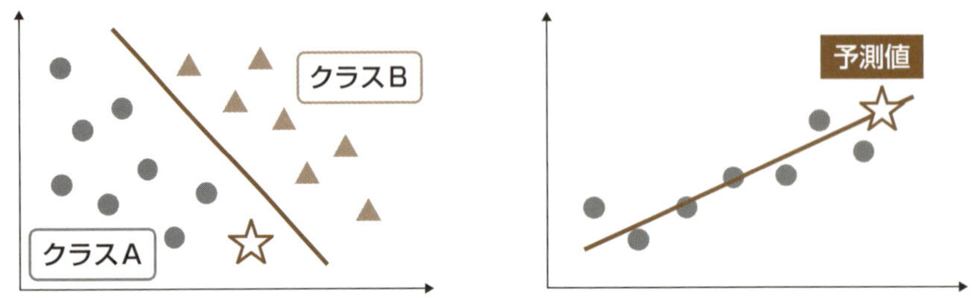

図 2.7　分類と回帰のイメージ

分類では、個々のデータを 2 つまたはそれ以上のクラスに分ける予測ができ、回帰では与えられたデータから数値を予測できます。

図 2.7 の左側では、与えられたデータに基づいて分類線を引き、クラス A とクラス B の 2 つに分けています。新規データ☆はクラス A の側に属すため、クラス A であると予測できます。

図 2.7 の右側では、与えられたデータに基づいて回帰直線を引き、新規データ☆の予測値を得ています。これらは、画像が犬であるか猫であるかの識別、機械が故障するかしないかの予測、商品の売上個数の予測などに利用されています。

教師なし学習では、データの「**グループ化**」と「**次元圧縮**」ができます。

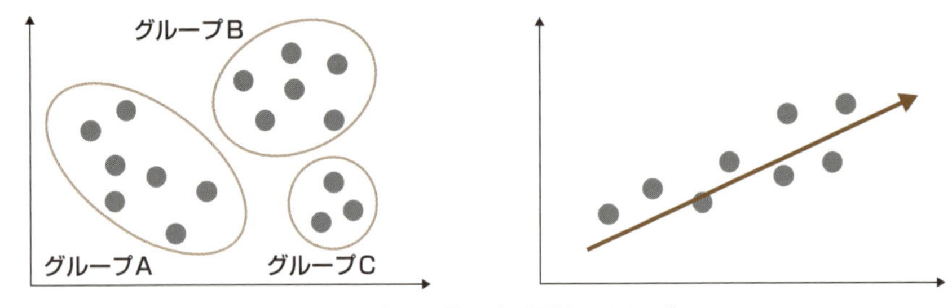

図 2.8　グループ化と次元圧縮のイメージ

図2.8の左側では、距離の近いデータをまとめることで、3つのグループを作成しています。図2.8の右側では、データの分布から新たな軸を作成し、2軸から1軸へと次元を削減しています。これらは、顧客のセグメンテーションやデータに潜む性質の抽出などに利用されています。

強化学習は、上記2つの学習とは性質が異なり、**機械が自ら学習**しながら処理を最適化し、目標を達成します。教師あり学習のように、人間が正解を教える手法では人間の限界を超えることは難しいですが、強化学習のように自ら学習する手法は、人間の想像を超える行動を打ち出せるでしょう。

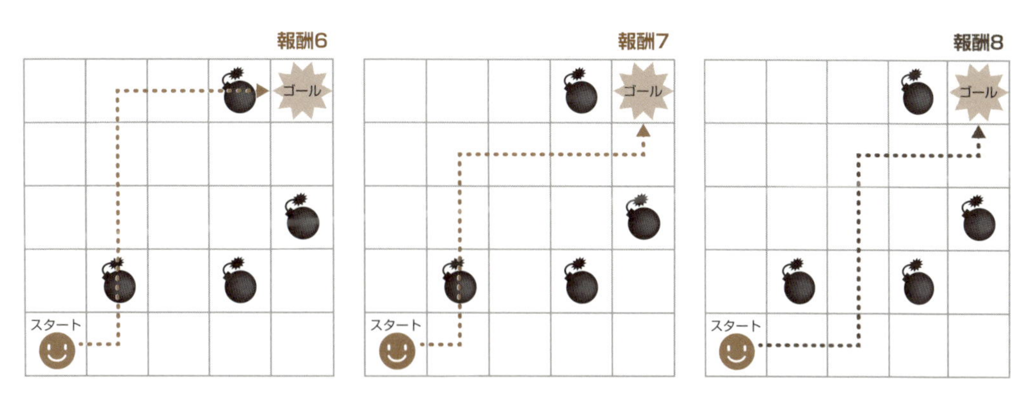

図 2.9 試行錯誤して行動を最適化

図2.9のような迷路探索を考えます。機械（エージェント）は、最大の報酬を得られるように行動すべきですが、最初からそのような行動をとることはできません。与えられた環境から、現在の状態を観測したものと報酬を受け取り、どういう行動をとれば最大の報酬を獲得できるかを学習し、次の行動を決めて実行に移します。これを繰り返しながら行動を最適化することで、報酬を最大化します。

本書では、教師あり学習と教師なし学習の前処理を対象にします。この2つの学習について、より詳しく仕組みを見ていくことにしましょう。

4.1 教師あり学習

教師あり学習は、**学習**フェーズと**推論**（判定）フェーズからなります。学習フェーズでは、正解データ（**目的変数**と言います）を含むデータセットを入力として使用します。そして、目的変数を除いた残りのデータ（**説明変数**と言います）から得られる出力結果に注目します。その値ができるだけ正解に近くなるような特徴量を選択し、アルゴリズムのパラメータを調整して、モデルを作成します。次の推論フェーズでは、正解データを持たない新規データセットに対して、学習フェーズで作成したモデルを適用し、推論結果を得ます。

教師あり学習のアルゴリズムには、k 近傍法、決定木、ランダムフォレスト、線形回帰（重回帰）、ロジスティック回帰、ナイーブベイズ、サポートベクタマシン、ニューラルネットワークなどがあります。

あやめの花の分類問題

花の種類を分類（予測）する問題を例に、決定木を使った学習の仕組みを説明します。使用するデータは、これからデータ分析を勉強する人に扱いやすくて有名な「Iris データセット」です[2]。

このデータセットは、あやめの花の種類（label）と、それを決定付ける花びらの長さなどの形状（a1～a4）、各花を識別する番号（id）の 5 項目で構成されます。目的変数は花の種類（label）であり、説明変数は花の形状（a1～a4）です。

学習フェーズでは、このデータセットを入力し、決定木を使ってモデルを作成します。ここで、変数 a1～a4 は特徴量です。次の推論フェーズでは、花の種類がわからない（正解を持たない）データに対し、先ほど作成したモデルを適用して花の種類を予測します。

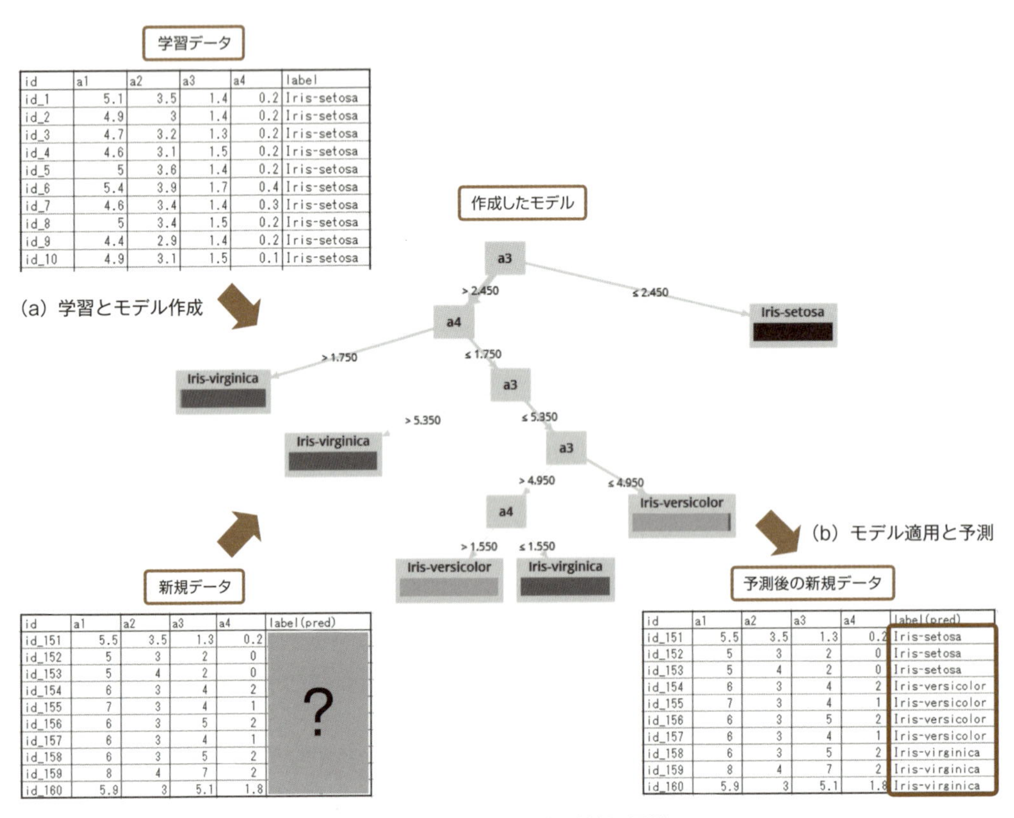

学習データ

id	a1	a2	a3	a4	label
id_1	5.1	3.5	1.4	0.2	Iris-setosa
id_2	4.9	3	1.4	0.2	Iris-setosa
id_3	4.7	3.2	1.3	0.2	Iris-setosa
id_4	4.6	3.1	1.5	0.2	Iris-setosa
id_5	5	3.6	1.4	0.2	Iris-setosa
id_6	5.4	3.9	1.7	0.4	Iris-setosa
id_7	4.6	3.4	1.4	0.3	Iris-setosa
id_8	5	3.4	1.5	0.2	Iris-setosa
id_9	4.4	2.9	1.4	0.2	Iris-setosa
id_10	4.9	3.1	1.5	0.1	Iris-setosa

新規データ

id	a1	a2	a3	a4	label(pred)
id_151	5.5	3.5	1.3	0.2	?
id_152	5	3	2	0	
id_153	5	4	2	0	
id_154	6	3	4	2	
id_155	7	3	4	1	
id_156	6	3	5	2	
id_157	6	3	4	1	
id_158	6	3	5	2	
id_159	8	4	7	2	
id_160	5.9	3	5.1	1.8	

予測後の新規データ

id	a1	a2	a3	a4	label(pred)
id_151	5.5	3.5	1.3	0.2	Iris-setosa
id_152	5	3	2	0	Iris-setosa
id_153	5	4	2	0	Iris-setosa
id_154	6	3	4	2	Iris-versicolor
id_155	7	3	4	1	Iris-versicolor
id_156	6	3	5	2	Iris-versicolor
id_157	6	3	4	1	Iris-versicolor
id_158	6	3	5	2	Iris-virginica
id_159	8	4	7	2	Iris-virginica
id_160	5.9	3	5.1	1.8	Iris-virginica

図 2.10　決定木による花の種類の予測

作成したモデルは、図 2.10 中央に示した木構造（樹木とは上下逆ですが）で表現されます。木の上から順に見ていくと、まず、変数 a3 の値が 2.450 以下であれば花の種類は Irissetosa であるというルールが生成されています。次に、変数 a3 の値が 2.450 を超えており、かつ a4 の値が 1.750 を超えていれば、花の種類は Iris-virginica であるというルールが生成されています。ほかのルールも同様に生成され、全体的に、花を種類で分類するパターンが形成されることになります。

また、木を構成する変数として、a3 と a4 が選択されています。このことは、モデル作成に重要な特徴量が選択されたことを意味します。

アルゴリズムには、結果の根拠を説明しやすいものもあれば、そうでないものもあります。決定木や k 近傍法は前者にあたります。サポートベクタマシンやニューラルネットワークは後者にあたります。分析の目標とデータの形式に応じて、使用するアルゴリズムを選択することになります。

a) モデルの検証

モデルは一度の学習で作成されるわけではなく、複数回の学習を経て精度を検証し、十分に精度を高めた上で作成されます。この検証には、「**交差検証法（Cross Validation）**」と呼ばれる方法が一般的によく使われます。

交差検証法ではまず、データをランダムに分割して、「**訓練（トレーニング）データ**」と「**テストデータ**」を作成します。以下の例では、重複しない同じサイズの 10 個にデータを分割し、9 個を訓練データとし、1 個をテストデータとして使用することを想定します。

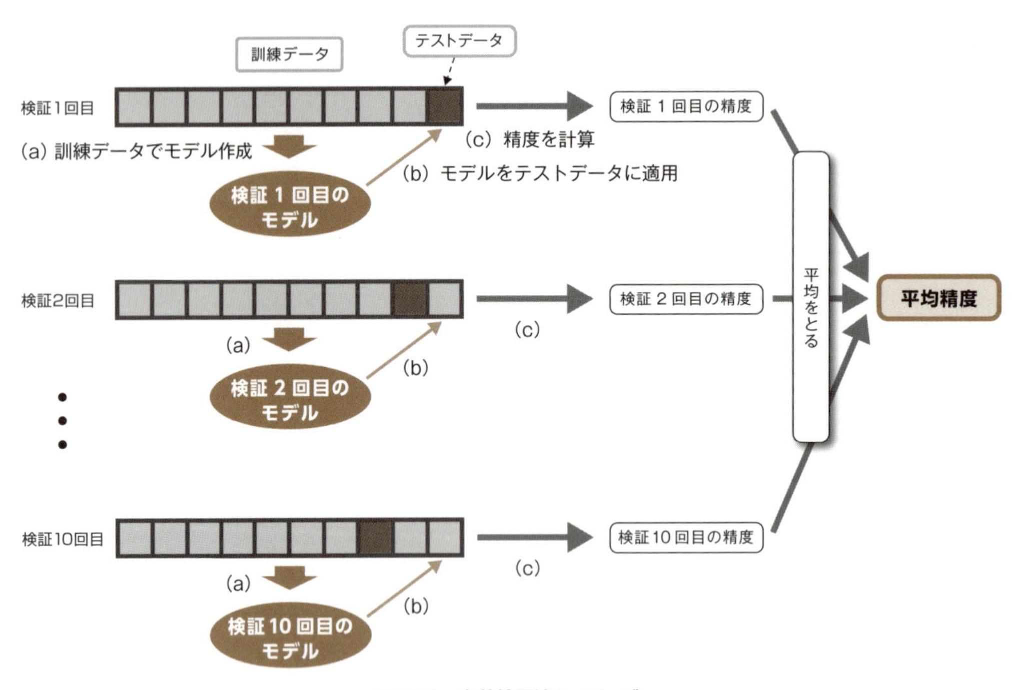

図 2.11　交差検証法のイメージ

検証 1 回目では、左から 9 個の訓練データを使ってモデルを作成します。そして、そのモデルをテストデータに適用します。テストデータは正解（目的変数）を持っているので、正解の値（真の値）と適用した値（予測値）を使って、モデルの精度を計算します。モデルの精度の計算には「**混同行列（Confusion Matrix）**」を使います。

データを pos（positive）と neg（negative）の 2 つに分類することを想定し、混同行列の読み方と活用方法を見てみましょう。

TP はデータが pos であり、（正解：true）pos に分類された（出力：pred）件数を意味します。FN はデータが pos であるのに、neg に分類された件数を意味します。FP はデータが neg であるのに、pos に分類された件数を意味し、TN はデータが neg であり、正しく neg に分類された件数を意味します。

これらの結果を使って計算された指標が、**再現率（Recall）**と**適合率（Precision）**です。

表 2.1　一般的な混同行列の表現

	pred pos	pred neg	Recall
true pos	TP	FN	$\frac{TP}{TP+FN}$
true neg	FP	TN	$\frac{TN}{FP+TN}$
Precision	$\frac{TP}{TP+FP}$	$\frac{TN}{FN+TN}$	

再現率は、真の値（正解）から見て、正解と出力の分類結果が一致しているデータ数の割合です。pos に対する再現率は $\frac{TP}{(TP+FN)}$ で計算でき、neg に対する再現率は $\frac{TN}{(FP+TN)}$ で計算できます。

また、pos に対する適合率は $\frac{TP}{(TP+FP)}$ で計算でき、neg に対する適合率は $\frac{TN}{(FN+TN)}$ で計算できます。

モデルの精度は $\frac{(TP+TN)}{(TP+FN+FP+TN)}$ で計算できます。

検証を 2 回目、3 回目と繰り返し、10 回目の検証が終わったところで、全ての精度の平均をとって、それをモデルの精度とします。このとき、標準偏差も計算でき、モデルの安定性を示す指標となります。

b) 過剰適合

作成したモデルは学習データに過剰に適合するが（学習データに対して誤差が小さい）、新規データに適合しない状態（新規データに対して誤差が大きい）を、過剰適合、または「**過学習**」と呼びます。

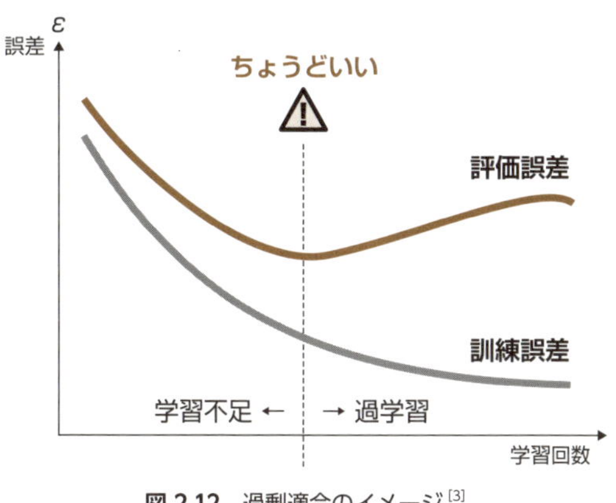

図 2.12　過剰適合のイメージ [3]

過剰適合を防ぐために、モデルの検証作業が存在します。また、アルゴリズムによっては、過剰適合に陥りにくいものとそうでないものがあります。例えば、ニューラルネットワークは精度の高いモデルを作成しやすい半面、過剰適合に陥りやすい弱点があります。

c) パラメータの調整

アルゴリズムにはパラメータ（ハイパーパラメータ）が備わっており、モデルの精度が高くなるように、このパラメータを調整しなければなりません。

例えば、決定木では葉の純度や木の深さなどがこれにあたります。サポートベクタマシンでは、モデルの複雑性を制御するC、分類境界の厳密さを制御するγ（ガンマ）などがパラメータにあたります。

パラメータの決め方は、**グリッドサーチ**（Grid Search）と呼ばれる手法が有名です。グリッドサーチは、パラメータが取る範囲を指定して全ての組み合わせでモデルの精度を計算し、一番高い精度のパラメータを取り出します。サポートベクタマシンを例に、次の図2.13でグリッドサーチのイメージを確認してみましょう。

反復回数	C	γ	精度
6	100	0.001	0.98
11	10	0.01	0.98
21	0.1	1	0.98
12	100	0.01	0.973
16	1	0.1	0.973
17	10	0.1	0.973
18	100	0.1	0.967
22	1	1	0.967
19	0.001	1	0.953
20	0.01	1	0.953

⋮

＝

C＼γ	0.001	0.01	0.1	1	10	100
0.001	0.927	0.927	0.933	0.953	0.793	0.393
0.01	0.927	0.927	0.933	0.953	0.793	0.393
0.1	0.927	0.927	0.94	0.98	0.793	0.393
1	0.927	0.933	0.973	0.967	0.933	0.62
10	0.94	0.98	0.973	0.953	0.933	0.62
100	0.98	0.973	0.967	0.947	0.933	0.62

図 2.13　Cとγの組み合わせ

パラメータCとγ（ガンマ）の値を変えていき、モデルの精度を計算していきます。ヒートマップの色が白いマスほど、モデルの精度が高いと言えます。つまり、最も白いマスのCとγを取り出せばよいのです。

d) 変数選択

モデルの精度については、全ての変数を使って作成したモデルが必ずしも高いとは限りません。

特徴のない変数を含めてモデルを作成すると、計算量が多い上、精度が下がる可能性があります。そのため、特徴のある変数のみ使用して、質の良いモデルを作成すべきでしょう。

先ほど、前から歩いてくる人の男女を見分ける（分類する）ときの特徴量について説明しました。喉仏の凹凸が最も重要な特徴量でした。この変数を機械的に探索する手法があります。

1つは、**変数増加法**（Forward Selection）です。変数増加法は、変数を追加しながらモデル作成・精度の測定を繰り返します。精度が上がりきったところで終了し、残った変数をモデル作成変数として選択します。

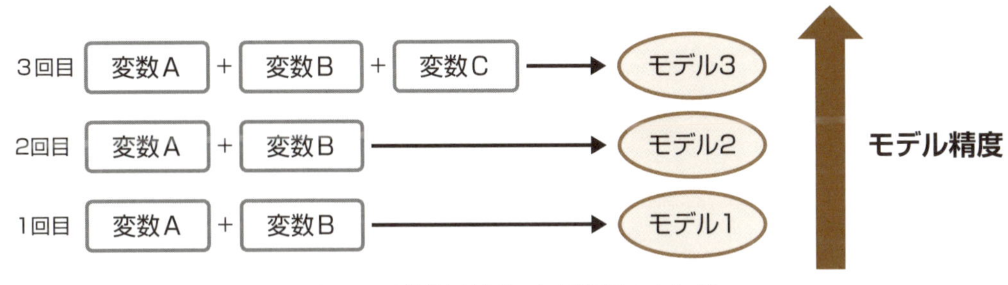

図 2.14　変数増加法を使った変数選択のイメージ

もう1つは、**変数減少法**（Back Elimination）です。この手法は、変数増加法とは逆のやり方で変数を選択します。

以上、a)～d) の4つの処理は、第1章の2節で紹介したデータ分析自動化ツールを使って自動化できます。

4.2　教師なし学習

教師なし学習は、**学習**フェーズのみからなります。

入力には、目的変数を含まない説明変数のみのデータセットを用います。そして、データセット全体から特徴量を選択して、モデルを作成します。出力結果はただの数値でしかないため、最後にラベルを付けて意味のある情報にします。

教師なし学習の手法には、主成分分析、コレスポンデンス分析、アソシエーション分析、階層型クラスタリング、非階層型クラスタリング、ネットワーク分析などがあります。

グループ分け問題を例にして、ネットワーク分析を使った学習の仕組みを説明しましょう。使用するデータは、空手クラブの交友関係を表すデータセットです[4]。

このデータセットは、ある空手クラブに所属する部員34人について、1対1のペアでコミュニケーションがあれば「1」、コミュニケーションがなければ「0」の隣接行列で表現されています。例えば、部員1と部員3にコミュニケーションがあれば、図2.15左端の隣接行列の枠で囲った部分の数値が「1」になります。

このデータセットを入力し、ネットワーク分析（クラスタリング）によって、モデルを作成します。そして、色分けされた各グループにラベルを付けて、結果に意味を持たせます。

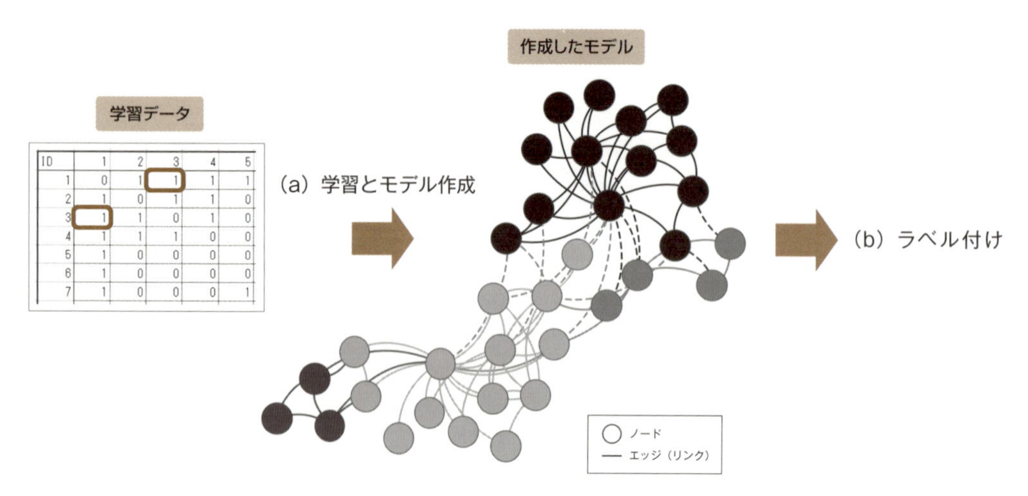

ID	1	2	3	4	5
1	0	1	1	1	1
2	1	0	1	1	0
3	1	1	0	1	0
4	1	1	1	0	0
5	1	0	0	0	0
6	1	0	0	0	0
7	1	0	0	0	1

図2.15　ネットワーク分析による人のグループ化

作成したモデルは、図2.15の中央に示したネットワーク構造で表現されます。円で表した個々のノードが部員1人1人を表し、部員と部員を繋ぐ線（エッジ）はコミュニケーション（交友）があることを表しています。そして、同じ色の部員は同じグループ（派閥）に所属し、ここでは4つの派閥が存在することがわかります。内情に詳しい人がそれぞれの派閥に属する部員を確認すれば、派閥ごとの性質や傾向がわかり、ラベルを付けの参考にできるでしょう。

> 教師あり学習、教師なし学習ともに、
> - あらゆる問題を解決できる一意のモデルは存在しません。ビジネスの目的や分析の目標、データの形式によって、モデルはその都度異なります。
> - モデルの精度やラベル付けのしやすさによっては、データ準備のフェーズに戻って、特徴量を作成し直す必要があります。

分析の目的とデータの形式によってどのアルゴリズムを選択すればよいか、分岐図が公開されています。必要に応じて活用しましょう[5]。

5 評価

モデル作成フェーズで得られた結果から、分析の目標とビジネス目的を達成できるか評価します。

例題では、ビジネス理解のフェーズにおいて、分析の目標を「契約確度の高い顧客を見つけること」と設定しました。つまり、作成したモデルを使って顧客ごとの契約率を予測できるか、予測結果の根拠を説明できるかどうかが問われます。

予測精度の高いモデルと、根拠を説明しやすいモデルのどちらが相応しいか、2つの関係はトレードオフです。

また、ビジネス目的を達成したと判定する基準は、「納得できるROIまで新規顧客が増加すること」と設定しました。結果から具体的なアクション（打ち手）につなげられなければ成功したと言えません。また、次の「展開・共有フェーズ」で実際にモデルを運用して、効果を確認することも必要です。

評価の結果、ビジネス目的を達成できなければ、ビジネス理解のフェーズに戻って再度、分析の目標と成功の判定基準を設定します。また、データ準備のフェーズに戻って特徴量を再度作成、モデル作成のフェーズに戻ってモデルを再度作成することもあります。

6 展開・共有

ビジネス目的を達成できるモデルを得られたら、それを既存の業務フローへ展開・共有して組み込みます。既存のシステムへ新機能としてアドオンするケースもあるでしょう。効果をモニタリングしてフィードバックし、さらなる改善に活かします。

モデルの価値を継続的に保つには、常にモデルを最新の状態にしておかなければなりません。モデルを更新せず長期に使い続けてしまうと、分析の価値が下がってしまいます。ただし、モデル更新の頻度はビジネス目的によって異なります。

なお、従来の CRISP-DM にはこの作業が含まれていません。また、システムとの連携についても同様です。これらは、CRISP-DM の 4 つの問題と修正点として指摘されています[6]。

以上、データ分析プロセスの全体像と、各フェーズでの作業を説明しました。最も重要なフェーズはビジネス理解です。ビジネスの目的を理解し、分析の目標と成功の判定基準を正しく設定できなければ、後のフェーズの作業が無駄に終わります。後続のフェーズでは、特にデータ準備が重要です。

データをいかに表現するか、つまり**どのように特徴量を作成するか**が、次のフェーズで作成するモデルの精度を左右します。ひいては、ビジネス理解のフェーズで設定した分析の目標を達成できるかどうかにもつながるため、作業には十分な時間を費やすべきです。

この作業がデータ分析者の腕の見せ所です。第 1 章の 2 節では、「市民データサイエンティストも、専門スキルを持つ分析者と同じ作業ができるようなる」と述べました。とは言え、分析者の全ての作業が取って代わられるわけではありません。モデル作成フェーズの作業は、分析自動化ツールを使えば実行できるでしょう。しかしデータ準備のフェーズでは、どれだけの分析案件をこなしたか、経験がモノを言います。

本書では、様々なデータに対する特徴量の作成方法を学んでいきましょう。

7 データ分析環境の選択

本書では、データ分析ツールとしてPythonを利用します。では、どの場所で何を使ってPythonのコーディングを行うかを考えていきましょう。

まず、ローカル環境かクラウド環境のどちらで、データ分析を実行するか決めましょう。

ローカルの場合は「Anaconda」を使って環境を構築することをお勧めします[7]。AnacondaはContinuum Analytics社が提供しており、Python本体と複数のパッケージをまとめてインストールできます。Anacondaを使った環境構築の方法については、本書の付録を参照してください。

クラウド環境の場合は、AWS（Amazon Web Services）やGCP（Google Cloud Platform）、Azure ML（Azure Machine Learning）などのプラットフォームが有名です。これらは有料ですが、本書では無料のプラットフォームを利用しましょう。

7.1 Google Colaboratory

Google Colaboratory（Google Colab）は、機械学習の教育研究用開発実行環境であり、Google社が無料で提供しています。

開発環境はJupyter Notebookに似たインタフェースを持ち、Pythonの主要なライブラリがプリインストールされています。

Google ColabではPython 2.7と3.5を使用でき、ノートブックの各セルにコードを記述していきます。また、数値計算の関数を提供するNumPy、データ操作の関数を提供するPandas、グラフ描画の関数を提供するMatplotlib、機械学習の関数を提供するScikit-learnなど、データ分析に必要なパッケージがひととおり揃っています。

Google Colabはネットワーク環境とブラウザ（Google Chrome推奨）、Googleアカウントを持っていればすぐに利用できます。Google Colabサイトへアクセスすれば、ノートブックが表示されます[8]。

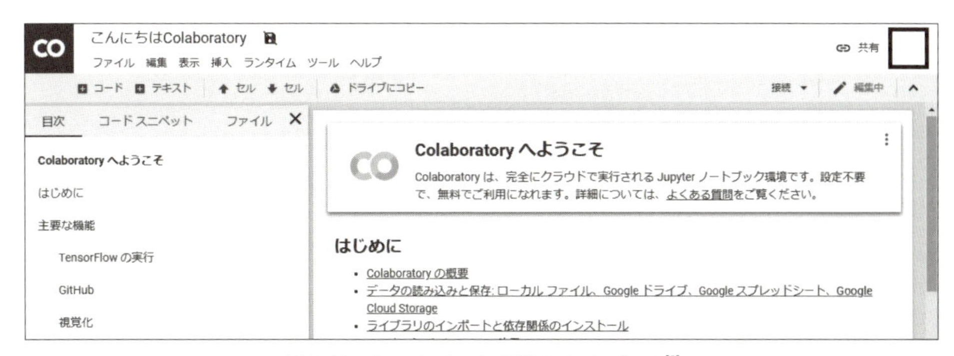

図 2.16　Google Colab 最初のノートブック[8]

7.2 Try Jupyter

Try Jupyter も、Google Colab と同じく無料で利用でき[9]、Jupyter Notebook に似たインタフェースを持ちます。Try Jupyter は Python のほかに R や Julia などの言語も扱えて、Google Colab よりも多様性があります。中でも Try JupyterLab では Python3 を使用でき、Google Colab と同じくデータ分析に必要なパッケージがひととおり揃っています。

Try Jupyter も、ネットワーク環境とブラウザ（Google Chrome 推奨）があればすぐに利用できます。本書では、ログイン不要な Try JupyterLab を利用します。

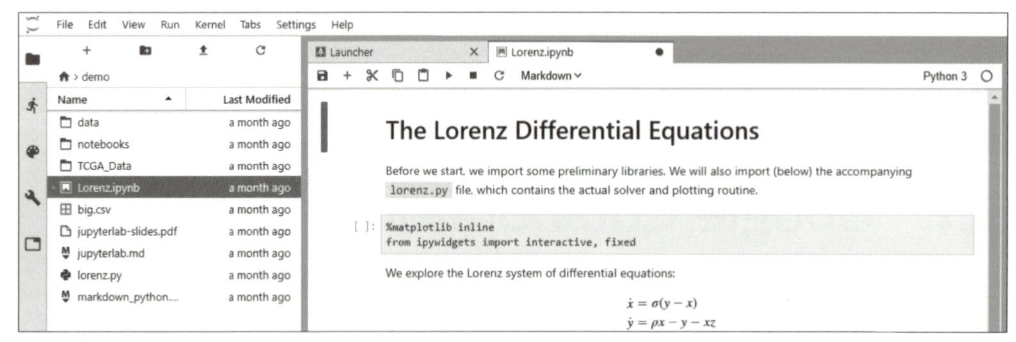

図 2.17　Try JupyterLab 最初のノートブック[9]

8 Jupyter Notebook の使い方

Jupyter Notebook は、オープンソースの対話型の開発環境です。ブラウザ上でコーディングでき、インタラクティブに実行し結果を確認することができます。

Try JupyterLab へアクセスし、最初に表示される The Lorenz Differential Equations ノートを開きましょう。構成要素、機能、アイコンの意味などを説明します。

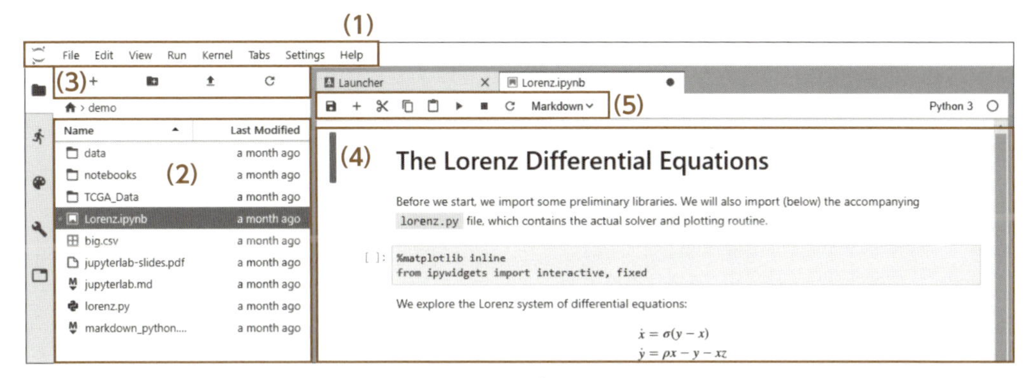

図 2.18　ノートブックの使い方

(1) メニューバー

- File（ファイル）　：ノートブックの新規作成や保存など
- Edit（編集）　：ノートブックのセルのコピーや削除など
- View（表示）　：ノートブックの情報やコードの実行履歴など
- Run（実行）　：ノートブックのセルを実行
- Kernel（カーネル）　：カーネルの再起動など
- Tab（タブ）　：ノートタブの切り替えなど
- Settings（設定）　：ノートブックに対する様々な設定
- Help（ヘルプ）　：よくある質問など

(2) ワークスペース

分析に使用するデータやスクリプト、ノートブックを格納します。Try JupyterLab へアクセスすると、まず demo フォルダ（ディレクトリ）が表示されます。

(3) ワークスペースのツールバー

- ＋ ：新規ノートブックの作成
- 📁 ：新規フォルダの作成
- ⬆ ：データやスクリプト、ノートブックのアップロード
- C ：ワークスペースの更新

(4) ノートブック

ノートブックにはセルが表示され、各セルにはコードや文章を記述できます。

(5) ノートブックのツールバー

- 💾 ：ノートブックの保存
- ＋ ：選択したセルの下に新規セルを追加
- ✂ ：選択したセルの切り取り
- ⧉ ：選択したセルのコピー
- 📋 ：選択したセルの 1 つ下に貼り付け
- ▶ ：選択したセルを実行
- ■ ：実行を中断
- C ：カーネルの再起動
- Markdown ⌄ ：セルの種類を選択

8.1　コードの実行例

セルにコードを入力して実行すると、ノートブックには次のように表示されます。

図 2.19　コードの実行

ツールバーの「実行ボタン」をクリックする以外にも、[Ctrl] + [Enter] キーを押しても実行できます。

また、セル左側の青色バーをマウスでドラッグして、別のセルへドロップすれば移動できます。

8.2 マークダウンの実行

セルにはコード以外に、マークダウンを使って文字や数式、表を書くこともできます。例えば、# (シャープ) を文字列の先頭に付けると見出し文字、** (アスタリスク2つ) で文字列を囲むと太字で表示されます。

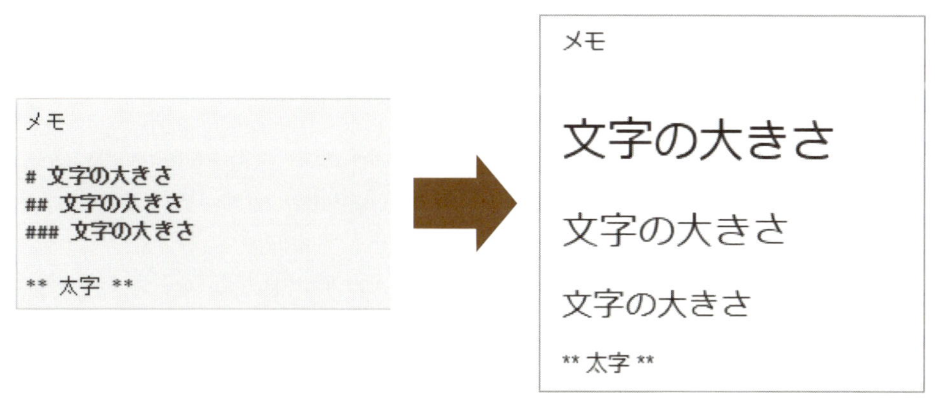

図2.20 マークダウンの実行

マークダウンを使えば、文字の装飾のほか表を作成したり、数式を記述することもできます。

このようにJupyter Notebookは、レポーティングツールとしても利用できます。

なお、Pythonの開発環境はJupyter Notebookのほかに、Atom、PyCharm、Rodeo、Spyderなどがあります[10]。本書ではJupyter Notebookを採用しますが、ご自身が使いやすい環境を利用するとよいでしょう。

この後の実装では、クラウド環境のTry JupyterLabを利用します。ただし、クラウド環境は、当該サイトに障害等が起こると利用できなくなるので注意してください。その場合は巻末にある「付録」の1節を参考にして、ローカル環境へJupyterLabを構築し、実装を進めてください。

第２章のまとめ

第２章では、より実務に沿った形での分析の進め方を中心に説明しました。何度も繰り返しますが、分析プロジェクトを成功させるためには、まず課題を明確に設定しておかねばなりません。課題があやふやだと、分析して数値解を得られたとしても、その解に価値はありません。

次に、データを前処理して特徴量を抽出することも重要です。これからデータ分析を学ぶとき、モデル作成アルゴリズムに目が行きがちになるかもしれません。もちろん、アルゴリズムの使い方も大切ですが、適切にデータを前処理しなければ、質の高いモデルは得られません。この点もどうか忘れないでください。

この後の第３章では、手を動かしながらデータ分析プロジェクトをひととおり体験してみます。その中で、データの前処理がいかに重要であるかを感じてください。

第２章の出典

[1] https://en.wikipedia.org/wiki/Cross-industry_standard_process_for_data_mining

[2] Lichman, M. (2013). UCI Machine Learning Repository [http://archive.ics.uci.edu/ml]. Irvine, CA: University of California, School of Information and Computer Science.

[3] https://ja.wikipedia.org/wiki/%E9%81%8E%E5%89%B0%E9%81%A9%E5%90%88#/media/File:Overfitting_svg.svg

[4] W. W. Zachary, An information flow model for conflict and fission in small groups, Journal of Anthropological Research 33, 452-473 (1977)

[5] https://scikit-learn.org/stable/tutorial/machine_learning_map/index.html

[6] https://www.kdnuggets.com/2017/01/four-problems-crisp-dm-fix.html

[7] https://www.anaconda.com/

[8] https://colab.research.google.com/

[9] http://jupyter.org/try

[10] https://www.kdnuggets.com/2018/11/best-python-ide-data-science.html

第3章

構造化データの前処理

1　データ理解

第２章の１節で設定した分析目標「契約確度の高い顧客を見つけること」を満たすよう、分析を進めていきましょう。

データには、本書の読者特典として提供している **bank.csv** ファイル（bank ファイル）を使用します[1]。巻頭ページを参照してダウンロードしておいてください。bank ファイルには、１行に１顧客のデータが格納されています。顧客は次の属性（項目）を持っています。

bank ファイルの項目の意味

- age　：年齢
- job　：職種
- martial　：結婚歴
- education　：学歴
- default　：債務不履行の有無
- balance　：年間平均残高
- housing　：住宅ローンの有無
- loan　：個人ローンの有無
- contact　：連絡手段
- day　：最後に接触した日付（日）
- month　：最後に接触した日付（月）
- duration　：接触した時間（秒）
- campaign　：今回のキャンペーンでの接触回数
- pdays　：前回のキャンペーンでの接触後の経過日数
- previous　：今回のキャンペーン以前の接触回数
- poutcome　：前回のキャンペーンの成功有無
- y　：預金申込の有無

第２章の２節で挙げた以下の観点を参考にして、Python のパッケージを駆使してデータを理解していきましょう。

- いつ、どこで、なぜデータを取得したのか
- データはどの程度の間隔で取得したのか

- データは何を意味しているか
- データの取得もれはないのか、完成しているのか
- データに欠損値や外れ値は含まれるのか
- データの項目間に関連はあるのか

1.1　実装環境の準備

まず、Try JupyterLab へアクセスします。既存のワークスペースは **demo** フォルダとなっているので、新しいワークスペースを作成しましょう。

家アイコン（ ）をクリックし、ルートのワークスペースである **home** フォルダへ移動します。そして、ツールバーのフォルダ作成アイコン（ ）をクリックし、新規フォルダ（**Untitled Folder**）を作成します。その新規フォルダを右クリックし、任意の名称（本書では **chap3** とする）へ変更しておきましょう。

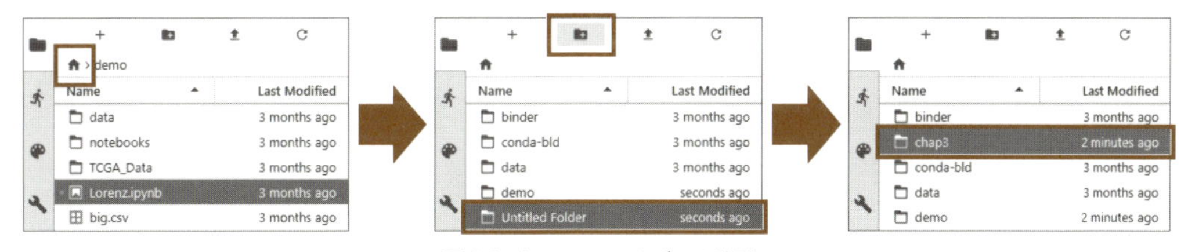

図 3.1　home フォルダへの移動

chap3 フォルダをダブルクリックし、作成したワークスペースへ移動します。

移動した先で、ツールバーのアップロードアイコン（ ）をクリックし、先にダウンロードしておいた **bank.csv** ファイルをアップロードします。アップロードしたファイルをダブルクリックすると、新規タブでデータが一覧表示されます。

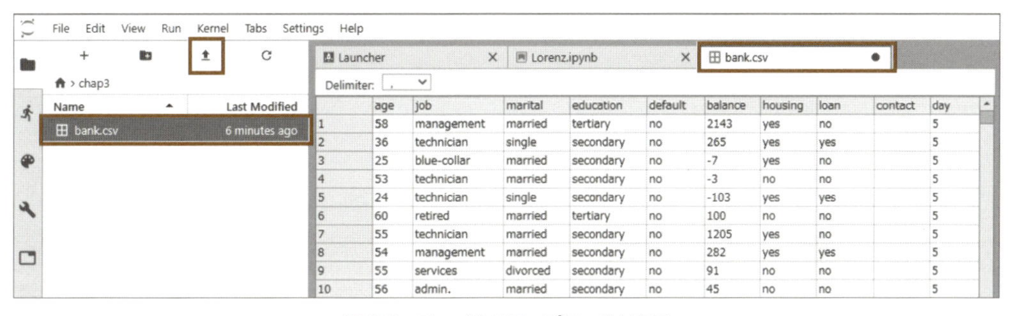

図 3.2　ファイルのアップロードと表示

現在開いているノートブックのツールバーの、新規ノートブック作成アイコン（ ＋ ）をクリックして **Python3** を選択します。

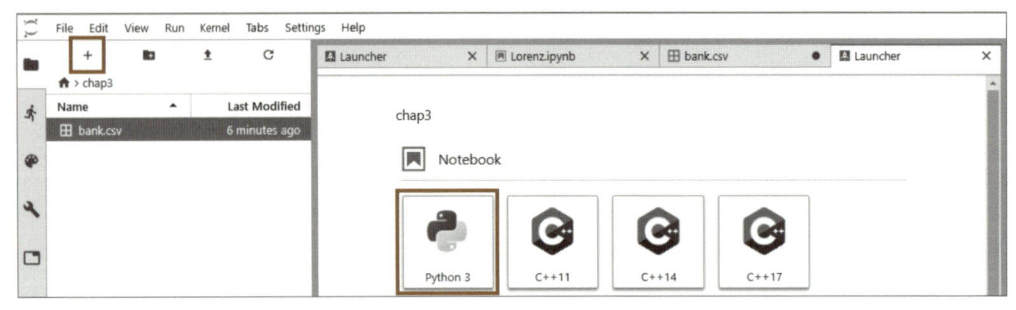

図 3.3　新規ノートブックの作成

使用しないノートブック（タブ）は閉じておきましょう。以上で準備完了です。

1.2　データの読み込みと確認

Pandas を使って、アップロードしたファイルを分析データセットとして読み込みましょう。Pandas は、データ加工・整形などの処理に役立つ機能を提供します[2]。用意ができたら、ノートブックの最初のセルに、リスト 3.1 のコードを入力しましょう。

リスト 3.1

```
1  import pandas as pd
2
3  bank_df = pd.read_csv('bank.csv', sep=',')
4  bank_df.head()
```

- 1 行目：Pandas を **as pd** で読み込みます。以降、Pandas のメソッドを使うときは、pd を使用します。
- 3 行目：**read_csv** メソッドを使用して、先にアップロードした **bank.csv** ファイルを読み込み、データフレーム bank_df へ格納します。read_csv の引数 1 つ目にはファイル名「bank.csv」、引数 2 つ目には区切り文字「,」（半角カンマ）を指定します。
- 4 行目：**head** メソッドを使用して、bank_df の先頭から 5 行目までを表示します。

セルを実行すると、次のような実行結果が表示されます。

	age	job	marital	education	default	balance	housing	loan	contact	day	month	duration	campaign	pdays	previous	poutcome	y
0	58	management	married	tertiary	no	2143	yes	no	NaN	5	may	261	1	-1	0	NaN	no
1	36	technician	single	secondary	no	265	yes	yes	NaN	5	may	348	1	-1	0	NaN	no
2	25	blue-collar	married	secondary	no	-7	yes	no	NaN	5	may	365	1	-1	0	NaN	no
3	53	technician	married	secondary	no	-3	no	no	NaN	5	may	1666	1	-1	0	NaN	no
4	24	technician	single	secondary	no	-103	yes	yes	NaN	5	may	145	1	-1	0	NaN	no

図 3.4 分析データセット

練習問題・1

bank_df の末尾から 10 行目までを表示してください。

<注意>

一定時間ノートブックの操作がないと、内容が保存されないままカーネルの再起動が必要になる場合があります。そのため、こまめに内容を保存するようにしましょう。再起動が必要になったら、ブラウザのタブを閉じて再度 JupyterLab へアクセスしてください。

本書の内容に沿って実装していくとき、随所に設けている練習問題は飛ばさずに、順に解いてから次に進んでください。基本的に、練習問題の結果を使って説明を続けています。

続けて、データの行数（件数）・列数（項目数）を確認しましょう。

リスト 3.2

```
1  print(bank_df.shape)
```

shape を使用して、bank_df の行・列数を表示します。データ行数は 7234、列数は 17 です。データの型も確認してみましょう。

リスト 3.3

```
1  print(bank_df.dtypes)
```

dtypes を使用して、bank_df の各項目のデータ型を表示します。

表3.1　データ各項目の型

項目名	データ型
age	int64
job	object
marital	object
education	object
default	object
balance	int64
housing	object
loan	object
contact	object
day	int64
month	object
duration	int64
campaign	int64
pdays	int64
previous	int64
poutcome	object
y	object
dtype:	object

数値だけの項目はint64で、文字列を含む項目はobjectであることがわかります。

Pythonで扱えるデータ型は、整数ならInt型とLong型、小数ならFloat型とDouble型があります。その他、文字列ならString型、論理値のBool型などがあります。

1.3　欠損値の確認

データ全体のサイズを把握できたところで、より詳細にデータ内部を確認していきましょう。データの行・列それぞれに、欠損値が1つ以上含まれるかどうかを調べます。

リスト3.4

```
1  print(bank_df.isnull().any(axis=1))
2  print(bank_df.isnull().any(axis=0))
```

isnull を使って、bank_df に欠損値が含まれるかどうかを調べます。欠損値が含まれていれば True、含まれていなければ False と表示されます。

- 1 行目：any(axis=1) を使って、行方向に対する欠損値の有無を調べます。
- 2 行目：any(axis=0) を使って、列方向に対する欠損値の有無を調べます。

表 3.2 データ行の欠損値の有無

行番号	欠損値の有無
0	True
1	True
2	True
3	True
4	True
5	True
6	True
7	True
⋮	⋮
7226	False
7227	False
7228	False
7229	False
7230	False
7231	False
7232	True
7233	True
Length: 7234, dtype: bool	

表 3.3 データ列の欠損値の有無

項目名	欠損値の有無
age	False
job	True
martial	False
education	True
default	False
balance	False
housing	False
loan	False
contact	True
day	False
month	False
duration	False
campaign	False
pdays	False
previous	False
poutcome	True
y	False
dtype: bool	

データの行・列それぞれに欠損値が存在することはわかりましたが、どれくらいの数の欠損値が含まれているのでしょうか。次は、欠損値の個数を数えてみましょう。

リスト 3.5

```
1 print(bank_df.isnull().sum(axis=1))
2 print(bank_df.isnull().sum(axis=0))
```

- 1 行目：sum(axis=1) を使って、行方向の欠損値数を調べます。
- 2 行目：sum(axis=0) を使って、列方向の欠損値数を調べます。

表 3.4　データ行の欠損値の個数

行番号	欠損値の有無
0	2
1	2
2	2
3	2
4	2
5	2
6	2
7	2
⋮	⋮
7226	0
7227	0
7228	0
7229	0
7230	0
7231	0
7232	1
7233	1
Length: 7234, dtype: bool	

表 3.5　データ列の欠損値の個数

項目名	欠損値の有無
age	0
job	44
martial	0
education	273
default	0
balance	0
housing	0
loan	0
contact	2038
day	0
month	0
duration	0
campaign	0
pdays	0
previous	0
poutcome	5900
y	0
dtype: int64	

いくつか欠損値数が多いデータ項目が見られます。例えば、poutcome はデータ件数の半数以上が欠損しています。同様に、欠損値数が多いデータ行も探してみましょう。

練習問題・2

表 3.4 の結果を、欠損値の個数が多い順に並び替えてください。

1.4　統計量の計算

各項目の統計量を計算しましょう。まず、データ型が数値（int64）の項目を対象にします。

リスト 3.6

```
1  bank_df.describe()
```

describe を使って、bank_df の各項目の統計量を計算します。

	age	balance	day	duration	campaign	pdays	previous
count	7234.000000	7234.000000	7234.000000	7234.000000	7234.000000	7234.000000	7234.000000
mean	40.834808	1374.912911	15.623860	262.875311	2.713989	40.277716	0.565939
std	10.706442	3033.882933	8.307826	268.921065	2.983740	99.188008	1.825100
min	2.000000	-3313.000000	1.000000	0.000000	1.000000	-1.000000	0.000000
25%	33.000000	74.000000	8.000000	103.000000	1.000000	-1.000000	0.000000
50%	39.000000	453.500000	16.000000	183.000000	2.000000	-1.000000	0.000000
75%	48.000000	1470.750000	21.000000	321.750000	3.000000	-1.000000	0.000000
max	157.000000	81204.000000	31.000000	3366.000000	44.000000	850.000000	40.000000

図 3.5　数値項目の各種統計量

結果には、**count**（件数）、**mean**（平均値）、**std**（標準偏差）、**min**（最小値）、**25%**（第一四分位数）、**50%**（第二四分位数，中央値）、**75%**（第三四分位数）、**max**（最大値）が表示されます。これらの値は、データセットを説明するための代表値です。

有名な代表値には、次のものがあります。

- 件数　　：データの件数
- 合計値　：データの値を足し合わせた値
- 平均値　：合計値をデータの件数で割った値
- 標準偏差：データのばらつきを表す値
- 最大値　：データの中で一番大きい値
- 最小値　：データの中で一番小さい値
- 中央値　：データを並び変えた真ん中の値
- 最頻値　：データの中で最も出現する値
- 四分位数：データを昇順に並べ、4 分割した区切り点中央値と最頻値は、データセットに含まれる外れ値（異常値）の影響を受けない性質を持っています。このことは、「世間の年収の傾向を掴むためには、平均値より中央値を参考にする方がよい」と言われることに関連します。

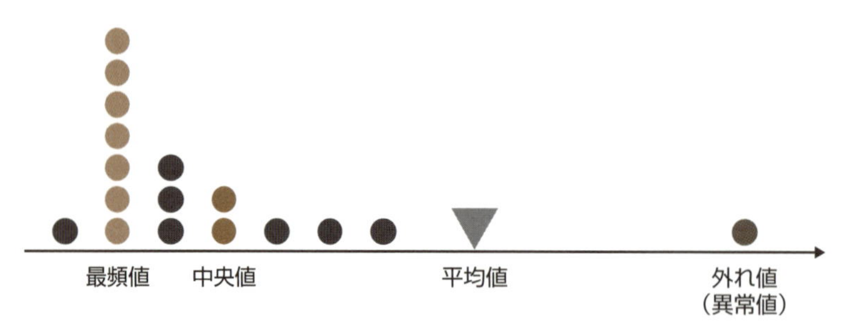

図 3.6　中央値と最頻値

四分位数は、図で確認すると、よりわかりやすいでしょう。データを昇順または降順に並び替え、どれくらい広範囲に、どの区間にデータが分布しているかを把握できます。第一四分位数はデータの最小値から全体の25％の値、第二四分位数は全体の50％の値、つまり中央値です。第三四分位数は全体の75％の値、そして最大値へと続きます。

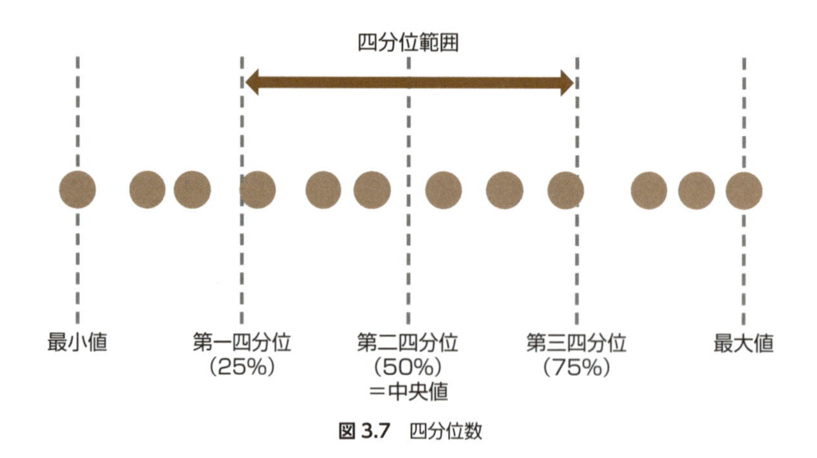

図 3.7　四分位数

練習問題・3

データ型が文字列（object）の項目について、各種統計量を計算してみましょう。

1.5 データの可視化（その 1）

Matplotlib を使ってデータを可視化し、分布を確認してみましょう。Matplotlib は、ヒストグラムや散布図などといったデータの可視化機能を備えています[3]。

ここでは、データ型が数値（int64）の項目のうち、age のヒストグラムを作成してみましょう。

リスト 3.7

```
1 import matplotlib.pyplot as plt
2 %matplotlib inline
3 
4 plt.hist(bank_df['age'])
5 plt.xlabel('age')
6 plt.ylabel('freq')
7 plt.show()
```

- 1 行目：Matplotlib を **as plt** で読み込みます。以降、Matplotlib のメソッドを使うときは、plt を使用します。
- 3 行目：**hist** を使用して、bank_df のうち age のヒストグラムを作成します。
- 7 行目：**show** を使用して、ヒストグラムを可視化します。

作成したヒストグラムは、左側に山のあるデータ分布であることがわかります。

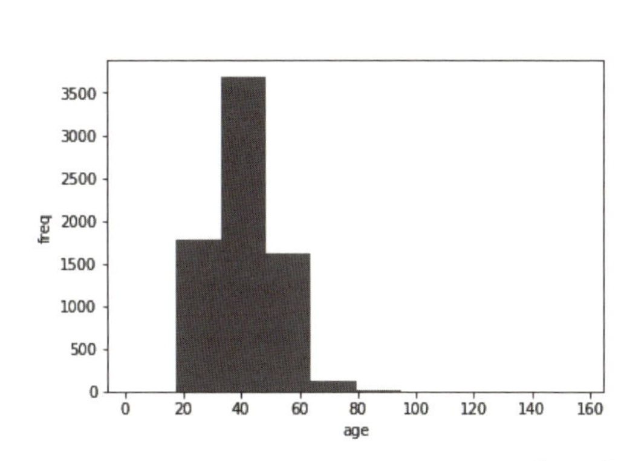

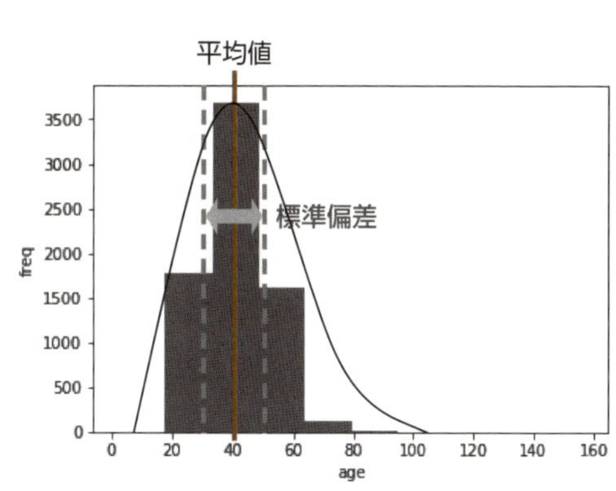

図 3.8 age のヒストグラム（左：オリジナル、右：統計量を追記）

データの分布の形はほかにも様々なものがあり、それぞれに名前が付いています。

図3.9左上は「正規分布」と呼ばれ、身長の分布などを表します。初めて統計学を勉強するときの代表例として、よく挙げられるものです。

図3.9右上は「パレート分布」と呼ばれ、ウェブアクセスの分布などを表します。

図3.9左下は「二項分布」と呼ばれ、コイン表裏の生起確率などを表します。

図3.9右下は「多項分布」と呼ばれ、サイコロの目の生起確率などを表します。

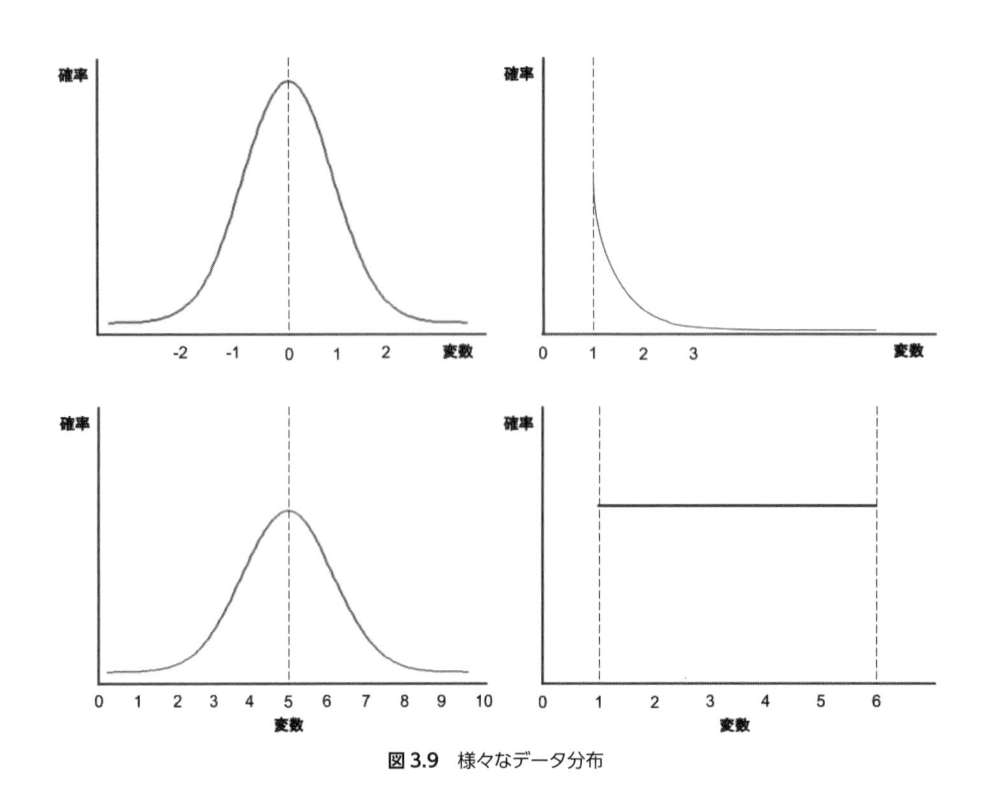

図3.9　様々なデータ分布

練習問題・4

他の数値項目（balance、day、duration、campaign、pdays、previous）について、それぞれヒストグラムを作成し、データの分布を確認してみましょう。

ageとbalanceの散布図を作成し、2つの項目の関係性を確認してみましょう。関係性には「（ピアソンの）相関係数」を使用します。

リスト 3.8

```
1 plt.scatter(bank_df['age'], bank_df['balance'])
2 plt.xlabel('age')
3 plt.ylabel('balance')
4 plt.show()
5
6 bank_df[['age', 'balance']].corr()
```

- 1 行目：**scatter** を使用して、bank_df のうち age と balance の散布図を作成します。
- 6 行目：corr を使用して、age と balance の相関係数を計算します。

結果には、以下の散布図が表示されます。

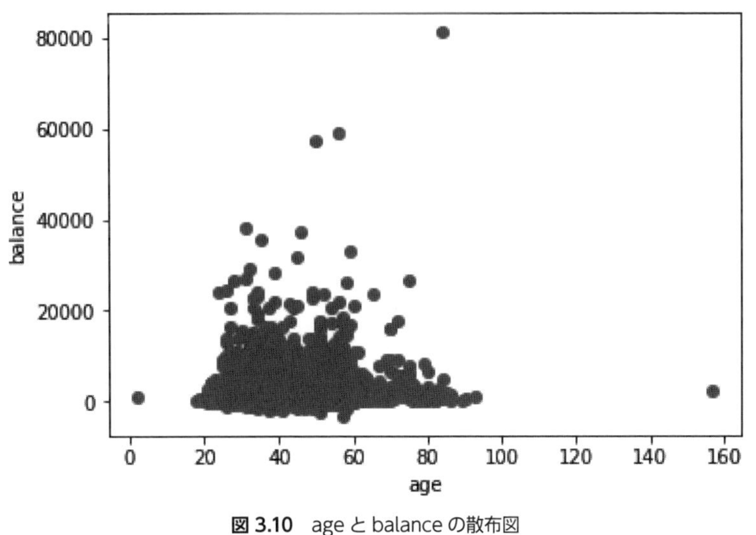

図 3.10　age と balance の散布図

相関係数は「0.112364」です。これは無相関に近い状態であり、「2 つの項目に関係性はなさそう」です。

相関係数は -1 から 1 の間の値を取り、絶対値が大きいほど 2 つの項目の関係性は強く、絶対値が小さいほど 2 つの項目の関係性は弱いものです。また、相関には正の相関と負の相関があります。正の相関を取れば 2 つの項目は比例関係にあり、負の相関を取れば 2 つの項目は反比例関係にあります。

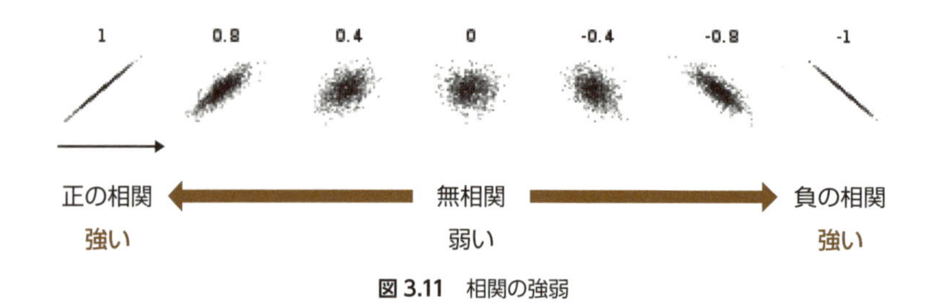

図 3.11　相関の強弱

相関に関連して、「**共線性**」についても考えておかねばなりません。共線性は、変数（項目）同士が強く相関することで発生する問題です。

共線性が引き起こす問題には、モデル作成にかかる計算量の増大、モデルの精度低下、モデルの不安定化などがあります。これらの問題を防ぐためには、データ準備フェーズで相関が強い変数を除外すればよいでしょう。

また、相関関係があっても因果関係（原因と結果）があるとは限りません。次の２つの事象は、相関関係か因果関係のどちらでしょうか。

- 身長が伸びると、体重が増える
- 交番の数が多い地域ほど、犯罪件数が多い
- 気温が上がると、ビールの売上が伸びる

１番目と３番目は事象間に相関関係が、２番目は事象間に因果関係があります。

２番目は犯罪件数が多い地域なので治安維持のために交番が多く設置される、つまり、交番の数←犯罪件数が成り立ちます。

２つの事象間に、相関があっても因果関係はない、または逆（相関はないが因果関係がある）の場合もあります。

練習問題・5

age、balance、day、duration に対し、散布図行列を作成して、２つの項目の関係性を確認してください。

データ型が文字列（object）の項目のうち、job の円グラフを作成してみましょう。まず、job の値ごとの比率を計算します。

リスト 3.9

```
1  print(bank_df['job'].value_counts(ascending=False, normalize=True))
```

Series 型のデータは、**value_counts** メソッドを使用して値の出現数をカウントできます。引数の ascending=False は出現数を降順にソートし、normalize=True は出現数が 1 になるよう正規化します。

リスト 3.10

```
1  job_label = bank_df['job'].value_counts(ascending=False, normalize=True).index
2  job_vals = bank_df['job'].value_counts(ascending=False, normalize=True).values
3
4  plt.pie(job_vals, labels=job_label)
5  plt.axis('equal')
6  plt.show()
```

- 1〜2 行目：値ラベルと値の出現数（比率）をそれぞれ job_label、job_vals へ格納します。
- 4 行目：**pie** を使用して、job_val の円グラフを作成します。
- 5 行目：真円になるようアスペクト比を固定します。

リスト 3.9 を実行すると表 3.6 の結果が、リスト 3.10 を実行すると図 3.12 の結果が表示されます。

表 3.6 job の値の比率

値		出現数（比率）
management	（管理職）	0.216968
blue-collar	（技能職）	0.208484
technician	（技術職）	0.167733
admin.	（事務職）	0.115994
services	（サービス職）	0.091933
retired	（定年退職）	0.048818
self-employed	（自営業）	0.035605
entrepreneur	（起業家）	0.033241
unemployed	（無職）	0.031015
housemaid	（家事代行）	0.028929
student	（学生）	0.021280

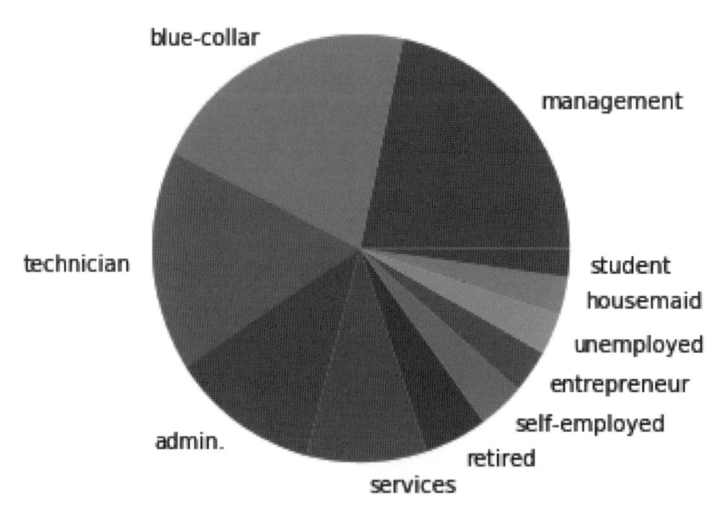

図 3.12　job の円グラフ

練習問題・6

ほかの文字列項目 (marital、education、default、housing、loan、contact、month、poutcome) も同様に、各項目の値ごとの比率と円グラフを作成し、データの分布を確認しましょう。

y の円グラフを作成し、データの分布を確認してみましょう。y は顧客の預金申込の結果であり、分析データセットの**目的変数**にあたります。

リスト 3.11

```
1  y_label = bank_df['y'].value_counts(ascending=False, normalize=True).index
2  y_vals = bank_df['y'].value_counts(ascending=False, normalize=True).values
3
4  plt.pie(y_vals, labels=y_label)
5  plt.axis('equal')
6  plt.show()
```

実行すると、次の円グラフが得られます。

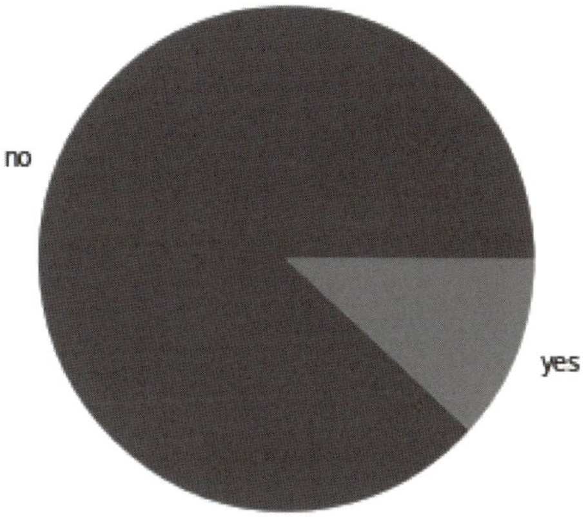

図 3.13　y の円グラフ

no（預金申込なし）が yes（預金申込あり）に比べて圧倒的に多く、不均衡データであることがわかります。モデル作成に使用するデータは均衡であることが好ましいでしょう。もし不均衡なデータをそのまま使用すれば、多数クラスしか検出できないモデルができ上がるでしょう。

1.6　データの可視化（その 2）

目的変数 y に対するデータの分布を確認してみましょう。まず、年齢を対象に箱ひげ図を作成します。

リスト 3.12

```
1  y_yes = bank_df[bank_df['y'] == 'yes']
2  y_no = bank_df[bank_df['y'] == 'no']
3  y_age = [y_yes['age'], y_no['age']]
4
5  plt.boxplot(y_age)
6  plt.xlabel('y')
7  plt.ylabel('age')
8  ax = plt.gca()
9  plt.setp(ax, xticklabels = ['yes','no'])
10 plt.show()
```

- 1～3 行目：y が yes のデータを y_yes へ、y が no のデータを y_no へ格納し、それぞれの age を結合して y_age へ格納します。
- 5 行目：**boxplot** メソッドを使用して、箱ひげ図を作成します。箱ひげ図は、データのちらばり具合を表現することに適したグラフです。

箱の中の線がデータの中央値、箱の上下の線がそれぞれ第三四分位数、第一四分位数です。上ひげが最大値、下ひげが最小値、箱の高さは四分位範囲（第三四分位数－第一四分位数）です。

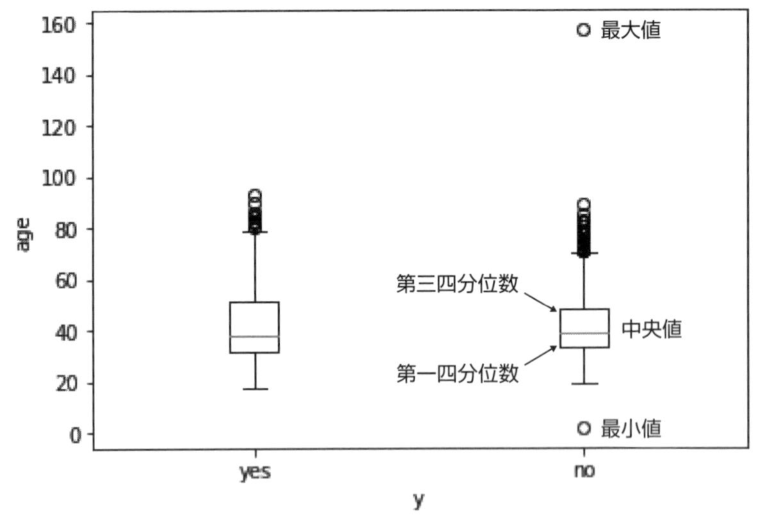

図 3.14　age の箱ひげ図（統計量を追記）

no のデータは外れ値を含んでいます。預金申込の対象顧客としては、あり得ない年齢です。このようなデータは、後で除外しなければなりません。

練習問題・7

ほかの数値項目（balance、day、duration、campaign、pdays、previous）について、それぞれ箱ひげ図を作成し、データの分布を確認してみましょう。

ここまでの実装で、1 つのノートブックとしましょう。内容を保存して、ノートブックを再利用できるようダウンロードしておいてください。

2 データ準備

前節の作業で発見したデータの性質をもとに、ここからはデータを前処理していきましょう。モデル作成のために、アルゴリズムが受け付ける形へデータを加工・整形します。

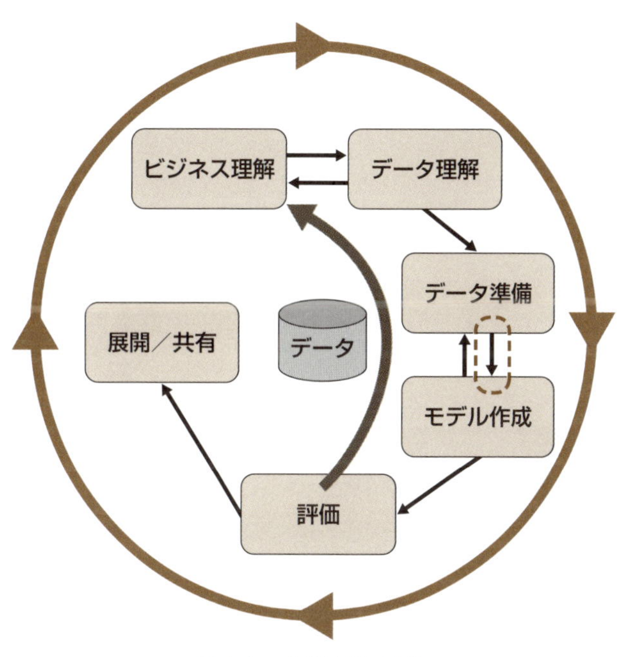

図 3.15 CRISP-DM の再掲

2.1 データの読み込みと確認

新しくノートブックを作成して、本章 1.2 項のリスト 3.1 と同じく、先頭セルに、前処理の対象となるデータを読み込むコードを記述します。

リスト 3.13

```
1 import pandas as pd
2
3 bank_df = pd.read_csv('bank.csv', sep=',')
4 bank_df.head()
```

セルを実行すると、次のような実行結果が表示されます。

	age	job	marital	education	default	balance	housing	loan	contact	day	month	duration	campaign	pdays	previous	poutcome	y
0	58	management	married	tertiary	no	2143	yes	no	NaN	5	may	261	1	-1	0	NaN	no
1	36	technician	single	secondary	no	265	yes	yes	NaN	5	may	348	1	-1	0	NaN	no
2	25	blue-collar	married	secondary	no	-7	yes	no	NaN	5	may	365	1	-1	0	NaN	no
3	53	technician	married	secondary	no	-3	no	no	NaN	5	may	1666	1	-1	0	NaN	no
4	24	technician	single	secondary	no	-103	yes	yes	NaN	5	may	145	1	-1	0	NaN	no

図 3.16　分析データセット

データの行数（件数）・列数（項目数）と、各項目のデータ型を再度確認しておきましょう。

リスト 3.14

```
1 print(bank_df.shape)
2 print(bank_df.dtypes)
```

データの行数は7234、列数は17です。また、各項目のデータ型は以下のとおりです。

表 3.7　データ各項目の型

項目名	データ型
age	int64
job	object
marital	object
education	object
default	object
balance	int64
housing	object
loan	object
contact	object
day	int64
month	object
duration	int64
campaign	int64
pdays	int64
previous	int64
poutcome	object
y	object
dtype: object	

以降の操作において、データ行・列数、データ型の情報は重要です。各操作を実行後、都度確認するようにしてください。

2.2 欠損値の除外

前節で、データの行・列に欠損値が存在することがわかりました。表3.5に示した、各項目（列）の欠損値の個数の結果を振り返ってみましょう。この結果を使って、欠損値を含む行・列を除外していきましょう。

まず、欠損値の個数が少ない項目jobとeducationに着目しましょう。欠損値の多い／少ないの閾値は一意に決められませんが、目安として、「欠損値がデータ件数の約3分の1以上あれば多い」と考えてください。

欠損値の個数はjobが44、educationが273です。いずれの欠損値の個数もデータ件数の3分の1未満です。よって、各項目に特別な意味がなければ、jobとeducationが欠損している行をデータセットから除外してしまってよいでしょう。

リスト3.15

```
1 bank_df = bank_df.dropna(subset=['job', 'education'])
2 print(bank_df.shape)
```

dropnaを使用し、引数にjobとeducationを指定すれば、これらの項目が欠損している行をbank_dfから除外します。

実行すると、データの行数は6935、列数は17です。

次に、欠損値の個数が多い項目contactとpoutcomeに着目しましょう。欠損値の個数は、contactが2038、poutcomeが5900です。poutcomeは、欠損値の個数がデータ件数の約3分の1を超えるため、データセットから除外しましょう。contactは判断に迷うところですが、ひとまずそのまま置いておきます。

練習問題・8

項目poutcomeをデータセットから除外し、データの行数は6935、列数は16となることを確認してください。

2.3　欠損値の補完

contact に欠損値（NaN）が残っています。このまま残しておくことはできないため、何かしらの方法で補完しなければなりません。

欠損値を補完する方法はいくつかあります。データ型が数値の場合なら、0 で補完する、定数で補完する、前後の値で補完する、項目の平均値で補完する、などが挙げられます。データ型が文字列の場合なら、ある文字列で補完することがわかりやすいですね。

contact のデータ型は、object（文字列）です。contact の欠損値は、顧客に対し何を使って連絡を取ったかが不明であることを意味しています。よって、欠損値を **unknown** で補完しましょう。

リスト 3.16

```
1  bank_df = bank_df.fillna({'contact':'unknown'})
2  bank_df.head()
```

fillna を使用し、引数に contact（項目名）と unknown（補完する値）を指定すれば、bank_df に含まれる項目の欠損値を補完できます。

	age	job	marital	education	default	balance	housing	loan	contact
0	58	management	married	tertiary	no	2143	yes	no	NaN
1	36	technician	single	secondary	no	265	yes	yes	NaN
2	25	blue-collar	married	secondary	no	-7	yes	no	NaN

…

	age	job	marital	education	default	balance	housing	loan	contact
0	58	management	married	tertiary	no	2143	yes	no	unknown
1	36	technician	single	secondary	no	265	yes	yes	unknown
2	25	blue-collar	married	secondary	no	-7	yes	no	unknown

…

図 3.17　欠損値の補完前後のデータセット

2.4 外れ値の除外

前節で計算した統計量の結果を振り返ってみましょう。図3.5には、ageのmin（最小値）が2、max（最大値）が157と表示されています。つまり、2歳と157歳の顧客が存在するということです。

今回のデータセットは、顧客に直接働きかけた結果が格納されているため、2歳の顧客は対象にならないでしょう。そして、人間の寿命を考えると、157歳の顧客は現実的ではありません。これらのデータの誤りは、入力ミスによるものが考えられますが、真の値が何であるかはわかりません。よって、これらの外れ値を含むデータ行は除外しておきましょう。

リスト3.17

```
1  bank_df = bank_df[bank_df['age'] >= 18]
2  bank_df = bank_df[bank_df['age'] < 100]
3
4  print(bank_df.shape)
```

変数名に続く1つ目の[ ]（半角角かっこ）に、データ行を抽出する条件を記述します。ここでは、ageが18以上100歳未満という条件にします。

実行すると、データの行数は6933、列数は16です（先に「練習問題・8」を実行していないと、違う結果になります）。

2.5 文字列を数値へ変換

機械学習アルゴリズムは、主に数値型のデータを受け付けます。そのため、文字列型のデータを数値型へ変換しておきましょう。default、housing、loan、depositはyesとnoの2値を、job、marital、education、contact、monthは多値を取るデータです。

まず、2値データから変換してみましょう。単純に、yesを1、noを0とします。

リスト3.18

```
1  bank_df = bank_df.replace('yes', 1)
2  bank_df = bank_df.replace('no', 0)
3
4  bank_df.head()
```

replaceを使用し、1つ目の引数に指定した値を、2つ目の引数に指定した値で置換します。ここでは、文字列yesを数値1へ、文字列noを数値0へ置換します。

	age	job	marital	education	default	balance	housing	loan	contact	day	month	duration	campaign
0	58	management	married	tertiary	0	2143	1	0	unknown	5	may	261	1
1	36	technician	single	secondary	0	265	1	1	unknown	5	may	348	1
2	25	blue-collar	married	secondary	0	-7	1	0	unknown	5	may	365	1
3	53	technician	married	secondary	0	-3	0	0	unknown	5	may	1666	1
4	24	technician	single	secondary	0	-103	1	1	unknown	5	may	145	1

図 3.18　文字列置換前後のデータセット

次に、多値データを変換してみましょう。多値データの場合は、2 値データのように 0、1、2、…と単純な数値で置換できません。なぜなら、数値の大きさに意味があるわけではないからです。

多値の場合は、One-Hot 表現によりダミー変数化する方法が有名です。以下のリストを実行し、ダミー変数化によってデータをどのように変換できるかを確認しましょう。

リスト 3.19

```
1  bank_df_job = pd.get_dummies(bank_df['job'])
2  bank_df_job.head()
```

get_dummies を使って、bank_df に含まれる job をダミー変数化します。

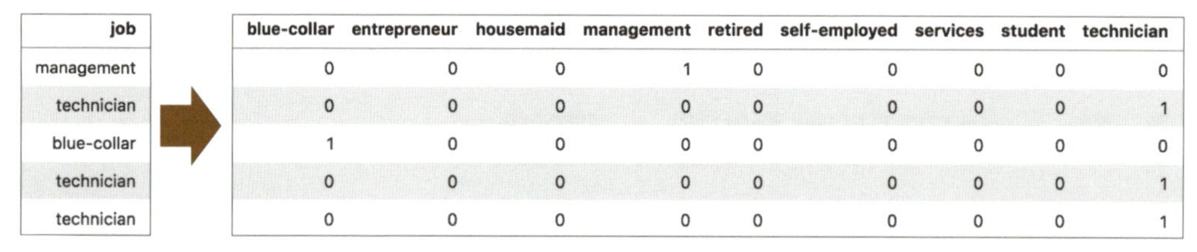

job
management
technician
blue-collar
technician
technician

blue-collar	entrepreneur	housemaid	management	retired	self-employed	services	student	technician
0	0	0	1	0	0	0	0	0
0	0	0	0	0	0	0	0	1
1	0	0	0	0	0	0	0	0
0	0	0	0	0	0	0	0	1
0	0	0	0	0	0	0	0	1

図 3.19　job のダミー変数化（一部）

練習問題・9

job 以外のデータ型が文字列である項目（marital、education、contact、month）についても、同様にダミー変数化してください。

2.6 分析データセットの作成

最後に、これまで前処理した内容を整えて、分析データセットとして完成させましょう。まず、データ型が数値の項目のみ取り出しておきます。

リスト 3.20

```
1 tmp1 = bank_df[['age', 'default', 'balance', 'housing', 'loan',
2                 'day', 'duration', 'campaign', 'pdays', 'previous', 'y']]
3
4 tmp1.head()
```

数値項目を抽出し、中間のデータフレーム tmp へ格納します。

実行すると、tmp1 には次の項目のデータが格納されています。

	age	default	balance	housing	loan	day	duration	campaign	pdays	previous	y
0	58	0	2143	1	0	5	261	1	-1	0	0
1	36	0	265	1	1	5	348	1	-1	0	0
2	25	0	-7	1	0	5	365	1	-1	0	0
3	53	0	-3	0	0	5	1666	1	-1	0	0
4	24	0	-103	1	1	5	145	1	-1	0	0

図 3.20 tmp1 の先頭 5 行

tmp1 をベースに、ダミー変数化したデータを結合していきましょう。ただし、先に「練習問題・9」を実行していないと、エラーとなります。

リスト 3.21

```
1 tmp2 = pd.concat([tmp1, bank_df_marital], axis=1)
2 tmp3 = pd.concat([tmp2, bank_df_education], axis=1)
3 tmp4 = pd.concat([tmp3, bank_df_contact], axis=1)
4 bank_df_new = pd.concat([tmp4, bank_df_month], axis=1)
5
6 bank_df_new.head()
```

concat を使って、2 つのデータを結合します。axis=1 は水平に結合するため 2 つのデータ行数が同じに、axis=0 は垂直に結合するため 2 つのデータ列数は同じでなくてはなりません。

ここでは、データ行列の並びによってデータを結合しましたが、キーによってデータを結合する方法の方が一般的です。

実行すると、bank_df_new には次の項目のデータが格納されています。

	age	default	balance	housing	loan	day	duration	campaign	pdays	previous	...
0	58	0	2143	1	0	5	261	1	-1	0	...
1	36	0	265	1	1	5	348	1	-1	0	...
2	25	0	-7	1	0	5	365	1	-1	0	...
3	53	0	-3	0	0	5	1666	1	-1	0	...
4	24	0	-103	1	1	5	145	1	-1	0	...

図 3.21　bank_df_new の先頭5行

ここまでの結果を、CSV ファイルに出力しておきましょう。

リスト 3.22

```
1  bank_df_new.to_csv('bank-prep.csv', index=False)
```

to_csv を使って、bank_df_new をファイル名 **bank_prep.csv** で出力します。ファイルはノートブックと同じ階層に保存されます。

ここまでの実装で、1つのノートブックとして保存しましょう。ノートブックを再利用できるようダウンロードしておいてください。

Column　豆知識 1. データの結合

リスト 3.21 では、2 つのデータ行数が同じである条件のもと、2 つのデータを水平に結合しました。より一般的には、データ（テーブル）に含まれる結合キーを使って、2 つのデータを結合することが多いでしょう。

結合方法には、**内部結合(Inner Join)**、**外部結合(Outer Join)**、**左結合(Left Join)**、**右結合(Right Join)**の 4 種類があります。

顧客 ID と氏名のデータが格納されたテーブル A と、顧客 ID と住所のデータが格納されたテーブル B があるとき、2 つのテーブルを結合するとします。

	ID	氏名
0	1	足立　悠
1	2	浦島　太郎
2	3	リックテレコム

	ID	住所
0	2	竜宮城
1	3	東京都
2	4	イースター島

図 3.22　テーブル A（左）とテーブル B（右）

- 内部結合：2 つのテーブルのキー（ID）が一致するデータのみを抽出します。
- 外部結合：2 つのテーブルのキーとそれに紐付くデータを全て抽出します。
- 左結合：左テーブル（テーブル A）のキーに一致するデータを抽出します。
- 右結合：右テーブル（テーブル B）のキーに一致するデータを抽出します。

Pandas を使って、この結合イメージを表現してみましょう。

リスト 3.23

```
1  A = pd.DataFrame({'ID': [1, 2, 3], '氏名': ['足立　悠', '浦島　太郎', 'リックテレコム']})
2  B = pd.DataFrame({'ID': [2, 3, 4], '住所': ['竜宮城', '東京都', 'イースター島']})
3
4  inner_tab = pd.merge(A, B, on='ID', how='inner')
5  left_tab = pd.merge(A, B, on='ID', how='left')
6  right_tab = pd.merge(A, B, on='ID', how='right')
7  outer_tab = pd.merge(A, B, on='ID', how='outer')
```

- 1～2 行目：テーブル A と B を作成します。
- 4 行目：**merge** を使って、引数 1 つ目（テーブル A）と 2 つ目（テーブル B）に指定したテーブルを結合します。引数 3 つ目には結合キー（ID）を指定し、引数 4 つ目には結合方法（inner）を指定します。

- 5行目：mergeを使って、テーブルAとBを左結合（left）します。
- 6行目：mergeを使って、テーブルAとBを右結合（right）します。
- 7行目：mergeを使って、テーブルAとBを外部結合（outer）します。

各結合結果は、適宜確認してください。

	ID	氏名	住所
0	2	浦島　太郎	竜宮城
1	3	リックテレコム	東京都

	ID	氏名	住所
0	1	足立　悠	NaN
1	2	浦島　太郎	竜宮城
2	3	リックテレコム	東京都

	ID	氏名	住所
0	2	浦島　太郎	竜宮城
1	3	リックテレコム	東京都
2	4	NaN	イースター島

	ID	氏名	住所
0	1	足立　悠	NaN
1	2	浦島　太郎	竜宮城
2	3	リックテレコム	東京都
3	4	NaN	イースター島

図3.23　内部結合（左上）、左結合（右上）、右結合（左下）、外部結合（右下）の結果

外部結合、左結合、右結合では、**NaN**（欠損値）が生じています。何を結合キーにして、どのように結合するかによって、結合の結果得られるデータは大きく変わります。データの加工目的によって使い分けていきましょう。

3 モデル作成

前節で前処理して得たデータセットをもとに、機械学習のアルゴリズムを使ってモデルを作成していきましょう。本書は主にデータ前処理を扱うため、本節で説明する手法は簡潔にとどめておきます。

3.1 データの読み込みと確認

新しくノートブックを作成し、前節で作成したCSVファイル「bank-prep.csv」をアップロードしましょう。そして、本章1.2項のリスト3.1、本章2.1項のリスト3.13と同じく、先頭セルに前処理の対象となるデータを読み込むコードを記述します。

リスト 3.24

```
1  import pandas as pd
2
3  bank_df = pd.read_csv('bank-prep.csv', sep=',')
4  bank_df.head()
```

セルを実行すると、図3.21のデータセットが表示されます。

3.2 不均衡データの均衡化

本章1節では、目的変数yのデータ分布を確認し、yesはnoより圧倒的にデータ件数が少ないことがわかりました。

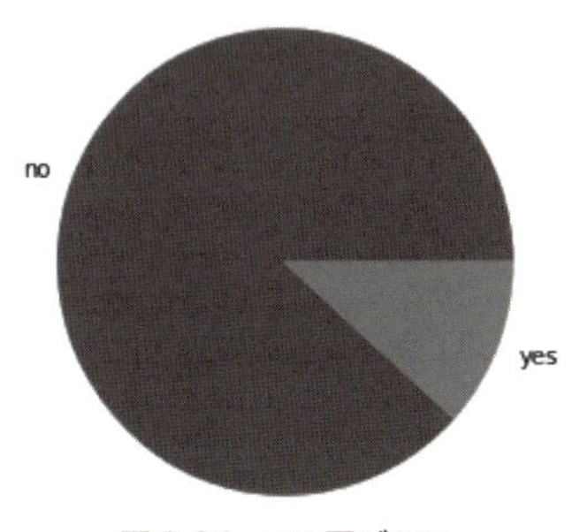

図 3.24　yの円グラフ

このまま使用すれば、noを検出するモデルしか作成できません。よって、yesとnoのデータ件数が均衡になるように加工します。

データ件数を均衡にするには、どうすればよいでしょうか。「多数クラス（no）のデータ件数を、少数クラス（yes）のデータ件数と同じにする」と考えれば簡単です。多数クラスのデータをシャッフルし、少数クラスと同じ件数分のデータを抜き取ればよいでしょう。この考えを、「**アンダーサンプリング**（Under Sampling）」と呼びます。

実装には、**imbalanced-learn** パッケージを使用します。imbalanced-learn は不均衡データに対し、アンダーサンプリングや**オーバーサンプリング**（Over Sampling）を行うための機能を提供します[4]。オーバーサンプリングはアンダーサンプリングとは逆に、少数クラスのデータ件数を多数クラスのデータ件数と同じにすることです。

JupyterLab に imbalanced-learn がインストールされているかを確認してみましょう。

リスト 3.25

```
1  !pip show imbalanced-learn
```

pip の前に半角の「**!**」を挿入すれば、ターミナル上で実行するときと同じように、コマンドを実行できます。しかし、実行しても結果には何も表示されません。つまり、インストールされていないことがわかります。

JupyterLab にインストール済みのパッケージは、次のコマンドを実行すると確認できます。

リスト 3.26

```
1  !pip list
```

リスト 3.27　インストール済みのパッケージ

```
Package                        Version
------------------------------ ----------
alembic                        1.0.5
altair                         1.2.1
asn1crypto                     0.24.0
async-generator                1.10
attrs                          18.2.0
・・・
```

imbalanced-learn をインストールしましょう。

リスト 3.28

```
1  !pip install imbalanced-learn
```

実行し、最後にSuccessfully installed... から始まるメッセージが表示されれば、インストールは完了です。

では、不均衡なデータセットに対し、アンダーサンプリングを実装していきましょう。

リスト3.29

```
1  import numpy as np
2  from imblearn.under_sampling import RandomUnderSampler
3
4  X = np.array(bank_df_new.drop('y', axis=1))
5  Y = np.array(bank_df_new[['y']])
6  print(np.sum(Y == 1), np.sum(Y == 0))
7
8  sampler = RandomUnderSampler(random_state=42)
9  X, Y = sampler.fit_resample(X, Y)
10 print(np.sum(Y == 1), np.sum(Y == 0))
```

- 1〜2行目：NumPyと**RandomUnderSampler**（の中の**under_sampling**）を読み込みます。NumPyをas npで読み込みます。以降、NumPyのメソッドを使うときは、npを使用します。NumPyは行列や多次元配列の操作など、数値計算に役立つ機能を提供しています[5]。
- 4〜5行目：y以外の全ての項目を説明変数とし新規変数Xへ、yを目的変数とし新規変数Yへ格納します。後々の扱いを考えて、どちらもNumPy配列へ変換しておきます。
- 8行目：サンプリング条件を設定します。今回はランダムサンプリングとします。
- 9行目：XとYを設定した条件に従ってサンプリングします。

実行し、サンプリング前後のデータ件数を確認してみましょう。

サンプリング前は、yが1のデータ件数が820件、yが0のデータ件数が6113件です。

サンプリング後は、yが1のデータ件数が820件、yが0のデータ件数が820件となっており、均衡化されています。

実際に、予測したい対象クラスのデータ件数が少ないことは多々あります。例えば、製造業で機械の故障予測を行いたくとも、機械は滅多に故障しないため「**故障した**ログ」は蓄積されません。よって、少数クラスが非常に不足する事態に陥ります。

単純に多数クラスのデータ件数を少数クラスのデータ件数に合わせると、モデル作成に必要なデータ件数が不足します。このような場合、オーバーサンプリングによって少数クラスのデータ数を増加させます。

Column 豆知識 2. オーバーサンプリング

オーバーサンプリングとは、少数クラスのデータ件数を多数クラスのデータ件数と同じにすることだと説明しました。少数クラスのデータを複製して件数を増加させれば、手っ取り早く多数クラスと同じデータ件数を得られます。この方法は次のコードで実装できます。

リスト 3.30

```
1  import numpy as np
2  from imblearn.over_sampling import RandomOverSampler
3
4  X = np.array(bank_df_new.drop('y', axis=1))
5  Y = np.array(bank_df_new['y'])
6  print(np.sum(Y == 1), np.sum(Y == 0))
7
8  sampler = RandomOverSampler(random_state=42)
9  X, Y = sampler.fit_resample(X, Y)
10 print(np.sum(Y == 1), np.sum(Y == 0))
```

リスト 3.29 と比較すると、2 行目と 8 行目の記述のみ異なります。

- 2 行目：**RandomUnderSampler**（の中の **over_sampling**）を読み込みます。
- 8 行目：サンプリング条件を設定します。今回はランダムサンプリングとします。

実行し、サンプリング前後のデータ件数を確認してみましょう。

サンプリング前は、y が 1 のデータ件数が 820 件、y が 0 のデータ件数が 6113 件です。

サンプリング後は、y が 1 のデータ件数が 6113 件、y が 0 のデータ件数が 6113 件となっており、均衡化されています。

複製せず補完してデータ件数を増加させる方が、より一般的です。このような手法に「**SMOTE**（Synthetic Minority Oversampling Technique）」があります。

SMOTE は、**k-NN 法**（k-Nearest Neighbors, k 近傍法）の考えがベースになっています。k 近傍法では、まず、分類済みデータ点（黒●と白○）と未分類データ点（★）の距離を計算します。次に、未分類データから近傍の分類済みデータ k 個の分類カテゴリを使って、未分類データのカテゴリを決めます。

例えば、近傍データ数 k が 3 のとき、未分類データのカテゴリは、黒●が 2 個と白○が 1 個なので黒となります。近傍データ数 k が 7 のとき、未分類データのカテゴリは、黒●が 3 個と白○が 4 個なので白となります。近傍データ数 k が 10 のとき、未分類データのカテゴリは、黒●が 4 個と白○が 6 個なので白となります。

データ点同士の近傍度合いは、**ユークリッド距離**を使って 2 点間の直線距離を測ります。

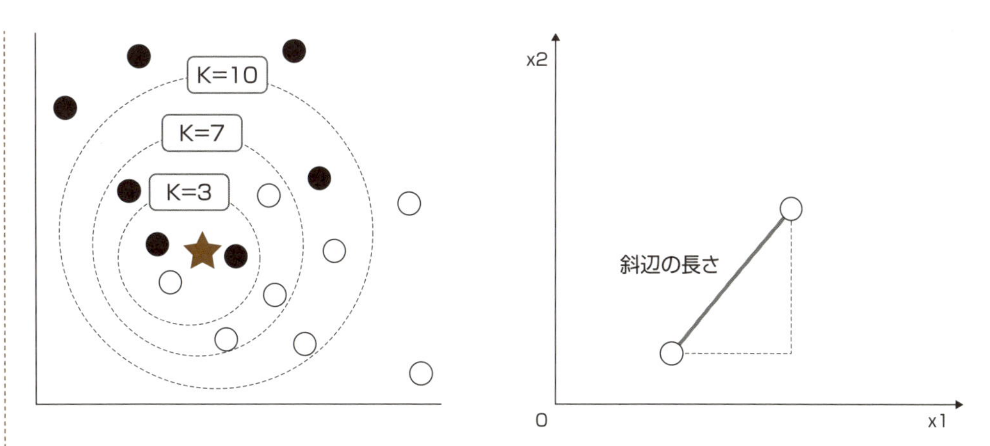

図 3.25　k 近傍法のイメージと距離関数

SMOTE は少数クラスに着目し、あるデータ点から近傍のデータ点の間に新たなデータ点を生成するものです。新たなデータ点は、あるデータ点から近傍のデータ点の特徴量の差にノイズをかけた値を取ります。SMOTE も、imbalanced-learn から提供されているためすぐに使えます。ぜひ試してみてください。

3.3 決定木モデルの作成と検証

Scikit-learn を使い、アンダーサンプリングによって均衡化したデータセットからモデルを作成し、検証していきましょう。Scikit-learn は、機械学習アルゴリズム、モデル検証・最適化に役立つ機能を提供します[6]。

Scikit-learn に含まれる決定木アルゴリズムを使ってモデルを作成し、交差検証を使ってモデルを検証します。第 2 章の 4 節で説明した、決定木や交差検証の考え方をもとに実装していきましょう。

リスト 3.31

```
1  from sklearn.model_selection import KFold
2  from sklearn import tree
3  from sklearn.metrics import accuracy_score
4
5  kf = KFold(n_splits=10, shuffle=True)
6  scores = []
7
8  for train_id, test_id in kf.split(X):
9      x = X[train_id]
```

```
10      y = Y[train_id]
11      clf = tree.DecisionTreeClassifier()
12      clf.fit(x,y)
13      pred_y = clf.predict(X[test_id])
14      score = accuracy_score(Y[test_id], pred_y)
15      scores.append(score)
16
17 scores = np.array(scores)
18 print(scores.mean(), scores.std())
```

- 1～3 行目：Scikit-learn に含まれる、K-Fold 交差検証、決定木アルゴリズム、精度計算を行うためのクラスをそれぞれ読み込みます。
- 5 行目：**K-Flod** を使って交差検証を行います。1 つ目の引数にはデータセットを分割する個数を 10、2 つ目の引数にはデータセットをシャッフルするよう指定します。
- 8 行目：訓練データとテストデータの組み合わせを変えながら、モデルを作成し精度を確認していきます。
- 11 行目：分類のための決定木インスタンス clf を生成します。
- 12 行目：訓練データを使って、決定木モデルを作成します。モデル作成には、デフォルトのパラメータをそのまま使用します。うち criterion は、ジニ係数（gini）と情報ゲイン（entropy）を設定できます。いずれも分割の純度を決める指標として使えます。
- 13 行目：**predict** を使って、作成したモデルにテストデータを適用し出力を得ます。
- 14 行目：**accuracy_score** を使って、出力と正解（目的変数の値）の正誤数からモデルの精度を計算します。
- 18 行目：NumPy の **mean** と **std** メソッドを使って、モデルの平均精度と標準偏差を計算します。

実行すると、モデルの平均精度は 0.755…、標準偏差は ± 0.0316…です。つまり、75%の精度で 1 か 0 を予測できるわけです。そして、ばらつきが 3%程度であることから、予測結果は比較的ぶれないことがわかります。ただし、この結果は実行ごとに変わることを留意しておいてください。

Column 豆知識 3. 分割の純度

情報ゲイン(Information Gain) を使って、分割の純度をどのように測るかを考えてみましょう。

図 3.26 左に示す、ゴルフ (目的変数) をプレイする／しないが、天気・気温・湿度・風 (説明変数) によって決まるデータセットがあるとします。このデータセットから、図 3.26 右に示す、決定木を作成することができます。

ゴルフ	天気	気温	湿度	風
プレイしない	晴れ	暑い	高い	なし
プレイしない	晴れ	暑い	高い	あり
プレイする	曇り	暑い	高い	なし
プレイする	雨	普通	高い	なし
プレイする	雨	寒い	普通	なし
プレイしない	雨	寒い	普通	あり

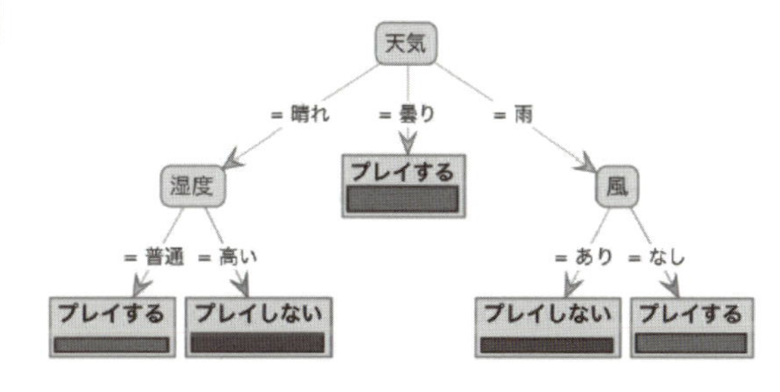

図 3.26　決定木による分類モデル

木の上から順に、データを純粋に分類できる変数が配置されます。この「**純粋に**」の度合いを、情報ゲインで測定します。情報ゲインは、データ分類前後での情報量の差です。この差が大きいほど、純粋に分類できる変数として木の上から順に配置されます。

説明変数はそれぞれ、データの分類に対して持つ情報量が異なります。実際に、天気の情報量を計算してみましょう。天気は晴れ・曇り・雨の 3 値を取り、それぞれの値でデータを分類したものを図 3.27 左に示します。情報量は対数の計算によって得られます。

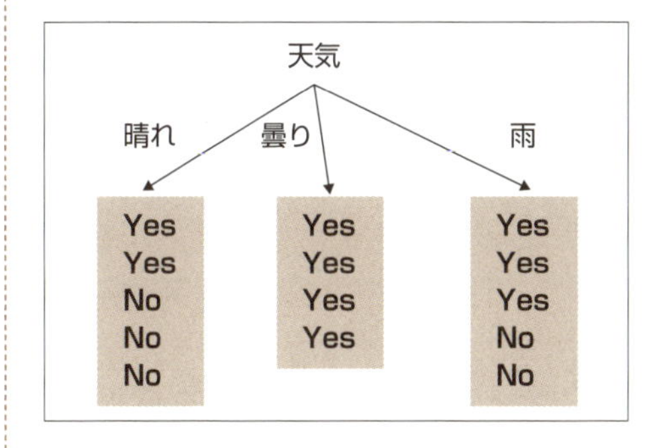

・天気＝晴れ

Info(2, 3)=Entropy(2/5, 3/5)=0.971bits

・天気＝曇り

Info(4, 0)=Entropy(1, 0)=0bits

・天気＝雨

Info(3, 2)=Entropy(3/5, 2/5)=0.971bits

Info(天気)=5/14×0.971+4/14×0+5/14×0.971=0.693bits

図 3.27　情報ゲインの計算

天気の情報ゲインは、分類前の情報量と分類後の情報量の差から得られます。

Gain(天気)=Info(9, 5)-Info(天気)=0.940-0.693=0.247bits

他の変数も同様に計算して、気温のゲインは 0.029bits、湿度の情報ゲインは 0.152bits、風の情報ゲインは 0.048bits の結果を得られます。この中で最大の情報ゲインは天気であるため、決定木の上に配置されます。

さて、モデルの検証は精度だけではありません。併せて、第２章４節で説明した再現率や適合率も確認してみましょう。ここでは、最後の検証の結果を使います。

リスト 3.32

```
1  from sklearn.metrics import recall_score
2  from sklearn.metrics import precision_score
3
4  print(recall_score(Y[test_id], pred_y))
5  print(precision_score(Y[test_id], pred_y))
```

recall_score は再現率を、**precision_score** は適合率を計算するメソッドです。

実行すると、再現率は 0.786…、適合率は 0.678…の結果を得られます。どちらの値を重視すればよいでしょうか？　第２章１節で設定した分析目標は、「契約確度の高い顧客を見つけること」でした。アプローチする顧客を厳選したいと考えると、再現率に着目すべきでしょう。再現率は 78%です。もう少し向上させたいですね。

3.4 パラメータの最適化

モデルを作成するとき、パラメータはデフォルト値のまま、固定していました。デフォルト値を確認してみましょう。

リスト 3.33

```
1  print(clf)
```

実行すると、次のような結果を得られます。

リスト 3.34

```
DecisionTreeClassifier(class_weight=None, criterion='gini', max_depth=None,
```

```
            max_features=None, max_leaf_nodes=None,
            min_impurity_decrease=0.0, min_impurity_split=None,
            min_samples_leaf=1, min_samples_split=2,
            min_weight_fraction_leaf=0.0, presort=False, random_state=None,
            splitter='best')
```

分割の指標criterionはジニ係数が指定され、木の最大深さmax_depthは指定なし、葉の最小データ数min_samples_leafは1が指定され、他のパラメータにも何かしらの値が指定されています。上記のパラメータの組み合わせが最適とは限りません。第2章4節で説明したグリッドサーチを使って、モデルの精度が最も高くなるパラメータの組み合わせを探しましょう。

リスト3.35

```
1 from sklearn.model_selection import GridSearchCV
2
3 params = {
4           'criterion': ['entropy'],
5           'max_depth': [2, 4, 6, 8, 10],
6           'min_samples_leaf': [10, 20, 30, 40, 50],
7 }
8
9 clf_gs = GridSearchCV(tree.DecisionTreeClassifier(), params,
10                       cv=KFold(n_splits=10, shuffle=True), scoring='accuracy')
11
12 clf_gs.fit(X, Y)
```

- 1行目：Scikit-learnに含まれる、グリッドサーチを行うためのクラスを読み込みます。
- 3〜7行目：探索するパラメータとその範囲を設定します。ここでは、分割の指標criterionはentropy（情報ゲイン）に固定し、木の最大深さmax_depthは2〜10、葉の最小データ数min_samples_leafは10〜50の間とします。
- 9〜10行目：グリッドサーチを実行する条件をセットします。1つ目の引数にはアルゴリズムとして分類の決定木を、2つ目の引数に探索するパラメータセットを、3つ目の引数には検証方法としてK-Fold交差検証を、4つ目の引数には評価方法としてモデル精度を指定します。
- 12行目：グリッドサーチを実行します。

グリッドサーチを実行できたら、最も高いモデルの精度とそのときのパラメータの組み合わせを確認してみましょう。

リスト 3.36

```
1 print(clf_gs.best_score_)
2 print(clf_gs.best_params_)
```

実行すると、精度は0.806…、パラメータはmax_depthが10、min_samples_leafが20という結果を得られます。ただし、この結果は実行ごとに変わることを留意しておいてください。

ここまでの結果を使ってモデルを完成させ、影響の高い変数を確認しましょう。

リスト 3.37

```
1 clf_best = tree.DecisionTreeClassifier(
2         criterion='entropy', max_depth=10, min_samples_leaf=20)
3 clf_best.fit(X, Y)
4
5 print(clf_best.feature_importances_)
```

- 5行目：**feature_importances_** を使って、モデル作成に使用した全ての変数の結果に対する影響度合いを表示します。

実行すると、NumPy配列で各変数の影響度を数値で得られます。影響度の高い変数を選択してモデルを作成すれば、精度は向上する可能性が上がるでしょう。影響度は、どの変数を選択するかを検討する指標として利用できます。

表 3.8　変数の影響度リスト（TOP5）

	変数名	影響度
1	duration	: 0.54403349
2	housing	: 0.09824143
3	(education=)secondary	: 0.07026309
4	campaign	: 0.06541295
5	balance	: 0.04320457

balanceが他の変数に比べて圧倒的に影響度が高く、他の変数は低いことがわかります。他の変数はそのまま使用しているため影響度が低いだけかもしれません。より踏み込んだ前処理によって、既存変数から新規変数を作成すれば、その新規変数は影響度が高いものになるかもしれません。

ここまでの実装で、1つのノートブックとして保存しましょう。ノートブックを再利用できるようダウンロードしておいてください。

4 再びデータ準備へ

前節で可能性を示したとおり、より踏み込んだ前処理を行っていきましょう。ここでは、既存の変数から新規変数を作成することに注力します。

本章２節で作成したノートブックを右クリックして複製（Duplicate）し、名前を変更（Rename）しておきましょう。その後、ノートブックのコードを改造していきます。

外れ値の除外（リスト 3.17）までを全て実行しておきます。そして、外れ値の除外（リスト 3.17）と文字列を数値へ変換（リスト 3.18）の間に、以降のコードを挿入しましょう。

4.1 文字列値の集約

job には、何かしらの職種名が格納されています。

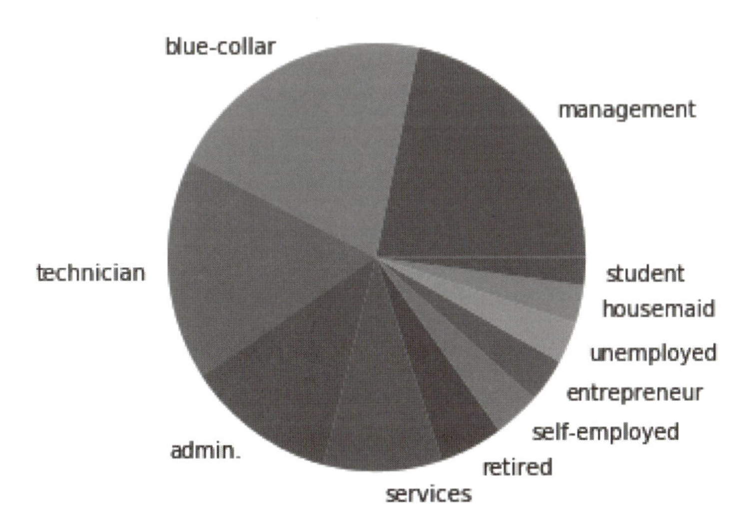

図 3.28 job の円グラフ

このまま使用せずに、何かしらの職に就いている顧客の job は「有職（worker）」とひとまとめに集約し、新たな特徴量として使用する方がよいかもしれません。

リスト 3.38

```
1  bank_df.loc[(bank_df['job'] == 'management') |
2                    (bank_df['job'] == 'technician') |
3                    (bank_df['job'] == 'blue-collar') |
4                    (bank_df['job'] == 'admin.') |
5                    (bank_df['job'] == 'services') |
6                    (bank_df['job'] == 'self-employed') |
7                    (bank_df['job'] == 'entrepreneur') |
8                    (bank_df['job'] == 'housemaid'), 'job2'] = 'worker'
9
10 bank_df.head()
```

loc を使用して、job が management、technician、blue-collar、admin.、services、self-employed、entrepreneur、housemaid を worker へ置換し、job2 へ格納します。

	age	job	marital	education	default	balance	housing	loan	contact	day	month	duration	campaign	pdays	previous	y	job2
0	58	management	married	tertiary	no	2143	yes	no	unknown	5	may	261	1	-1	0	no	worker
1	36	technician	single	secondary	no	265	yes	yes	unknown	5	may	348	1	-1	0	no	worker
2	25	blue-collar	married	secondary	no	-7	yes	no	unknown	5	may	365	1	-1	0	no	worker
3	53	technician	married	secondary	no	-3	no	no	unknown	5	may	1666	1	-1	0	no	worker
4	24	technician	single	secondary	no	-103	yes	yes	unknown	5	may	145	1	-1	0	no	worker

図 3.29　job の集約

練習問題・10

job が retired、unemployed、student を non-worker へ置換し、job2 へ格納してください。

同様に、month も集約してみましょう。month は jan（1 月）〜nov（12 月）までの 12 値を持ちます。まず、jan（1 月）・feb（2 月）・mar（3 月）を 1Q（第一四半期）へ置換し、month2 へ格納します。

リスト 3.39

```
1  bank_df.loc[(bank_df['month'] == 'jan') |
2                    (bank_df['month'] == 'feb') |
3                    (bank_df['month'] == 'mar'), 'month2'] = '1Q'
```

練習問題・11

month が apr（4 月）・may（5 月）・jun（6 月）を 2Q へ置換、jul（7 月）・aug（8 月）・sep（9 月）を 3Q へ置換、oct（10 月）・nov（11 月）・dec（12 月）を 4Q へ置換し、month2 へ格納してください。

4.2 数値の集約

day には、1〜31 のいずれかの値が格納されています。job や month と同様に集約してみましょう。ここでは、day が 10 日以下なら early へ置換し、day2 へ格納します。

リスト 3.40

```
1 bank_df.loc[bank_df['day'] <= 10, 'day2'] = 'early'
2 bank_df.head()
```

	age	job	marital	education	default	balance	housing	loan	contact	day	month	duration	campaign	pdays	previous	y	job2	month2	day2
0	58	management	married	tertiary	no	2143	yes	no	unknown	5	may	261	1	-1	0	no	worker	2Q	early
1	36	technician	single	secondary	no	265	yes	yes	unknown	5	may	348	1	-1	0	no	worker	2Q	early
2	25	blue-collar	married	secondary	no	-7	yes	no	unknown	5	may	365	1	-1	0	no	worker	2Q	early
3	53	technician	married	secondary	no	-3	no	no	unknown	5	may	1666	1	-1	0	no	worker	2Q	early
4	24	technician	single	secondary	no	-103	yes	yes	unknown	5	may	145	1	-1	0	no	worker	2Q	early

図 3.30 day の集約

練習問題・12

day が 10 日越え 20 日以下なら middle へ、20 日越えなら late へ置換し、day2 へ格納してください。

さて、duration には通話時間（秒）が格納されています。閾値を設け、通話時間が短い／長いへ変換してみましょう。

リスト 3.41

```
1 bank_df.loc[bank_df['duration'] < 300, 'duration2'] = 'short'
2 bank_df.loc[bank_df['duration'] >= 300, 'duration2'] = 'long'
3 bank_df.head()
```

- 1 行目：duration の閾値を 300 とし、閾値未満のデータを short（通話時間が短い）として duation2 へ格納します。
- 2 行目：閾値以上のデータを long（通話時間が長い）として duation2 へ格納します。

	age	job	marital	education	default	balance	housing	loan	contact	day	month	duration	campaign	pdays	previous	y	job2	month2	day2	duration2
0	58	management	married	tertiary	no	2143	yes	no	unknown	5	may	261	1	-1	0	no	worker	2Q	early	short
1	36	technician	single	secondary	no	265	yes	yes	unknown	5	may	348	1	-1	0	no	worker	2Q	early	long
2	25	blue-collar	married	secondary	no	-7	yes	no	unknown	5	may	365	1	-1	0	no	worker	2Q	early	long
3	53	technician	married	secondary	no	-3	no	no	unknown	5	may	1666	1	-1	0	no	worker	2Q	early	long
4	24	technician	single	secondary	no	-103	yes	yes	unknown	5	may	145	1	-1	0	no	worker	2Q	early	short

図 3.31　duration の集約

previous には連絡回数が格納されています。閾値を設け、連絡なし／ありへ変換してみましょう。

リスト 3.42

```
1 bank_df.loc[bank_df['previous'] < 1, 'previous2'] = 'zero'
2 bank_df.loc[bank_df['previous'] >= 1, 'previous2'] = 'one-more'
3 bank_df.head()
```

- 1 行目：previous の閾値を 1 とし、閾値未満のデータを zero（連絡なし）として previous2 へ格納します。
- 2 行目：閾値以上のデータを one-more（連絡あり）として previous2 へ格納します。

	age	job	marital	education	default	balance	housing	loan	contact	day	...	duration	campaign	pdays	previous	y	job2	month2	day2	duration2	previous2
0	58	management	married	tertiary	no	2143	yes	no	unknown	5	...	261	1	-1	0	no	worker	2Q	early	short	zero
1	36	technician	single	secondary	no	265	yes	yes	unknown	5	...	348	1	-1	0	no	worker	2Q	early	long	zero
2	25	blue-collar	married	secondary	no	-7	yes	no	unknown	5	...	365	1	-1	0	no	worker	2Q	early	long	zero
3	53	technician	married	secondary	no	-3	no	no	unknown	5	...	1666	1	-1	0	no	worker	2Q	early	long	zero
4	24	technician	single	secondary	no	-103	yes	yes	unknown	5	...	145	1	-1	0	no	worker	2Q	early	short	zero

図 3.32　previous の集約

練習問題・13

pdays には、前回のキャンペーン実施後の日数が格納されています。これまでと同様に閾値を設け、閾値未満なら less、閾値越えなら more へ変換し、pdays2 へ格納してください。閾値は 0 とします。

4.3　分析データセットの作成／追加

これまでに新規作成した変数をダミー変数化し、追加して分析データセットを完成させましょう。

挿入後のコード（リスト 3.18）から分析データセットの作成（リスト 3.21）までを全て実行しておきます。そして、リスト 3.21 とリスト 3.22 の間に、以降を挿入しましょう。

リスト 3.43

```
1 bank_df_job2 = pd.get_dummies(bank_df['job2'])
2 bank_df_month2 = pd.get_dummies(bank_df['month2'])
3 bank_df_day2 = pd.get_dummies(bank_df['day2'])
4 bank_df_duration2 = pd.get_dummies(bank_df['duration2'])
5 bank_df_previous2 = pd.get_dummies(bank_df['previous2'])
6 bank_df_pdays2 = pd.get_dummies(bank_df['pdays2'])
```

get_dummiesを使って、新規変数をダミー変数化します。

リスト 3.44

```
1 tmp5 = pd.concat([bank_df_new, bank_df_job2], axis=1)
2 tmp6 = pd.concat([tmp5, bank_df_month2], axis=1)
3 tmp7 = pd.concat([tmp6, bank_df_day2], axis=1)
4 tmp8 = pd.concat([tmp7, bank_df_duration2], axis=1)
5 tmp9 = pd.concat([tmp8, bank_df_previous2], axis=1)
6 bank_df_new2 = pd.concat([tmp9, bank_df_pdays2], axis=1)
7
8 bank_df_new2.head()
```

concatを使って、2つのデータを結合します。

リスト3.22の内容を以下のように変更しましょう。

リスト 3.45

```
1 bank_df_new2.to_csv('bank-prep2.csv', index=False)
```

to_csvを使って、bank_df_new2をファイル名**bank_prep2.csv**で出力します。ファイルはノートブックと同じ階層に保存されます。

ここまでの実装を、上書き保存しておきましょう。ノートブックは、再利用できるようにダウンロードしておいてください。

5　再びモデル作成へ

モデル作成に使用できる変数は、32個から47個へ大幅に増加しました。本章3節と同じく、決定木を使ってモデルを作成し、精度を検証していきましょう。

前回は、tree.DecisionTreeClassifierに含まれるfeature_importances_を使って、各変数の結果に対する影響度合いを確認しました。影響度は、どの変数を選択するかを検討する指標として利用できます。

Scikit-learnは特徴量（変数）選択の**feature_selection**を提供しており、この機能を使ってどの変数を残すべきかを調べてみましょう。不均衡データの均衡化（リスト3.28）の後に、以下を挿入しましょう。

リスト3.46

```
1 from sklearn.feature_selection import SelectKBest
2
3 selector = SelectKBest(k=5)
4 selector.fit(X, Y)
5 mask = selector.get_support()
6
7 print(bank_df_new.drop('y', axis=1).columns)
8 print(mask)
```

- 1行目：Scikit-learnに含まれる、特徴量選択のためのクラスを読み込みます。
- 3行目：**SelectKBest**を使って、結果（分類）に影響のある変数を5個を特徴量として選択するよう設定します。
- 7〜8行目：各変数が特徴量として選択されるかどうかを確認します。

実行すると、変数ごとにTrue（選択する）、False（選択しない）が表示されます。Trueの変数は、housing、duration、(contact =)unknown、(duration2 =)long、(duration2 =)shortです。

(duration2 =)long、(duration2 =)shortは、durationから作成した変数のため、共線性が生じる可能性があります。もとのdurationのみを選択するとよいでしょう。その分、影響力のある変数をより多く探索してみましょう。

この方法を使用して特徴量を選択し、決定木モデルの作成と検証を進めてみましょう。この先は、本章3節と同じ内容になるため省略します。もちろん、決定木以外のアルゴリズムを試してみることもよいでしょう。

第3章のまとめ

第3章では、データ分析のプロセスCRISP-DMに沿って、手を動かしながら教師あり学習の問題に挑戦しました。中でも、データ理解とデータ準備フェーズの作業に注力しました。

データ理解は、次のデータ準備での作業内容を決めるために必要なフェーズです。データの性質を理解しなければ、どのように前処理すればよいかわからず、数値だけ眺めてもデータの性質はわかりません。統計量を算出しグラフで可視化して、人が理解しやすい形へ整えましょう。

データ準備は、次のフェーズで作成するモデルの精度を左右する重要なフェーズです。ここでは欠損値の補完、外れ値の除外、文字列を数値へ変換、文字列値や数値の集約など、様々な特徴量の作成方法を説明しました。紹介したもののほかにも多くの手法があります。設定した課題に沿って、思い付く限りの特徴量を作成してみましょう。そして、結果に対してどの特徴量の影響が高いかを調べ、必要な特徴量を選び出しましょう。

第3章の出典

[1] https://www.kaggle.com/skverma875/bank-marketing-dataset
[2] https://pandas.pydata.org/
[3] https://matplotlib.org/
[4] https://imbalanced-learn.readthedocs.io/en/stable/
[5] http://www.numpy.org/
[6] https://scikit-learn.org/

第 3 章　練習問題の解答

練習問題・1

リスト 3A.1

```
1 bank_df.tail(10)
```

tail を使用して、データフレーム bank_df の末尾から 10 行目までを表示します。

実行結果

	age	job	marital	education	default	balance	housing	loan	contact	day	month	duration	campaign	pdays	previous	poutcome	y
7224	63	retired	married	primary	no	3738	no	no	telephone	9	nov	301	1	456	4	failure	no
7225	29	admin.	single	secondary	no	464	no	no	cellular	9	nov	208	2	91	3	success	yes
7226	33	admin.	single	secondary	no	690	no	no	cellular	10	nov	223	3	555	16	failure	no
7227	36	admin.	single	tertiary	no	980	no	no	cellular	11	nov	118	4	104	7	failure	no
7228	38	entrepreneur	single	secondary	no	2543	no	no	cellular	11	nov	357	3	93	5	success	yes
7229	25	services	single	secondary	no	199	no	no	cellular	16	nov	173	1	92	5	failure	no
7230	28	self-employed	single	tertiary	no	159	no	no	cellular	16	nov	449	2	33	4	success	yes
7231	59	management	married	tertiary	no	138	yes	yes	cellular	16	nov	162	2	187	5	failure	no
7232	37	management	married	tertiary	no	1428	no	no	cellular	16	nov	333	2	-1	0	NaN	no
7233	25	technician	single	secondary	no	505	no	yes	cellular	17	nov	386	2	-1	0	NaN	yes

図 3A.1　分析データセット

練習問題・2

リスト 3A.2

```
1 print(bank_df.isnull().sum(axis=1).sort_values(ascending=False))
```

Pandas の Series 型は、**sort_values** を使ってデータを並べ替えることができます。ascending=False とすれば、降順にデータを並べ替えます。

実行結果

表 3A.1　欠損値の個数降順でデータ行ソート

1837	4
1629	4
139	4
1814	4
1670	4
…	…

練習問題・3

リスト 3A.3

```
1 bank_df.describe(include=[object])
```

describe の引数に include=[object] を指定すれば、object 型の項目列の統計量を計算します。

実行結果

	job	marital	education	default	housing	loan	contact	month	poutcome	y
count	7190	7234	6961	7234	7234	7234	5196	7234	1334	7234
unique	11	3	3	2	2	2	2	12	3	2
top	management	married	secondary	no	yes	no	cellular	may	failure	no
freq	1560	4343	3745	7101	4058	6066	4697	2202	772	6381

図 3A.2　文字列項目の各種統計量

count（件数）、**unique**（一意な値）、**top**（最頻値）、**freq**（最頻値の出現回数）が表示されます。これらの値は、データセットを説明するための代表値です。

練習問題・4

リスト 3A.4

```
1 plt.hist(bank_df['balance'])
2 
3 plt.xlabel('balance')
4 plt.ylabel('freq')
5 plt.show()
```

- 1 行目：**hist** を使用して、bank_df のうち balance のヒストグラムを作成します。
- 5 行目：**show** を使用して、ヒストグラムを可視化します。

実行結果

左側に山のあるヒストグラムが表示されます。

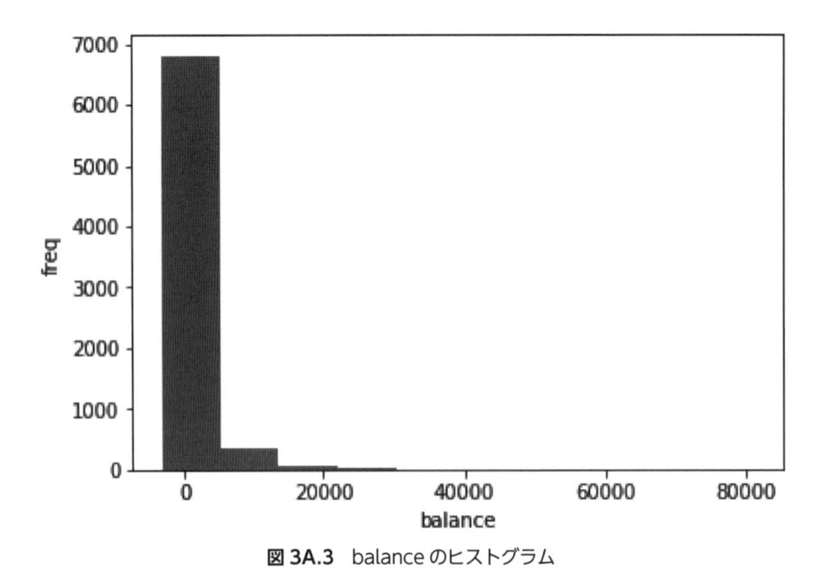

図 3A.3　balance のヒストグラム

※ day、duration、campaign、pdays、previous についても同様に作成してください。

練習問題・5

リスト 3A.5

```
1  pd.plotting.scatter_matrix(bank_df[['age','balance','day','duration']])※
2  plt.tight_layout()
3  plt.show()
```

- 1行目：**scatter_matrix** メソッドを使用して、散布図行列を作成します。引数には作成対象の項目として、age、balance、day、duration を指定します。

※または、pd.tools.plotting.scatter_matrix

散布図を1つずつ作成すると手間ですが、結果に表示される散布図行列のように、まとめて作成すると時間を短縮できます。かつ、一覧で比較しやすくなります。

実行結果

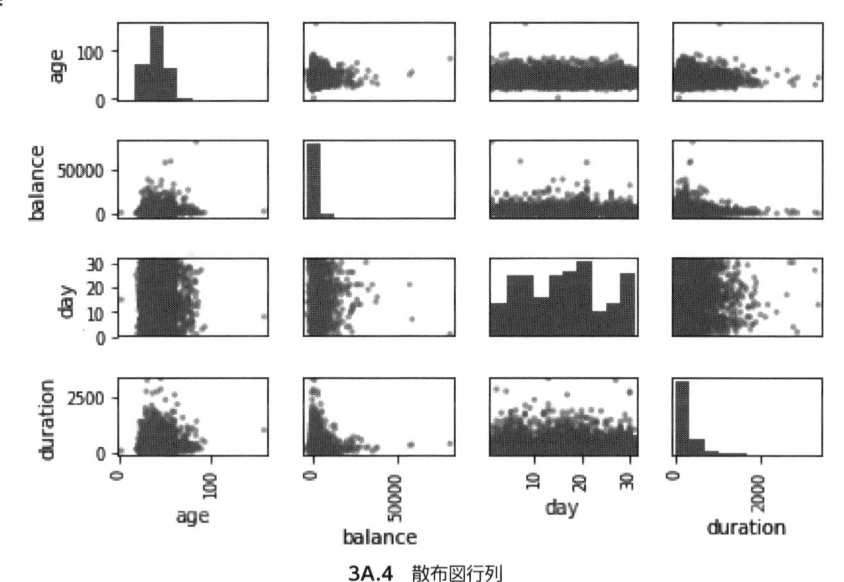

3A.4　散布図行列

練習問題・6

リスト 3A.6

```
1  print(bank_df['marital'].value_counts(ascending=False, normalize=True))
2
3  marital_label = bank_df['marital'].value_counts(ascending=False, normalize=True).index
4  marital_vals = bank_df['marital'].value_counts(ascending=False, normalize=True).values
5
6  plt.pie(marital_vals, labels=marital_label)
7  plt.axis('equal')
8  plt.show()
```

- 1 行目：**value_counts** を使用して、値ごとの出現数をカウントします。引数の ascending=False は出現数を降順にソートし、normalize=True は出現数が 1 になるよう正規化します。
- 3〜4 行目：値ラベルと値の出現数（比率）をそれぞれ marital_label、marital_vals へ格納します。
- 6 行目：**pie** メソッドを使用して、marital_val の円グラフを作成します。
- 7 行目：真円になるようアスペクト比を固定します。

実行結果

表 3A.2　marital の値の比率

値		出現数（比率）
married	（既婚）	0.600359
single	（独身）	0.284766
divorced	（離婚）	0.114874

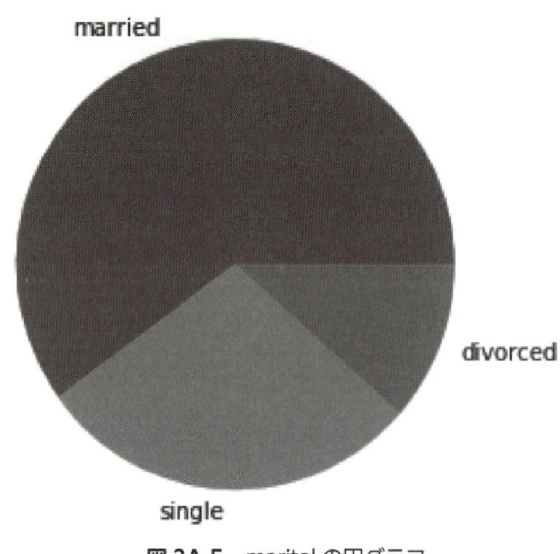

図 3A.5　marital の円グラフ

※他の項目についても同様に作成してください。

練習問題・7

リスト 3A.7

```
1  y_balance = [y_yes['balance'], y_no['balance']]
2
3  plt.boxplot(y_balance)
4  plt.xlabel('y')
5  plt.ylabel('balance')
6  ax = plt.gca()
7  plt.setp(ax, xticklabels = ['yes','no'])
8  plt.show()
```

- 1 行目：y_yes と y_no の balance を結合し、y_balance へ格納します。
- 3 行目：**boxplot** メソッドを使用して、balance の箱ひげ図を作成します。

実行結果

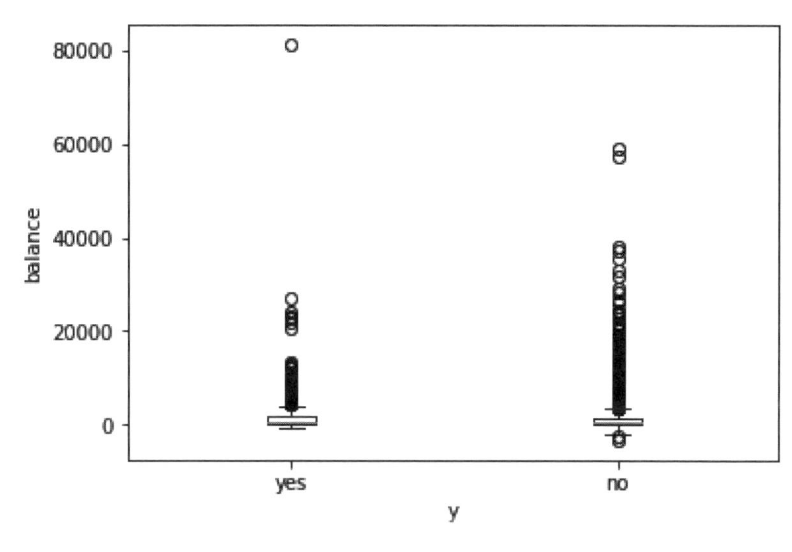

図 3A.6　balance の箱ひげ図

yes、no ともに外れ値を含んでいます。この外れ値は意味のあるものか考えてみましょう。

※他の項目についても同様に作成してください。

練習問題・8

リスト 3A.8

```
1  bank_df = bank_df.dropna(thresh=2400, axis=1)
2  print(bank_df.shape)
```

dropna を使用し、2 つ目の引数に axis=1 と設定すれば、変数 bank_df から特定の列を除外できます。どの列を除外するかは、1 つ目の引数に欠損値の閾値 thresh の値によります。

実行すると、データの行数は 6935、列数は 16 です。

練習問題・9

リスト 3A.9

```
1  bank_df_marital = pd.get_dummies(bank_df['marital'])
2  bank_df_education = pd.get_dummies(bank_df['education'])
3  bank_df_contact = pd.get_dummies(bank_df['contact'])
4  bank_df_month = pd.get_dummies(bank_df['month'])
5
6  bank_df_month.head()
```

get_dummies を使って、bank_df に含まれる martial、education、contact、month をダミー変数化します。

実行結果

month をダミー変数化した結果を確認してみましょう。

	apr	aug	dec	feb	jan	jul	jun	mar	may	nov	oct	sep
0	0	0	0	0	0	0	0	0	1	0	0	0
1	0	0	0	0	0	0	0	0	1	0	0	0
2	0	0	0	0	0	0	0	0	1	0	0	0
3	0	0	0	0	0	0	0	0	1	0	0	0
4	0	0	0	0	0	0	0	0	1	0	0	0

図 3A.7　month のダミー変数化

練習問題・10

リスト 3A.10

```
1  bank_df.loc[(bank_df['job'] == 'retired') |
2                      (bank_df['job'] == 'unemployed') |
3                      (bank_df['job'] == 'student'), 'job2'] = 'non-worker'
4
5  bank_df.head(10)
```

loc を使って、job が retired、unemployed、student を non-worker へ置換し、job2 へ格納します。

実行結果

job2 に non-worker が含まれていることがわかります。

	age	job	marital	education	default	balance	housing	loan	contact	day	month	duration	campaign	pdays	previous	y	job2
0	58	management	married	tertiary	no	2143	yes	no	unknown	5	may	261	1	-1	0	no	worker
1	36	technician	single	secondary	no	265	yes	yes	unknown	5	may	348	1	-1	0	no	worker
2	25	blue-collar	married	secondary	no	-7	yes	no	unknown	5	may	365	1	-1	0	no	worker
3	53	technician	married	secondary	no	-3	no	no	unknown	5	may	1666	1	-1	0	no	worker
4	24	technician	single	secondary	no	-103	yes	yes	unknown	5	may	145	1	-1	0	no	worker
5	60	retired	married	tertiary	no	100	no	no	unknown	5	may	528	1	-1	0	no	non-worker
6	55	technician	married	secondary	no	1205	yes	no	unknown	5	may	158	2	-1	0	no	worker
7	54	management	married	secondary	no	282	yes	yes	unknown	5	may	154	1	-1	0	no	worker
8	55	services	divorced	secondary	no	91	no	no	unknown	5	may	349	1	-1	0	no	worker
9	56	admin.	married	secondary	no	45	no	no	unknown	5	may	1467	1	-1	0	yes	worker

図 3A.8　job の集約

練習問題・11

リスト 3A.11

```
1  bank_df.loc[(bank_df['month'] == 'apr') |
2                       (bank_df['month'] == 'may') |
3                       (bank_df['month'] == 'jun'), 'month2'] = '2Q'
4
5  bank_df.loc[(bank_df['month'] == 'jul') |
6                       (bank_df['month'] == 'aug') |
7                       (bank_df['month'] == 'sep'), 'month2'] = '3Q'
8
9  bank_df.loc[(bank_df['month'] == 'oct') |
10                      (bank_df['month'] == 'nov') |
11                      (bank_df['month'] == 'dec'), 'month2'] = '4Q'
12
13 bank_df.head()
```

- 1〜3 行目：month が apr（4 月）・may（5 月）・jun（6 月）を 2Q へ置換します。
- 5〜7 行目：month が jul（7 月）・aug（8 月）・sep（9 月）を 3Q へ置換します。
- 9〜11 行目：month が oct（10 月）・nov（11 月）・dec（12 月）を 4Q へ置換します。

実行結果

month2 に 1Q〜4Q のいずれかが含まれていることがわかります。

	age	job	marital	education	default	balance	housing	loan	contact	day	month	duration	campaign	pdays	previous	y	job2	month2
0	58	management	married	tertiary	no	2143	yes	no	unknown	5	may	261	1	-1	0	no	worker	2Q
1	36	technician	single	secondary	no	265	yes	yes	unknown	5	may	348	1	-1	0	no	worker	2Q
2	25	blue-collar	married	secondary	no	-7	yes	no	unknown	5	may	365	1	-1	0	no	worker	2Q
3	53	technician	married	secondary	no	-3	no	no	unknown	5	may	1666	1	-1	0	no	worker	2Q
4	24	technician	single	secondary	no	-103	yes	yes	unknown	5	may	145	1	-1	0	no	worker	2Q

図 3A.9　month の集約

練習問題・12

リスト 3A.12

```
1  bank_df.loc[(bank_df['day'] > 10) & (bank_df['day'] <= 20), 'day2'] = 'middle'
2  bank_df.loc[bank_df['day'] > 20, 'day2'] = 'late'
3  bank_df.tail()
```

- 1 行目：day が 10 日越え 20 日以下なら middle へ置換し、day2 へ格納します。
- 2 行目：day が 20 日越えなら late へ置換し、day2 へ格納します。

実行結果

day2 に early、middle、late のいずれかが含まれていることがわかります。

	age	job	marital	education	default	balance	housing	loan	contact	day	month	duration	campaign	pdays	previous	y	job2	month2	day2
7229	25	services	single	secondary	no	199	no	no	cellular	16	nov	173	1	92	5	no	worker	4Q	midle
7230	28	self-employed	single	tertiary	no	159	no	no	cellular	16	nov	449	2	33	4	yes	worker	4Q	midle
7231	59	management	married	tertiary	no	138	yes	yes	cellular	16	nov	162	2	187	5	no	worker	4Q	midle
7232	37	management	married	tertiary	no	1428	no	no	cellular	16	nov	333	2	-1	0	no	worker	4Q	midle
7233	25	technician	single	secondary	no	505	no	yes	cellular	17	nov	386	2	-1	0	yes	worker	4Q	midle

図 3A.10　day の集約

練習問題・13

リスト 3A.13

```
1  bank_df.loc[bank_df['pdays'] < 0, 'pdays2'] = 'less'
2  bank_df.loc[bank_df['pdays'] >= 0, 'pdays2'] = 'more'
3  bank_df.head()
```

- 1 行目：pdays が 0 日未満なら less へ置換し、pdays2 へ格納します。
- 2 行目：pdays が 0 日以上なら more へ置換し、pdays2 へ格納します。

実行結果

pdays2 に less か more のいずれかが含まれていることがわかります。

	age	job	marital	education	default	balance	housing	loan	contact	day	...	campaign	pdays	previous	y	job2	month2	day2	duration2	previous2	pdays2
0	58	management	married	tertiary	no	2143	yes	no	unknown	5	...	1	-1	0	no	worker	2Q	early	short	zero	less
1	36	technician	single	secondary	no	265	yes	yes	unknown	5	...	1	-1	0	no	worker	2Q	early	long	zero	less
2	25	blue-collar	married	secondary	no	-7	yes	no	unknown	5	...	1	-1	0	no	worker	2Q	early	long	zero	less
3	53	technician	married	secondary	no	-3	no	no	unknown	5	...	1	-1	0	no	worker	2Q	early	long	zero	less
4	24	technician	single	secondary	no	-103	yes	yes	unknown	5	...	1	-1	0	no	worker	2Q	early	short	zero	less

図 3A.11　pdays の集約

第4章

構造化データの前処理(2)

1 顧客の特性を知る

本章では、前章までの分析テーマを引き継ぎ、もう少し高度な分析手法を見ていきます。

第2章1節では、分析目標として「契約確度の高い顧客を見つけること」を設定しました。しかし、CRISP-DMのフローに沿って分析を進めていくうちに、「顧客の特性を知りたい」と考えるようになったとします。そこで新たな分析目標として「顧客の特性を1つ以上見つけること」と設定しましょう。本章では、この目標を達成する分析方法を説明します。

本章の分析では主に、教師なし学習のアルゴリズムを使用します。教師なし学習は次元圧縮を行うため、ここでの分析は第3章の予測分析の前処理としても利用できます。

1.1 実装環境の準備

Try JupyterLabへアクセスします。既存のワークスペースは**demo**フォルダとなっているので、第3章1節と同じ方法で新しいワークスペース（本書では**chap4**とします）を作成しましょう。

作成した新規ワークスペースへ移動し、第3章2節で前処理した結果である**bank-prep.csv**をアップロードします。ただし本章では、第3章4節とは違う方法でデータを集約します。そのため、集約する前のデータを使用しましょう。

続けて、Python3の新規ノートブックを作成して準備完了です。

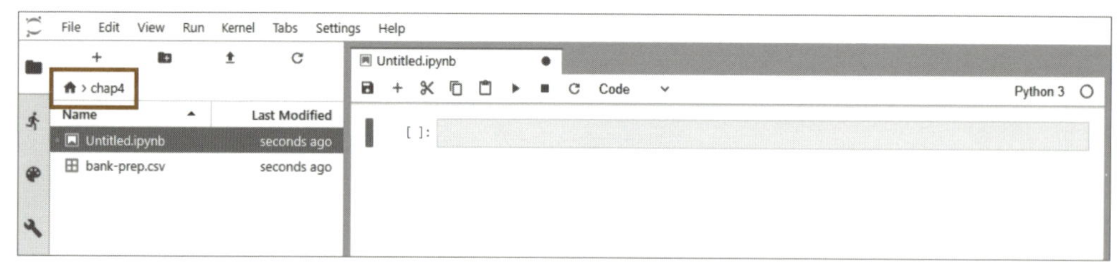

図4.1　実装環境の準備

1.2　データの読み込みと確認

先頭セルに、アップロードした分析データを読み込むコードを記述します。

リスト 4.1

```
1  import pandas as pd
2
3  bank_df = pd.read_csv('bank-prep.csv', sep=',')
4  bank_df.head()
```

セルを実行すると、次のような結果が表示されます。

	age	default	balance	housing	loan	day	duration	campaign	pdays	previous	...
0	58	0	2143	1	0	5	261	1	-1	0	...
1	36	0	265	1	1	5	348	1	-1	0	...
2	25	0	-7	1	0	5	365	1	-1	0	...
3	53	0	-3	0	0	5	1666	1	-1	0	...
4	24	0	-103	1	1	5	145	1	-1	0	...

図 4.2　分析データセット

データの行数（件数）、列数（項目数）と、各項目のデータ型を再度確認しておきましょう。

リスト 4.2

```
1  print(bank_df.shape)
2  print(bank_df.dtypes)
```

データの行数は 6933、列数は 32 です。また、全項目のデータ型は int64 です。

1.3　データの正規化

以降の作業を行うために、データを正規化（無次元量化）しておきましょう。データを正規化すると、異なる変数を互いに比較できるようになります。

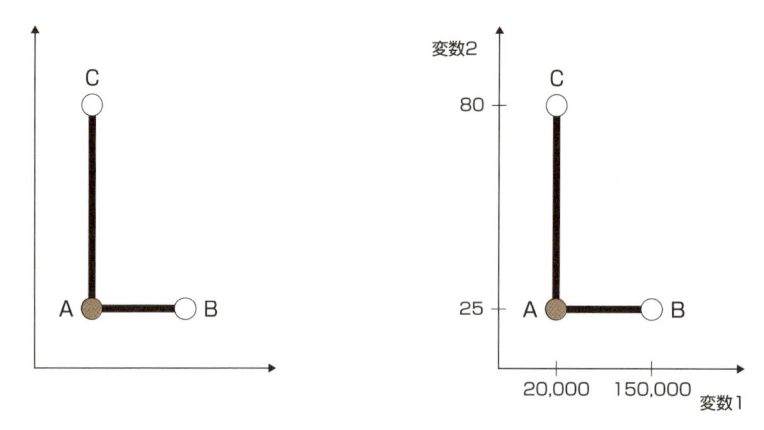

図 4.3　変数のスケール

図 4.3 左の点 A に注目してください。A から見て、距離が近い点は B と C のどちらでしょうか？

もちろん B ですね。では同様に、図 4.3 右の点 A に注目してください。A から見て、距離が近い点は B と C どちらでしょうか？　この場合は C です。

以上のことから、変数のスケール（尺度）が重要であるとわかります。距離を計算してモデルを作成するアルゴリズムを使用するときには、前処理としてデータの正規化を行い、変数のスケールを合わせておきましょう。

正規化の手法はいくつかありますが、ここでは「**範囲変換**」と「**Z 変換**」の 2 つを挙げておきます。範囲変換は、正規化後の変数の最小値を 0、最大値を 1 とし、値がこの間に収まるようにします。Z 変換は、正規化後の変数の平均値が 0、標準偏差が 1 になるよう値を変換します。

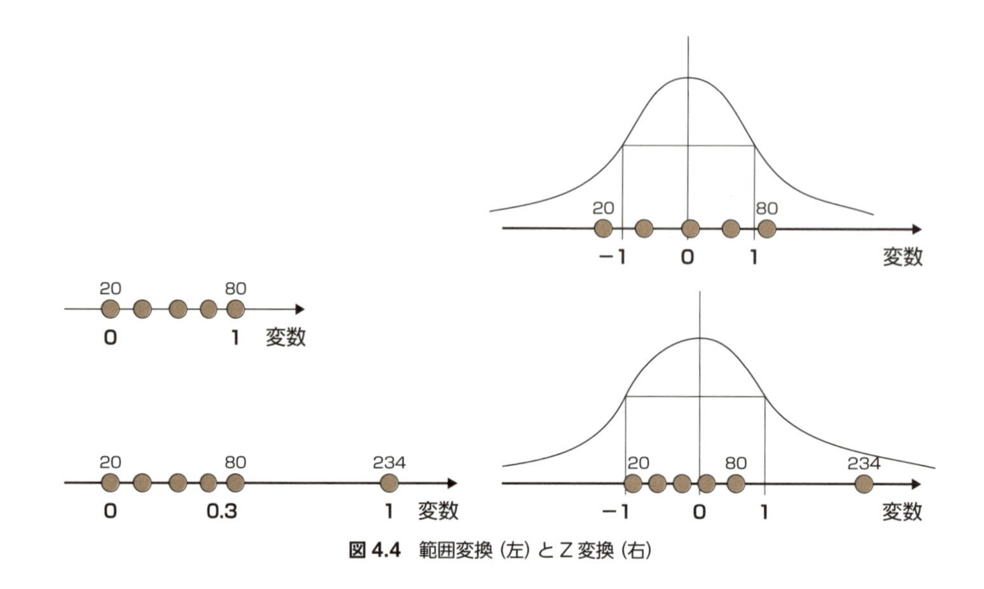

図 4.4　範囲変換（左）と Z 変換（右）

では、範囲変換を試してみましょう。

リスト 4.3

```
1  from sklearn.preprocessing import MinMaxScaler
2
3  bank_df = bank_df.drop('y', axis=1)
4
5  mc = MinMaxScaler()
6  mc.fit(bank_df)
7
8  bank_df_mc = pd.DataFrame(mc.transform(bank_df), columns=bank_df.columns)
9  bank_df_mc.head()
```

- 1 行目：Scikit-learn に含まれる、範囲変換を行うためのクラスを読み込みます。
- 3 行目：目的変数 y は範囲変換の対象外のため、データセットから除外します。
- 5～6 行目：**MinMaxScaler** を使って、範囲変換のためのパラメータを計算します。
- 8 行目：範囲変換の結果をデータフレーム形式へ変換します。

実行すると、次のような結果を得られます。

	age	default	balance	housing	loan	day	duration	campaign	pdays	previous	...	dec	feb	jan	jul	jun	mar	may	nov	oct	sep
0	0.549296	0.0	0.064555	1.0	0.0	0.133333	0.077540	0.0	0.0	0.0	...	0.0	0.0	0.0	0.0	0.0	0.0	1.0	0.0	0.0	0.0
1	0.239437	0.0	0.042335	1.0	1.0	0.133333	0.103387	0.0	0.0	0.0	...	0.0	0.0	0.0	0.0	0.0	0.0	1.0	0.0	0.0	0.0
2	0.084507	0.0	0.039116	1.0	0.0	0.133333	0.108437	0.0	0.0	0.0	...	0.0	0.0	0.0	0.0	0.0	0.0	1.0	0.0	0.0	0.0
3	0.478873	0.0	0.039164	0.0	0.0	0.133333	0.494949	0.0	0.0	0.0	...	0.0	0.0	0.0	0.0	0.0	0.0	1.0	0.0	0.0	0.0
4	0.070423	0.0	0.037981	1.0	1.0	0.133333	0.043078	0.0	0.0	0.0	...	0.0	0.0	0.0	0.0	0.0	0.0	1.0	0.0	0.0	0.0

図 4.5　範囲変換後のデータセット

続けて、Z 変換も試してみましょう。

リスト 4.4

```
1  from sklearn.preprocessing import StandardScaler
2
3  sc = StandardScaler()
4  sc.fit(bank_df)
5
6  bank_df_sc = pd.DataFrame(sc.transform(bank_df), columns=bank_df.columns)
7  bank_df_sc.head()
```

- 1行目：Scikit-learnに含まれる、Z変換を行うためのクラスを読み込みます。
- 3～4行目：**StandardScaler**を使って、Z変換のためのパラメータを計算します。
- 6行目：Z変換の結果をデータフレーム形式へ変換します。

実行すると、次のような結果を得られます。

	age	default	balance	housing	loan	day	duration	campaign	pdays	previous	...
0	1.647908	-0.137148	0.250618	0.876711	-0.444540	-1.275382	-0.006613	-0.574193	-0.418664	-0.310149	...
1	-0.443424	-0.137148	-0.362335	0.876711	2.249514	-1.275382	0.317659	-0.574193	-0.418664	-0.310149	...
2	-1.489090	-0.137148	-0.451112	0.876711	-0.444540	-1.275382	0.381022	-0.574193	-0.418664	-0.310149	...
3	1.172605	-0.137148	-0.449807	-1.140627	-0.444540	-1.275382	5.230180	-0.574193	-0.418664	-0.310149	...
4	-1.584150	-0.137148	-0.482445	0.876711	2.249514	-1.275382	-0.438974	-0.574193	-0.418664	-0.310149	...

図 4.6　Z変換後のデータセット

各変数の平均と標準偏差の値を確認してみましょう。

リスト 4.5

```
1  print(bank_df_sc.mean())
2  print(bank_df_sc.std())
```

実行すると、全ての変数の平均は「0」、標準偏差は「1」に近い値をとることがわかります。

表 4.1　変数の平均と標準偏差の値

項目名	平均と標準偏差
age	-3.085501e-16
default	-2.955983e-15
balance	8.058845e-17
housing	1.263524e-14
loan	-6.665694e-15
⋮	⋮
age	1.000072
default	1.000072
balance	1.000072
housing	1.000072
loan	1.000072
⋮	⋮

ここまでの実装は、名前を付けて保存しておいてください。また、ノートブックは再利用できるようダウンロードしておいてください。

2 顧客のグループ化

顧客のグループ化は、教師なし学習のアルゴリズムを使用して実現します。第２章４節で説明した教師なし学習のイメージを思い出してください。空手クラブの部員間のつながりに着目し、部員を複数のグループに分けました。つながりの強い部員が集まってグループを形成します。本章でも同様のイメージで、顧客を複数のグループに分けてみましょう。

データをグループ（クラスタ）に分けるためには、グループ化の手法、データ間の距離関数、グループの併合方法について考えなければなりません。

グループ化の手法には、大きく分けて「**階層型クラスタリング**」と「**非階層型クラスタリング**」があります。一般的には、後者の手法を使う機会が多いでしょう。

グループは、データ間の距離が近いもの同士が集まって形成されます。では、「近い」かどうは、どのように測ればよいのでしょうか？　データ間の距離を測る代表的な距離関数を３つ挙げます。

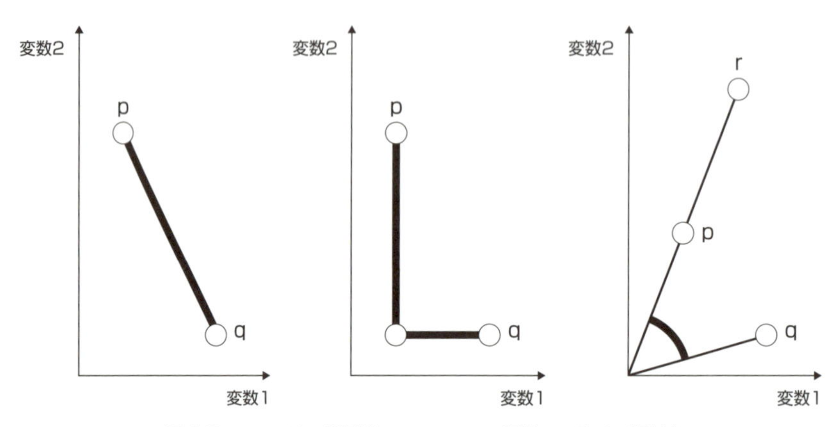

図 4.7　ユークリッド距離・マンハッタン距離・コサイン類似度

ユークリッド距離

これは第３章３節で説明したものと同じです。点ｐと点ｑの直線距離にあたり、三平方の定理で計算できます。

マンハッタン距離

点ｐから点ｑへ軸に沿って進んだときの、経路長を考えてください。

コサイン類似度

変数に含まれる値がどの程度似通っているか、つまり、類似度を表します。文書を分類したいときによく使用されます。単語１（変数１）と単語２（変数２）の出現回数によって、文書ｐ、文書ｑ、文書ｒをそれぞれベクトル（矢印）で表現できます。２つの文書の類似度は、２つのベクトルの角度によって決まります。角度が小さいほど内容が似た文書同士であり、逆に、角度が大きいほど内容が異なる文書です。

文書ｐと文書ｒのベクトルの角度はほぼ０です。つまり、２つの文書の内容はほぼ同じです。文書ｒは、単語１と単語２が文書ｐの２倍出現していますが、出現の比率が変わらないことが理由です。また、文書ｐと文書ｑは、文書ｐと文書ｒよりも角度が大きいことから、２つの文書の内容は異なることがわかります。

2.1 階層型クラスタリング

階層型クラスタリングでは、距離の近いデータから順に併合していき、グループを形成します。グループ化の結果は樹形図（デンドログラム）で表現されます。

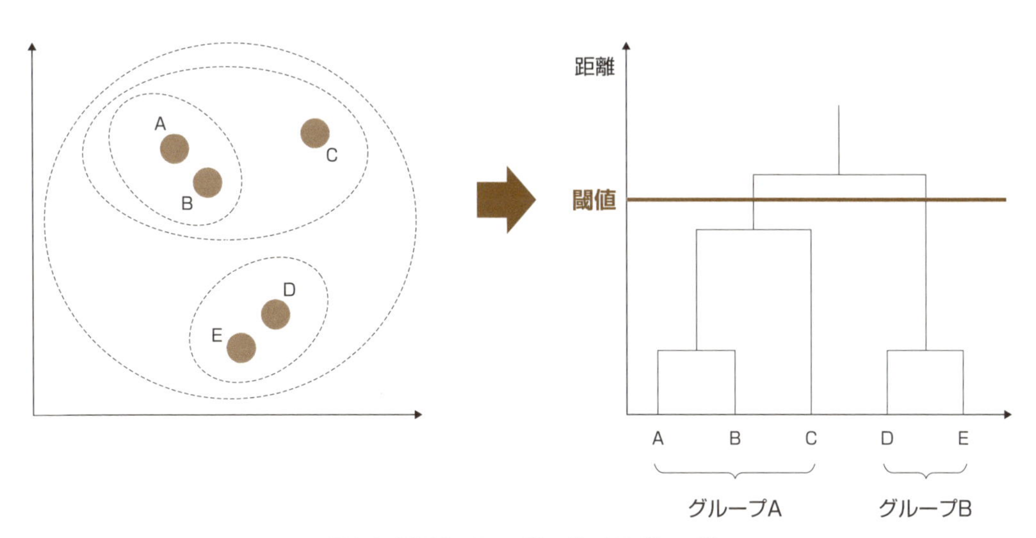

図 4.8　階層型クラスタリングによるグループ化

階層型クラスタリングでは、形成するグループの個数をあらかじめ決めておく必要はありません。距離に閾値を設けてグループを取り出すことができます。

データの併合方法の１つに、「**ウォード法**」があります。ウォード法では、まず、併合したい２つのグループＬとＭに対し、それぞれのグループ内の散らばり具合（重心と各データ間の距離の二乗和）を計算します。次に、併合したときの重心と各データ間の散らばり具合を計算します。最後に、３つの散らばり具合の差を計算します。そして、この差が最小になるグループ同士を結合していきます。

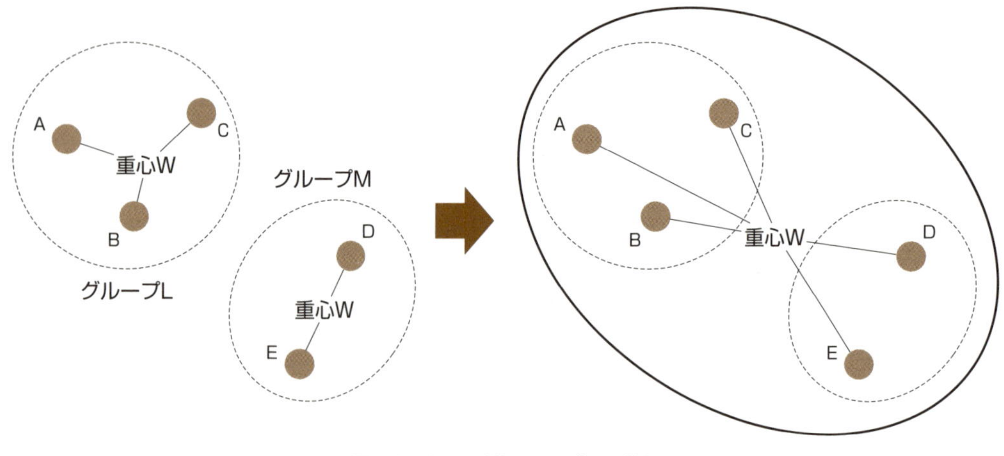

図 4.9　ウォード法によるデータ併合

階層型クラスタリングを利用して、顧客をグループに分けてみましょう。本章 1 節で作成したノートブックを複製し、続きのセルから実装していきます。

リスト 4.6

```
1  from scipy.cluster.hierarchy import linkage, dendrogram
2  import matplotlib.pyplot as plt
3
4  hcls = linkage(bank_df_sc, metric='euclidean', method='ward')
5  dendrogram(hcls)
6
7  plt.ylabel('dist')
8  plt.show()
```

- 1 行目：Scipy に含まれる、階層型クラスタリングとデンドログラムを作成するためのクラスを読み込みます。Scipy は、配列や行列計算のほか、信号処理や統計量の算出といった機能を提供します [1]。
- 2 行目：デンドログラムを描画するため、Matplotlib を読み込みます。
- 4 行目：データ間の距離はユークリッド距離で測り、データの併合はウォード法で行うよう、**linkage** を使って階層型クラスタリングを実施します。
- 5 行目：階層型クラスタリングの結果からデンドログラムを作成します。
- 7〜8 行目：デンドログラムを描画します。

実行すると、横軸に顧客（インデックスで表示）、縦軸に距離を示す次のデンドログラムを得られます。

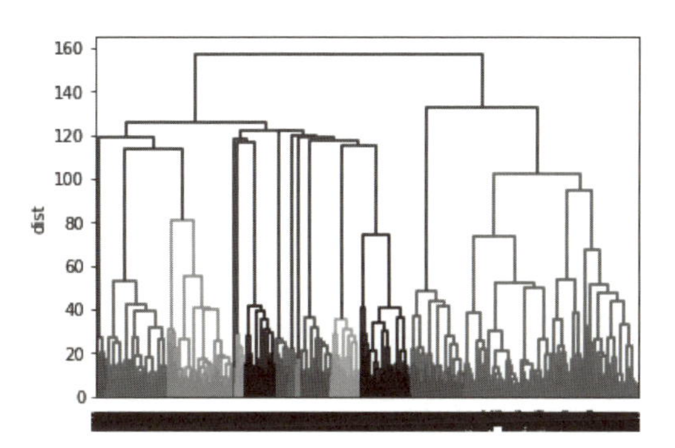

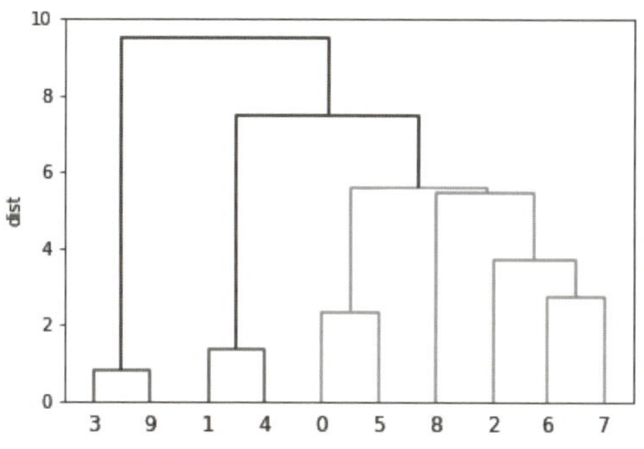

図 4.10 デンドログラム（全体と一部[注1]）

では、どの顧客がどのグループに所属するかを確認してみましょう。

リスト 4.7

```
1  from scipy.cluster.hierarchy import fcluster
2
3  cst_group = fcluster(hcls, 100, criterion='distance')
4  print(cst_group)
```

- 1 行目：クラスタ ID を得るためにクラスを読み込みます。
- 3 行目：データ間の距離をユークリッド距離で測り、距離の閾値を 100 としてデータをグループへ分割しクラスタ ID を付与します。

実行すると、結果には各顧客のクラスタ ID が配列形式で表示されます。この結果は、新たな特徴量として利用できます。

2.2 非階層型クラスタリング

非階層型クラスタリングの手法としては、「**k-Means 法**（k 平均法）」が有名です。k-Means 法では、データの塊を、性質の似た k 個のまとまりへ分割することで、グループを形成します。

注1 全て表示するとインデックスが重なって見えないため、一部のデータを使ったデンドログラムも載せています。

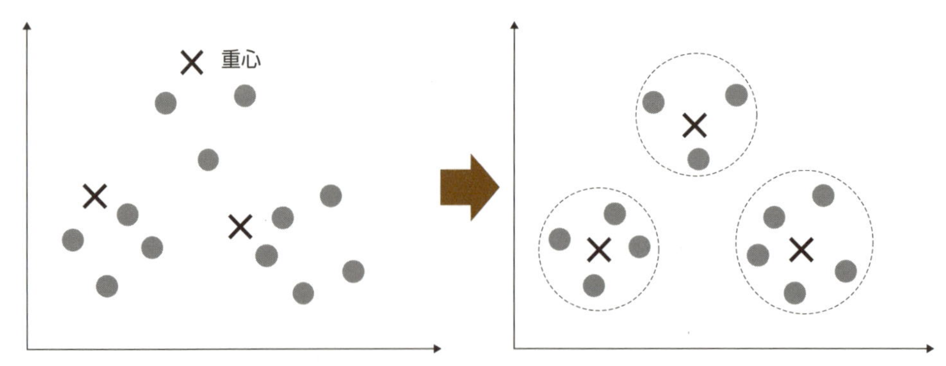

図 4.11　k-Means 法によるグループ化

まず、データをいくつのグループに分割するか、個数を決めます。その個数だけ、ランダムな位置に点を配置して、各グループの重心とします。次に、個々のデータ点と各重心との距離を計算し、データ点が所属するグループを決めます。そして、グループ内のデータ点の重心の位置を計算し、元の重心をその位置へと移動させます。重心の位置が動かなくなるまでこの操作を繰り返します。

k-Means 法を利用して、顧客をグループに分けましょう。

リスト 4.8

```
1  from sklearn.cluster import KMeans
2
3  kcls = KMeans(n_clusters=10)
4  cst_group = kcls.fit_predict(bank_df_sc)
5
6  print(cst_group)
```

- 1 行目：Scikit-learn に含まれる、**KMeans** クラスを読み込みます。
- 3〜4 行目：データを 10 個に分割する KMeans インスタンスを生成し、bank_df_sc に対しクラスタリングを適用します。

実行すると、結果には各顧客のクラスタ ID が配列形式で表示されます。では、クラスタ ID ごとのデータの分布を確認してみましょう。

リスト 4.9

```
1  for i in range(10):
2      labels = bank_df_sc[cst_group == i]
3      plt.scatter(labels['age'], labels['balance'], label=i)
4
```

```
5 plt.legend()
6 plt.xlabel('age')
7 plt.ylabel('balance')
8 plt.show()
```

- 1〜3 行目：クラスタ ID ごとにデータを取り出し、age と balance の散布図を描画していきます。
- 5〜8 行目：凡例、縦・横軸を設定し、グラフを完成させます。

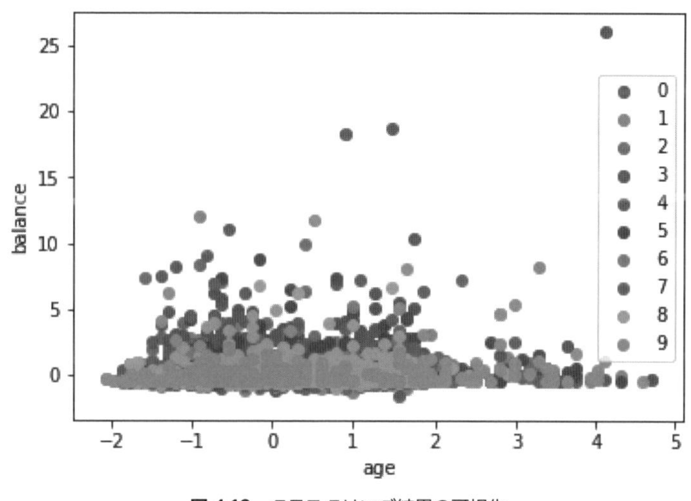

図 4.12　クラスタリング結果の可視化

クラスタ ID は新たな特徴量として利用できるため、元のデータセットと結合しましょう。

リスト 4.10

```
1 bank_df_sc['group'] = cst_group
2 bank_df_sc.head()
```

実行すると、データセットに新たな項目 group が追加されます。

	age	default	balance	housing	loan	day	duration	campaign	pdays	previous	...	feb	jan	jul	jun	mar	may	nov	oct	sep	group
0	1.647908	-0.137148	0.250618	0.876711	-0.444540	-1.275382	-0.006613	-0.574193	-0.418664	-0.310149	...	-0.267818	-0.167406	-0.43473	-0.351657	-0.100262	1.510337	-0.320275	-0.134949	-0.112073	0
1	-0.443424	-0.137148	-0.362335	0.876711	2.249514	-1.275382	0.317659	-0.574193	-0.418664	-0.310149	...	-0.267818	-0.167406	-0.43473	-0.351657	-0.100262	1.510337	-0.320275	-0.134949	-0.112073	0
2	-1.489090	-0.137148	-0.451112	0.876711	-0.444540	-1.275382	0.381022	-0.574193	-0.418664	-0.310149	...	-0.267818	-0.167406	-0.43473	-0.351657	-0.100262	1.510337	-0.320275	-0.134949	-0.112073	0
3	1.172605	-0.137148	-0.449807	-1.140627	-0.444540	-1.275382	5.230180	-0.574193	-0.418664	-0.310149	...	-0.267818	-0.167406	-0.43473	-0.351657	-0.100262	1.510337	-0.320275	-0.134949	-0.112073	0
4	-1.584150	-0.137148	-0.482445	0.876711	2.249514	-1.275382	-0.438974	-0.574193	-0.418664	-0.310149	...	-0.267818	-0.167406	-0.43473	-0.351657	-0.100262	1.510337	-0.320275	-0.134949	-0.112073	0

図 4.13　クラスタ ID を追加したデータセット

グループごとのデータ件数を確認してみましょう。

リスト 4.11

```
1  print(bank_df_sc['group'].value_counts())
```

表 4.2　グループごとのデータ件数（降順）

クラスタ ID	データ件数
0	1718
8	1095
3	980
2	881
5	751
4	645
1	464
7	189
9	124
6	86
Name: group, dtype: int64	

また、各グループの統計量を計算し、性質を掴んでみましょう。ここでは、クラスタ0の各種統計量を確認します。

リスト 4.12

```
1  bank_df_sc[bank_df_sc['group']==0].describe()
```

	age	default	balance	housing	loan
count	1718.000000	1718.000000	1718.000000	1718.000000	1718.000000
mean	-0.194042	0.018513	-0.099326	0.639515	-0.046234
std	0.883372	1.064314	0.810545	0.649991	0.956527
min	-1.774271	-0.137148	-1.530144	-1.140627	-0.444540
25%	-0.894961	-0.137148	-0.434140	0.876711	-0.444540
50%	-0.348363	-0.137148	-0.339162	0.876711	-0.444540
75%	0.412121	-0.137148	-0.082541	0.876711	-0.444540
max	4.119482	7.291369	11.094792	0.876711	2.249514

…

図 4.14　クラスタ0の統計量

ほかのクラスタIDについても、同様に確認してください。

ここまでの実装は、名前を付けて保存しておいてください。また、ノートブックは再利用できるようダウンロードしておいてください。

1
2
3
4
5
6
7
A

3 潜在ニーズの抽出

潜在ニーズの抽出は、教師なし学習のアルゴリズムを使用して実現します。第2章4節で説明した教師なし学習のうち、次元圧縮イメージを思い出してください。ここでは「**主成分分析**（Principal Component Analysis, **PCA**）」をとりあげます。

3.1 主成分分析とは？

PCAでは、まず、データの散らばり具合（分散）に着目し、分散が最も大きい方向へ、新たな軸（第1主成分）を設定します。そして、分散が2番目に大きい方向へ、第1主成分に直交するように第2主成分を設定します。どちらの主成分も、それぞれ各データに潜在する要素を表しています。

このようにして、次々に主成分を設けていき、累積寄与率が70〜80%に達するまでの主成分を採用します。寄与率とは、各主成分が持つ情報がデータに対してどの程度影響するかを示す指標です。また、各主成分がどの変数をもとに作成されているかを知り、名前を付ければ、結果の解釈に役立ちます。今回の顧客データであれば、ある主成分は「即決する顧客層を表す」といったように、名前を付けることができます。

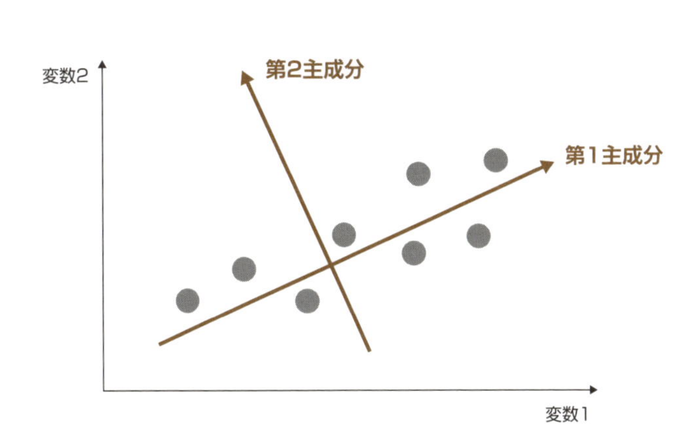

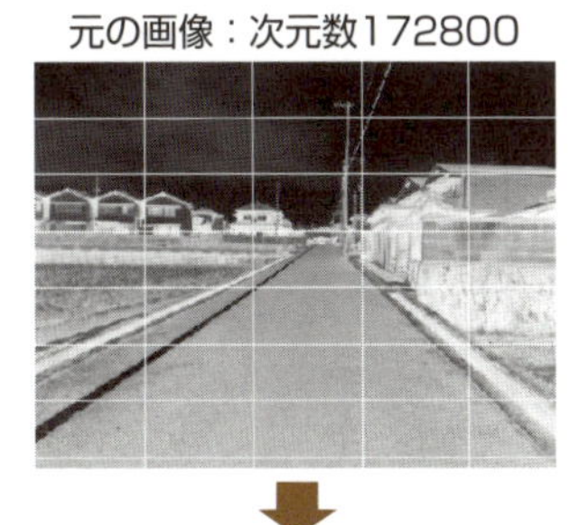

図4.15　主成分の設置（左）と次元圧縮（右）

画像や時系列データのように次元数（変数の数）の多いデータの場合、全ての変数を使うと、モデル作成にかかる時間が増大するだけでなく、モデルの精度が下がってしまう可能性があります。

そのため、特徴量として意味のある変数を選択するか、既存の変数を組み合わせて別の変数を新規作成するかの処理が必要です。PCA は、後者の役割を果たします。

PCA を利用して、データから新規変数を作成してみましょう。本章 1 節で作成したノートブックを複製し、続きのセルから実装していきます。

リスト 4.13

```
1  from sklearn.decomposition import PCA
2
3  pca = PCA(0.80)
4  bank_df_pca = pca.fit_transform(bank_df_sc)
5
6  print(pca.n_components_)
7  print(bank_df_pca.shape)
```

- 1 行目：Scikit-learn に含まれる、**PCA** クラスを読み込みます。
- 3～4 行目：累積寄与率が 80%に達するまでの主成分を抽出するインスタンスを生成し、bank_df_sc へ適用します。
- 6 行目：抽出した主成分数を確認します。
- 7 行目：主成分分析を適用した後のデータセットのサイズを確認します。

実行すると、主成分数は 18、データサイズは 6933 件・18 列と結果に表示されます。データセットの列数が 31 から 18 へ圧縮できていることがわかります。

目的変数ごとに、第 1 主成分と第 2 主成分の分布を確認してみましょう。

リスト 4.14

```
1  y = pd.read_csv('bank-prep.csv', sep=',')['y']
2
3  bank_df_pca = pd.DataFrame(bank_df_pca)
4  bank_df_pca['y'] = y
5
6  print(bank_df_pca.shape)
```

- 1 行目：データファイルから目的変数 y のみ抽出します。
- 4 行目：次元圧縮したデータセットに、y を追加します。

実行すると、結果にはデータサイズが 6933 件・19 列と表示されます。

リスト 4.15

```
1  import matplotlib.pyplot as plt
2  %matplotlib inline
3
4  bank_df_pca_0 = bank_df_pca[bank_df_pca['y'] == 0]
5  bank_df_pca_0 = bank_df_pca_0.drop('y', axis=1)
6  plt.scatter(bank_df_pca_0[0], bank_df_pca_0[1], c='red', label=0)
7
8  bank_df_pca_1 = bank_df_pca[bank_df_pca['y'] == 1]
9  bank_df_pca_1 = bank_df_pca_1.drop('y', axis=1)
10 plt.scatter(bank_df_pca_1[0], bank_df_pca_1[1], c='blue', label=1)
11
12 plt.legend()
13 plt.xlabel('1st-comp')
14 plt.ylabel('2nd-comp')
15 plt.show()
```

- 4〜6 行目：y が 0 である第 1 主成分と第 2 主成分を散布図で描画します。
- 8〜10 行目：y が 1 である第 1 主成分と第 2 主成分を散布図で描画します。

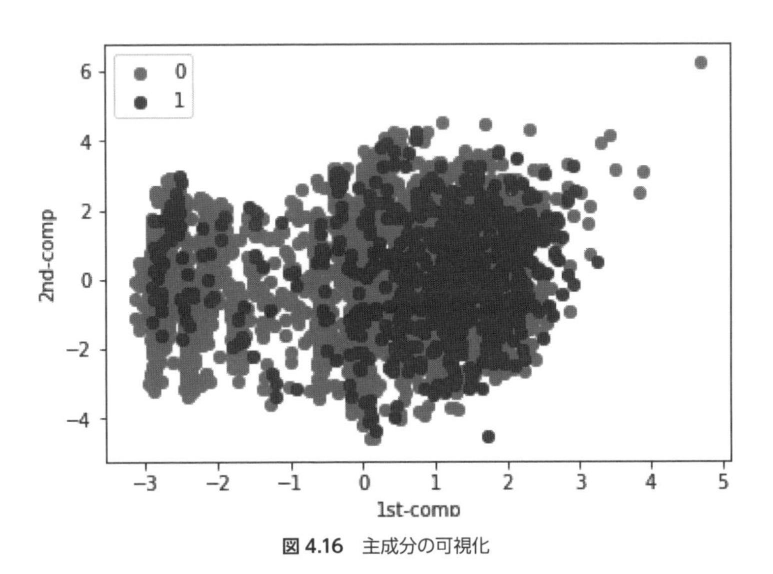

図 4.16　主成分の可視化

ほかの主成分の組み合わせについても、同様に確認してください。

ここまでの実装は、名前を付けて保存しておいてください。また、ノートブックは再利用できるようダウンロードしておいてください。

第 4 章のまとめ

第 4 章では、教師なし学習のアルゴリズムを使用して、特徴量を作成しました。結果に対する要因を知りたいとき、グループ化と次元圧縮は、どちらも結果をそのまま利用できます。しかしここでは、結果を教師あり学習の問題に利用することに焦点を当てました。

以降の章からは、画像データ、時系列データ、自然言語データを、教師あり学習・教師なし学習のアルゴリズムが受け付ける形へと、前処理する方法を学んでいきましょう。

第 4 章の引用

[1] https://www.scipy.org/

第5章

画像データの前処理

1 データ理解

本章では、画像データを対象にした前処理の方法を学びましょう。

分析の目標は、「画像に含まれる被写体を識別すること」、そして、「識別精度を高めること」とします。前者については、教師あり学習のアルゴリズムを使って分類モデルを作成します。後者は教師なし学習のアルゴリズムを使った次元圧縮によって実現します。

事前に、本書の読者へ提供している虫の画像データセット（圧縮した **ants** と **bees** フォルダ）をダウンロードし、解凍しておいてください[1]。ants フォルダには 193 枚の蟻の画像が、bees フォルダには 204 枚の蜂の画像が JPEG 形式で格納されています。

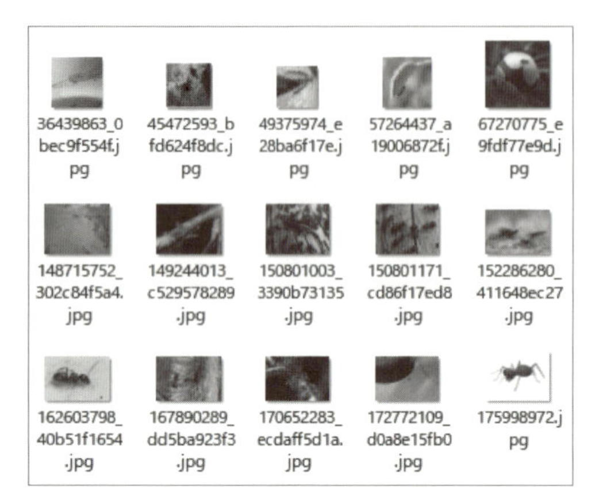

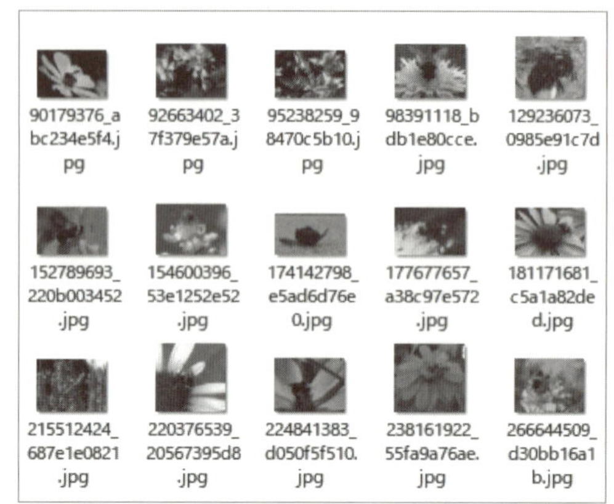

図 5.1　ants と bees フォルダの画像の一部

1.1 実装環境の準備

Try JupyterLab へアクセスします。既存のワークスペースは **demo** フォルダとなっているので、これまでと同じ方法で新しいワークスペース（本書では **chap5** とします）を作成しましょう。

作成した新規ワークスペースへ移動したら、画像データを格納する **data** フォルダを作成します。さらにその下に、**ants** フォルダと **bees** フォルダを作成し、画像をアップロードしていきましょう。

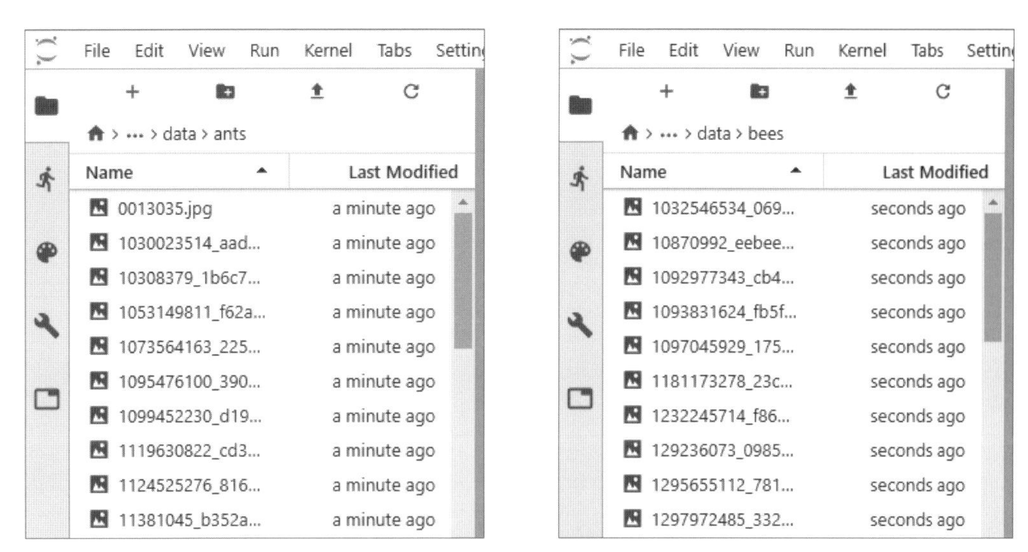

図 5.2　フォルダ作成と画像アップロード

アップロードした画像ファイルをダブルクリックすると、新規タブに画像が表示されます。

データのアップロードが完了したら、chap5 フォルダへ戻り、Python3 の新規ノートブックを作成して準備完了です。

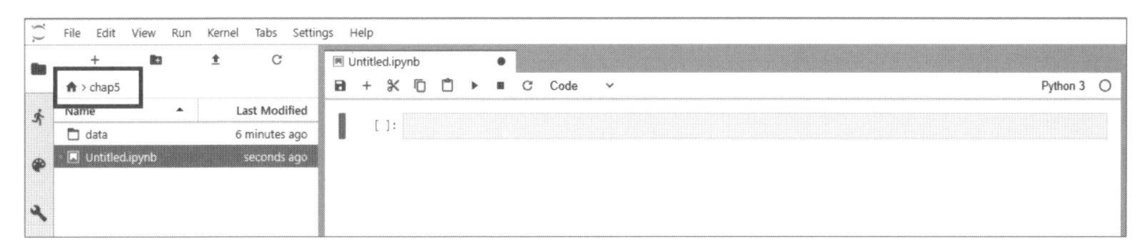

図 5.3　新規ノートブックの作成

実装環境を、改めてツリー構造で表現しておきます。

```
(home)
  |-- chap5
      |-- data
      |   |-- ants
      |   |-- bees
      |-- Untitled.ipynb
```

1.2　データの読み込みと確認

OpenCVを使って、アップロードした画像を読み込んでみましょう。OpenCVは、画像データに対して様々な処理を行うための機能を提供します[2]。これらの様々な処理については、追々手を動かしながら試していくことにします。

では、JupyterLabにOpenCVをインストールしましょう。

リスト 5.1

```
1  !pip install opencv-python
```

実行し、最後に「Successfully installed...」から始まるメッセージが表示されれば、インストール完了です。

antsフォルダの画像「**swiss-army-ant.jpg**」を読み込んでみましょう。

リスト 5.2

```
1  import cv2
2  import matplotlib.pyplot as plt
3  %matplotlib inline
4
5  img = cv2.imread('./data/ants/swiss-army-ant.jpg')
6  print(img.shape)
7
8  plt.imshow(cv2.cvtColor(img, cv2.COLOR_BGR2RGB))
9  plt.show()
```

- １行目：OpenCVを読み込むときは「**cv2**」と記載します。
- ５行目：**imread**を使って、引数に指定した画像ファイルを読み込むと、BGR（青・緑・赤）の順にピクセル値が配列へ格納されます。
- ６行目：**shape**を使って、画像の縦横のサイズと、カラーチャンネル数を確認します。
- ８行目：**cvtColor**を使って、ピクセル値の並びをRGB（赤・緑・青）へ変え、**imshow**を使ってピクセル値を可視化します。

実行すると、画像サイズは縦が261、横が280、カラーチャンネルが3であることがわかります。また、ピクセル値を可視化すると、画像ビューワーで見るように表示されます。

配列に格納されているピクセル値を確認してみましょう。

リスト 5.3

```
1  print(img)
```

実行すると、図 5.5 に示す配列の値を確認できます。

図 5.4　画像ピクセル値の可視化

```
[[[ 60   4  33]
  [ 28   0  10]
  [ 12   7   9]
  ...
  [  4   2   0]
  [ 13   0   2]
  [ 17   0   4]]
  ...
```

図 5.5　ピクセル値の確認

配列のサイズを確認してみましょう。

リスト 5.4

```
1  print(len(img))
2  print(len(img[0]))
3  print(len(img[0][0]))
```

- 1 行目：配列全体のサイズを確認します。
- 2 行目：1 行目の配列のサイズを確認します。
- 3 行目：1 行目 1 列目の配列のサイズを確認します。

配列全体のサイズは 261、つまり縦のサイズと一致します。1 行目の配列のサイズは 280、つまり横のサイズと一致します。1 行目 1 列目のサイズは 3、つまりカラーチャンネルと一致します。

以上のことから、ピクセル値は次の構造で格納されていることがわかります。

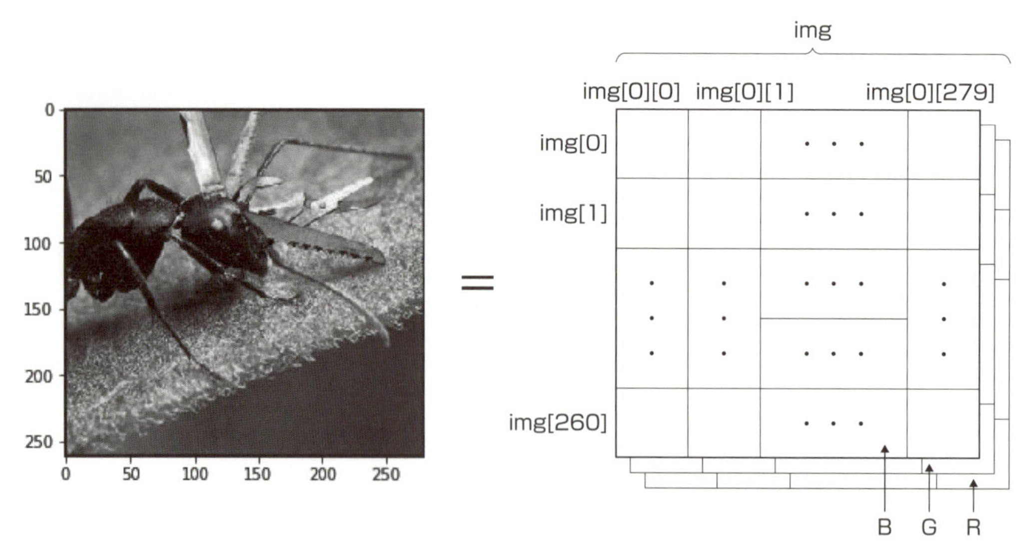

図 5.6　画像ピクセル配列の構造

1.3　ピクセル値の確認（カラー画像）

B（青）、G（緑）、R（赤）、それぞれのピクセル値を確認してみましょう。ただ、配列形式では見にくいため、データフレーム形式で表示することにします。

リスト 5.5

```
1  import pandas as pd
2
3  b, g, r = cv2.split(img)
4
5  b_df = pd.DataFrame(b)
6  print(b_df.shape)
7  b_df.head()
```

- 3行目：**split** を使ってピクセル配列を b、g、r へ分割します。

実行すると、画像サイズは縦が 261、横が 280 であることがわかります。個々のピクセル値は、モデル作成の特徴量として利用できます。

	0	1	2	3	4	5	6	7	8	9	...	270	271	272	273	274	275	276	277	278	279
0	60	28	12	0	0	0	1	0	0	0	...	2	0	0	6	0	0	0	4	13	17
1	28	16	21	0	0	0	0	0	0	0	...	1	0	0	0	0	2	12	15	19	4
2	18	24	92	81	83	69	86	89	89	85	...	116	113	119	115	107	120	125	127	99	11
3	0	0	82	77	74	60	75	78	72	71	...	109	108	107	97	96	110	116	130	92	0
4	0	0	84	75	66	55	67	69	70	68	...	96	94	93	87	90	102	109	135	105	0

図 5.7　B (青) のピクセル値

練習問題・1

G (緑) 、R (赤) それぞれの配列をデータフレームへ変換し、サイズとピクセル値を確認してください。

1.4　ピクセル値の確認 (グレースケール画像)

今日、多くの画像がRGBカラーで表現されています。しかし、カラーではなく、輝度 (明るさの度合い) のみで表現する**グレースケール**画像もあります。

RGBのカラー画像には、R・G・Bそれぞれについて、0〜255のピクセル値が配列で格納されています。一方、グレースケール画像には、輝度について、やはり0〜255のピクセル値が配列で格納されています。

モデル作成の特徴量として輝度のピクセル値を使いたいときは、カラー画像をグレースケール画像へと変換するための作業が必要です。

これまでに操作してきた画像をグレースケールへ変換しましょう。

リスト 5.6

```
1  gray_img = cv2.cvtColor(img, cv2.COLOR_BGR2GRAY)
2
3  print(gray_img.shape)
4
5  plt.imshow(gray_img, cmap='gray')
6  plt.show()
```

- 1 行目：cvtColor を使って、RGB ピクセル値を輝度のピクセル値へ変換します。
- 3 行目：shape を使って、画像の縦横のサイズと、カラーチャンネル数を確認します。
- 5 行目：imshow を使って、ピクセル値を可視化します。**cmap** でグラフの色をグレーに指定します。

画像サイズは縦が261、横が280、カラーチャンネルは1です。また、ピクセル値はグレースケール画像で表示されます。

図5.8　カラー画像（左）からグレースケール画像（右）へ変換

練習問題・2

配列に格納されているピクセル値を確認してみましょう。

練習問題・3

配列のサイズを確認してみましょう。

練習問題の2と3を解いてみると、輝度のピクセル値は次の構造で格納されていることがわかります。

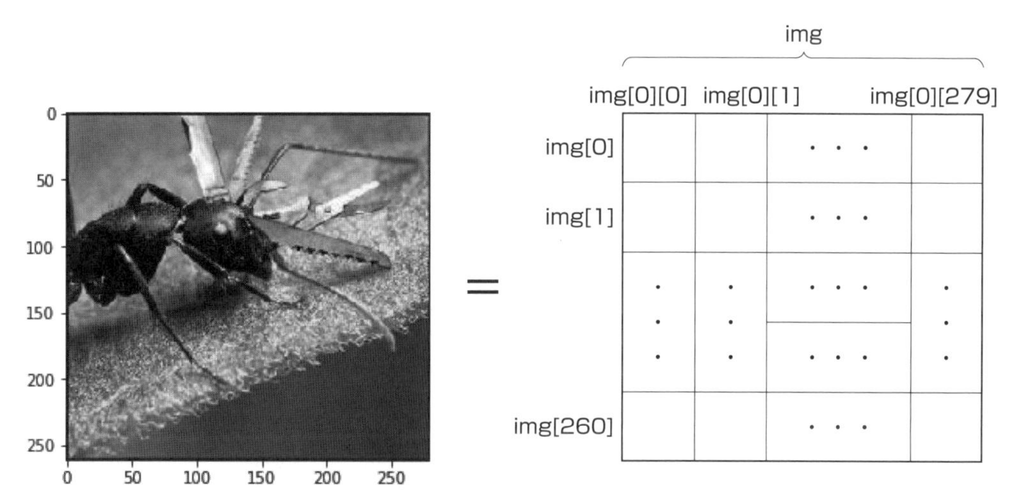

図 5.9　画像ピクセル配列の構造

ピクセル値をデータフレーム形式で表示して確認しましょう。

リスト 5.7

```
1  gr_df = pd.DataFrame(gray_img)
2
3  print(gr_df.shape)
4  gr_df.head()
```

実行すると、画像サイズは縦が 261、横が 280 であることがわかります。個々のピクセル値はモデル作成の特徴量として利用できます。

	0	1	2	3	4	5	6	7	8	9	...	270	271	272	273	274	275	276	277	278	279
0	19	6	8	3	8	6	9	3	5	5	...	1	1	2	13	4	4	2	2	2	3
1	6	4	30	14	21	11	12	6	12	12	...	10	9	6	12	9	18	24	22	17	0
2	14	33	127	131	138	122	130	130	130	129	...	146	145	153	150	144	155	157	154	117	27
3	3	16	132	143	145	129	135	135	129	129	...	152	152	153	145	144	158	159	167	122	6
4	6	22	139	146	144	131	133	131	134	134	...	144	144	143	138	141	153	155	176	139	14

図 5.10　輝度のピクセル値

1.5 ピクセル値の確認（2値化画像）

グレースケール画像よりも、さらに情報を落として特徴量を際立たせたものに、「**2値化**画像」があります。2値化画像は、ピクセル値が閾値より大きければ白（255）を割り当て、閾値より小さければ黒（0）を割り当てることにより、白黒画像へ変換します。

では、これまでに操作してきたグレースケール画像を2値化しましょう。

リスト 5.8

```
1  ret, bin_img = cv2.threshold(gray_img, 128, 255, cv2.THRESH_BINARY)
2
3  plt.imshow(bin_img, cmap='gray')
4  plt.show()
```

- 1行目：**threshold** を使って閾値を設定し、ピクセル値を2値化します。1番目の引数には2値化したいピクセル値を指定し、2番目の引数には閾値、3番目の引数には最大値を指定します。

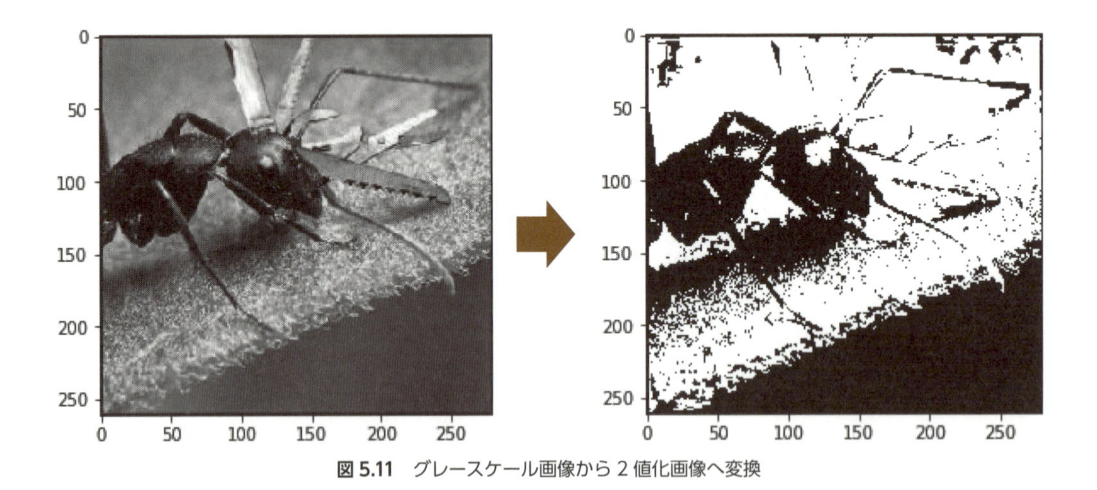

図 5.11　グレースケール画像から2値化画像へ変換

配列に格納されているピクセル値を確認してみましょう。

リスト 5.9

```
1  print(bin_img)
```

実行すると、値が0と255だけで構成された配列が表示されます。

```
[[  0   0    0 ...   0   0   0]
 [  0   0    0 ...   0   0   0]
 [  0   0    0 ... 255   0   0]
 ...
 [  0   0    0 ...   0   0   0]
 [  0   0  255 ...   0   0   0]
 [  0   0    0 ...   0   0   0]]
```

図 5.12　ピクセル値の確認

ピクセル値をデータフレーム形式で表示して確認しましょう。

リスト 5.10

```
1  bin_df = pd.DataFrame(bin_img)
2
3  print(bin_df.shape)
4  bin_df.head()
```

実行すると、画像サイズは縦が 261、横が 280 であることがわかります。個々のピクセル値は、モデル作成の特徴量として利用できます。

	0	1	2	3	4	5	6	7	8	9	...	270	271	272	273	274	275	276	277	278	279
0	0	0	0	0	0	0	0	0	0	0	...	0	0	0	0	0	0	0	0	0	0
1	0	0	0	0	0	0	0	0	0	0	...	0	0	0	0	0	0	0	0	0	0
2	0	0	0	255	255	0	255	255	255	255	...	255	255	255	255	255	255	255	255	0	0
3	0	0	255	255	255	255	255	255	255	255	...	255	255	255	255	255	255	255	255	0	0
4	0	0	255	255	255	255	255	255	255	255	...	255	255	255	255	255	255	255	255	255	0

図 5.13　0 と 255 のみのピクセル値

ここまでの実装は、名前を付けて保存しておいてください。また、ノートブックは再利用できるようダウンロードしておいてください。

2 機械学習のためのデータ準備

本章1節では、カラー画像、グレースケール画像、2値化画像のピクセル値が得られました。これらは、分類モデルを作成するための特徴量として利用できます。ただし、このままの状態では利用できないので、アルゴリズムが受け付ける形へ整形しなければなりません。

2.1 データセットの作成

グレースケール画像を例にして考えてみましょう。一番理解しやすい形は、全てのピクセル値をフラットに並べてしまうものです。

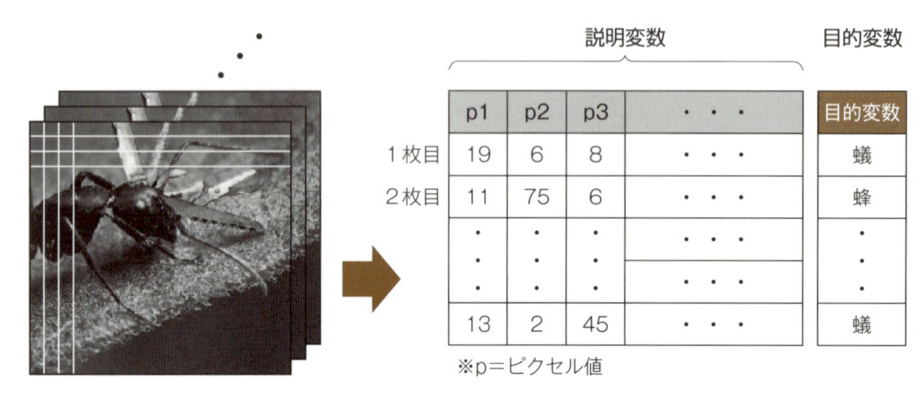

図5.14　ピクセル値の前処理

1行に1枚の画像のピクセル値を並べます。これが説明変数に相当します。そして、画像の被写体ラベルと結合します。これが目的変数に相当します。

では、実際にグレースケール画像の説明変数と、目的変数のセットを作成してみましょう。Python3の新規ノートブックを作成してください。

リスト5.11

```
1  !pip install opencv-python
```

実行し、最後に「Successfully installed...」から始まるメッセージが表示されれば、インストール完了です。

リスト 5.12

```
1  import os
2  import cv2
3  import numpy as np
4
5  dirs = ['ants', 'bees']
6  pixels = []
7  labels = []
8
9  for i, d in enumerate(dirs):
10     files = os.listdir('./data/' + d)
11
12     for f in files:
13         img = cv2.imread('./data/' + d + '/' + f, 0)
14         img = cv2.resize(img, (128, 128))
15         img = np.array(img).flatten().tolist()
16         pixels.append(img)
17
18         labels.append(i)
```

- 9 行目：画像データを、フォルダごとに、インデックス付きで読み込みます。インデックス「0」が ants フォルダ、「1」が bees フォルダです。
- 10 行目：フォルダの画像を取得します。
- 12 行目：フォルダの画像を 1 枚ずつ読み込みます。
- 13 行目：imread を使って、2 番目の引数に 0 を指定し、画像をグレースケールで読み込みます。
- 14 行目：**resize** を使って、画像を 128 × 128 ピクセルへリサイズします。
- 15 行目：**flatten** を使って、ピクセル値を 2 次元配列から 1 次元配列へ変換します。
- 16 行目：画像 1 枚ごとに、フラットにしたピクセル値をリスト pixels へ追加していきます。
- 18 行目：画像 1 枚ごとに、インデックスをリスト labels へ追加していきます。

リスト 5.13

```
1  import pandas as pd
2
3  pixels_df = pd.DataFrame(pixels)
4  pixels_df = pixels_df/255
5
6  labels_df = pd.DataFrame(labels)
7  labels_df = labels_df.rename(columns={0: 'label'})
8
```

```
9  img_set = pd.concat([pixels_df, labels_df], axis=1)
10 img_set.head()
```

- 4行目：ピクセル値を255で割って、0から1の間に収まるように正規化します。

実行すると、データ件数397、列数16385のデータセットを作成できます。列数は、ピクセル数 $128 \times 128 = 16384$ に、ラベルを1列追加した結果です。

	0	1	2	3	4	5	6	7	8	9	...	16375	16376	16377	16378	16379	16380	16381	16382	16383	label
0	0.337255	0.329412	0.317647	0.305882	0.305882	0.329412	0.360784	0.435294	0.494118	0.552941	...	0.423529	0.443137	0.439216	0.439216	0.435294	0.439216	0.443137	0.450980	0.450980	0
1	0.643137	0.647059	0.647059	0.643137	0.639216	0.650980	0.639216	0.619608	0.611765	0.603922	...	0.380392	0.380392	0.384314	0.380392	0.376471	0.380392	0.376471	0.380392	0.384314	0
2	0.321569	0.321569	0.321569	0.301961	0.294118	0.301961	0.317647	0.305882	0.294118	0.278431	...	0.486275	0.474510	0.462745	0.447059	0.427451	0.411765	0.384314	0.364706	0.345098	0
3	0.333333	0.372549	0.545098	0.572549	0.615686	0.647059	0.643137	0.709804	0.666667	0.654902	...	0.525490	0.560784	0.525490	0.556863	0.615686	0.607843	0.537255	0.596078	0.549020	0
4	0.301961	0.298039	0.301961	0.313725	0.349020	0.313725	0.305882	0.309804	0.329412	0.360784	...	0.290196	0.298039	0.313725	0.325490	0.282353	0.250980	0.235294	0.211765	0.219608	0

図5.15　グレースケール画像のデータセット

練習問題・4

カラー画像の説明変数と目的変数のセットを作成してください。

これで、機械学習のアルゴリズムを使って、分類モデルを作成するための最低限の準備が整いました。あくまで最低限です。画像のような次元数の多い非構造化データの場合、結果に対して意味のある特徴量を取り出す、つまり、ノイズ（意味のない特徴量）を除去して特徴量を取り出さなければ、精度の高いモデルを作成することはできません。ここではその方法をいくつか取り上げます。

2.2　モルフォロジー変換

「モルフォロジー変換」では、2値化画像を対象にして、**収縮（Erosion）**、**膨張（Dilation）**、**オープニング（Opening）**、**クロージング（Closing）**などの処理を行います。

収縮は、画像に対してフィルタをスライドさせていき、フィルタ内のピクセル値が全て1（白）だったときだけ「1」を出力し、そうでなければ「0」（黒）を出力する処理です。膨張は、収縮とは逆の処理です。フィルタ内のピクセル値が1つでも1（白）であれば「1」を出力します。

リスト5.14

```
1  import matplotlib.pyplot as plt
2  %matplotlib inline
3
4  img = cv2.imread('./data/ants/swiss-army-ant.jpg', 0)
```

```
5 ret, bin_img = cv2.threshold(img, 128, 255, cv2.THRESH_BINARY)
6
7 kernel = np.ones((3,3), np.uint8)
8 img_el = cv2.erode(bin_img, kernel, iterations=1)
9 plt.imshow(img_el, cmap='gray')
```

- 7行目：3×3サイズのフィルタを作成します。
- 8行目：**erode** を使って、2値化画像 bin_img にフィルタ kernel を適用し収縮させます。

リスト 5.15

```
1 img_dl = cv2.dilate(bin_img, kernel, iterations=1)
2 plt.imshow(img_dl, cmap='gray')
```

- 1行目：**dilate** を使って、2値化画像 bin_img にフィルタ kernel を適用し膨張させます。

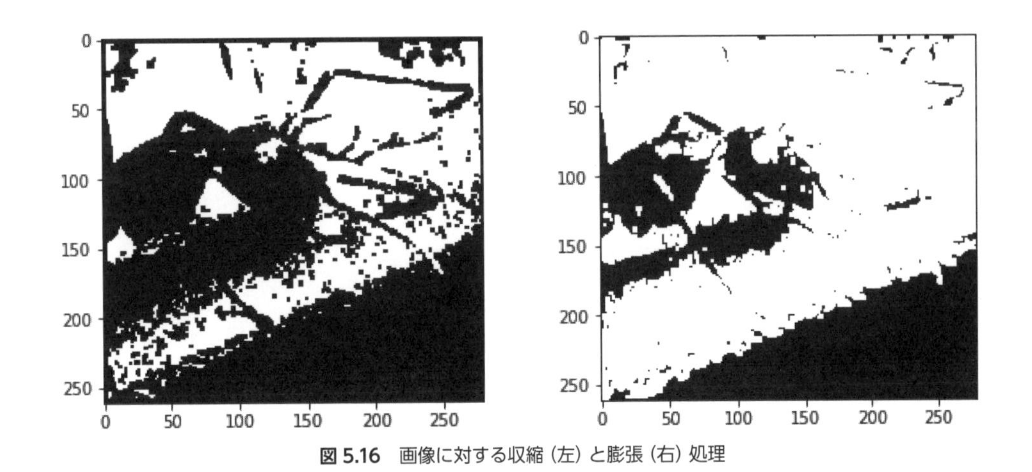

図 5.16 画像に対する収縮（左）と膨張（右）処理

オープニングは収縮の後で膨張させる処理であり、クロージングは膨張の後で収縮させる処理です。どちらも、ノイズの除去に効果を発揮します。

リスト 5.16

```
1 img_op = cv2.morphologyEx(bin_img, cv2.MORPH_OPEN, kernel)
2 plt.imshow(img_op, cmap='gray')
```

- 1行目：**morphologyEx** を使って、2値化画像 bin_img にフィルタ kernel を適用してオープニング処理します。このとき、2番目の引数で **MORPH_OPEN** を指定します。

リスト 5.17

```
1  img_cl = cv2.morphologyEx(bin_img, cv2.MORPH_CLOSE, kernel)
2  plt.imshow(img_cl, cmap='gray')
```

- 1 行目：morphologyEx を使って、2 値化画像 bin_img にフィルタ kernel を適用してオープニング処理します。このとき、2 番目の引数で **MORPH_CLOSE** を指定します。

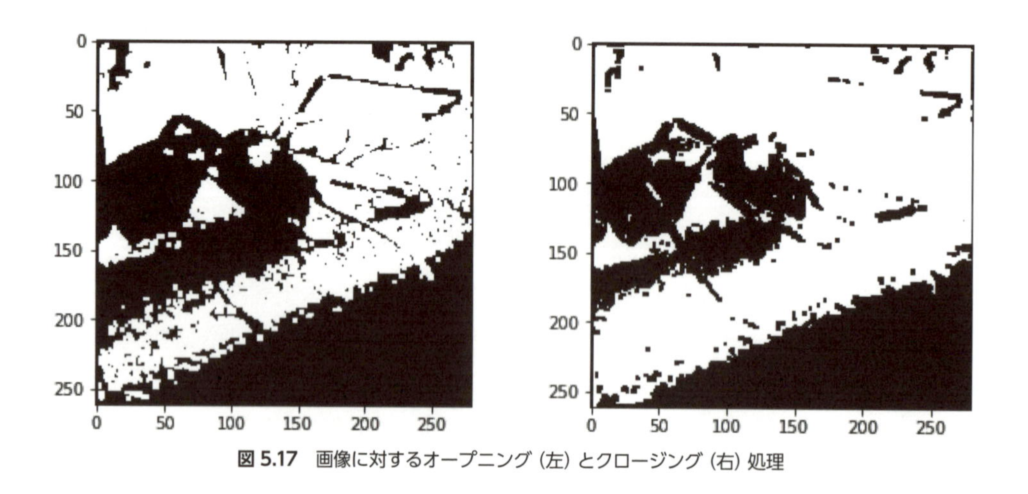

図 5.17　画像に対するオープニング（左）とクロージング（右）処理

2.3　ヒストグラムの作成

特徴量として、ピクセル値をそのまま使わずに、要約するとよい場合があります。その方法として、ピクセル値のヒストグラムがあります。これは横軸にピクセル値、縦軸にそのピクセル値を持つピクセルの数で表現します。

手始めに、グレースケール画像のヒストグラムを作成してみましょう。

リスト 5.18

```
1  hist_gr, bins = np.histogram(img.ravel(), 256, [0,256])
2  
3  plt.xlim(0, 255)
4  plt.plot(hist_gr, '-r')
5  plt.xlabel('pixel value')
6  plt.ylabel('number of pixels')
7  plt.show()
```

- 1行目：histgram を使ってヒストグラムを作成します。1番目の引数には、2次元から1次元へ変換したピクセル値を指定します。2番目の引数には刻み幅を指定し、3番目の引数には、ピクセル値をカウントする範囲を指定します。

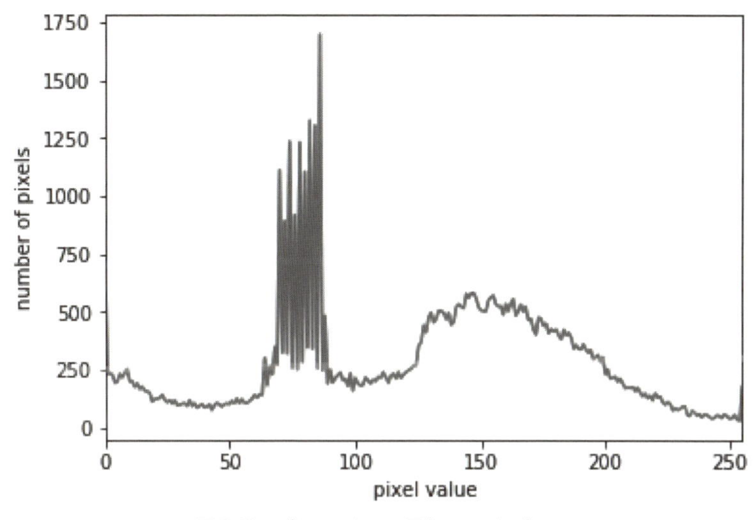

図 5.18　グレースケール画像のヒストグラム

練習問題・5

カラー画像のヒストグラムを、B（青）・G（緑）・R（赤）それぞれについて作成してください。

2.4　PCA による次元圧縮

第4章3節で説明した主成分分析（PCA）を使って、画像データの次元を圧縮し、特徴量を抽出することができます。

練習問題・6

- グレースケール画像のピクセル値（説明変数）pixels_df に、PCA を適用してください。
- PCA を適用した説明変数と目的変数を結合し、分析データセットを作成してください。
- PCA 適用前後の画像を1枚ずつ描画し、両者を比較してください。

2.5 t-SNEによる次元圧縮

t-SNEもPCAと同じく、教師なし学習アルゴリズムの1つであり、データの次元圧縮に利用します。t-SNEは、データ間の距離を確率分布で表現します。次元圧縮前後の確率分布のKL情報量が最小になる、圧縮後のデータ点を計算します。このKL情報量は、2つの確率分布の差を測る指標です。

PCAと同じく、グレースケール画像の説明変数と目的変数のセットpixels_dfに対し、t-SNEを適用します。

リスト5.19

```
1 from sklearn.manifold import TSNE
2
3 tsne = TSNE(n_components=2)
4 pixels_tsne = tsne.fit_transform(pixels_df)
5
6 print(pixels_df.shape)
7 print(pixels_tsne.shape)
8
9 img_set_tsne = pd.concat([pd.DataFrame(pixels_tsne), labels_df], axis=1)
10 img_set_tsne.head()
```

- 1行目：Scikit-learnに含まれる**TSNE**クラスを読み込みます。
- 3～4行目：データの次元を2次元へ圧縮するインスタンスを生成し、ピクセル値pixels_dfへ適用します。
- 6～7行目：t-SNE適用前後のデータサイズを確認します。
- 9行目：t-SNEを適用した説明変数と目的変数を結合します。

データサイズは、t-SNE適用前が397件・16384列であり、適用後が397件・2列です。列数が16384から2へ圧縮できていることがわかります。

新たに得られた2つの軸を使って、目的変数ごとにデータの分布を確認してみましょう。

リスト5.20

```
1 img_set_tsne_0 = img_set_tsne[img_set_tsne['label'] == 0]
2 img_set_tsne_0 = img_set_tsne_0.drop('label', axis=1)
3 plt.scatter(img_set_tsne_0[0], img_set_tsne_0[1], c='red', label=0)
4
5 img_set_tsne_1 = img_set_tsne[img_set_tsne['label'] == 1]
```

```
6  img_set_tsne_1 = img_set_tsne_1.drop('label', axis=1)
7  plt.scatter(img_set_tsne_1[0], img_set_tsne_1[1], c='blue', label=1)
8
9  plt.xlabel('1st-comp')
10 plt.ylabel('2nd-comp')
11 plt.legend()
12 plt.grid()
13 plt.show()
```

- 1～3 行目：label が 0 (ants) である 2 つの特徴量を散布図で描画します。
- 5～7 行目：label が 1 (bees) である 2 つの特徴量を散布図で描画します。

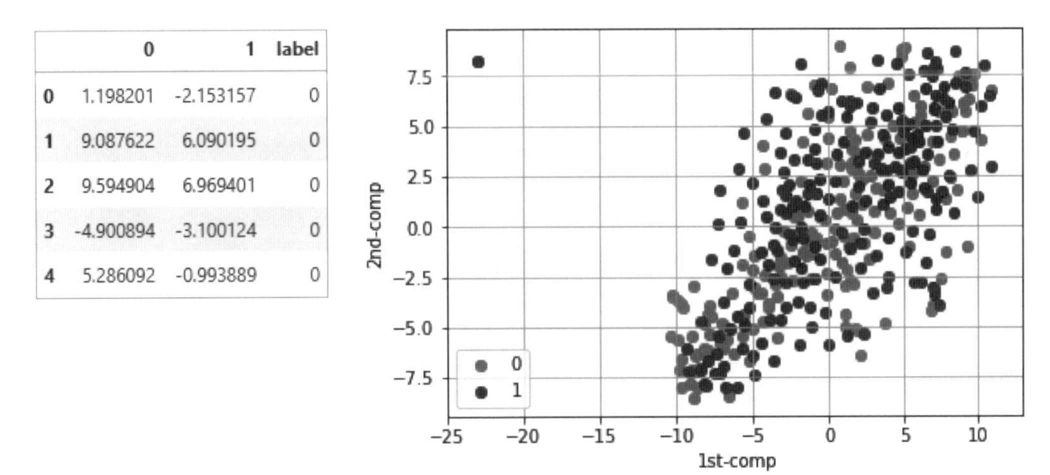

	0	1	label
0	1.198201	-2.153157	0
1	9.087622	6.090195	0
2	9.594904	6.969401	0
3	-4.900894	-3.100124	0
4	5.286092	-0.993889	0

図 5.19　圧縮したデータセット (左) と 2 次元でデータを可視化 (右)

ここまで、画像データに対する前処理をひととおり説明しました。ピクセル値を圧縮しないデータセットと圧縮するデータセットのどちらに対しても、第 3 章 3 節と同じ手順を踏めばモデル作成に利用できます。

ここまでの実装は、名前を付けて保存しておいてください。また、ノートブックは再利用できるようダウンロードしておいてください。

3　深層学習のためのデータ準備

機械学習における特徴量の抽出では、使用するアルゴリズムのパラメータの決め方によって、結果の精度が大きく左右されます。画像処理の知識があればあるほど、うまく特徴量を抽出できますが、逆に知識がないと特徴量の抽出は難しいでしょう。

この問題を解決するものこそ、深層学習（ディープラーニング，Deep Learning）です。機械が学習することによって、ネットワークの中間層の重み（特徴量）を自動的に最適化してくれます。しかし、導き出された結果に対して「いったい何か効いてそうなったのか？」という、根拠を説明することは難しいという弱点があります。この点を忘れてはいけません。

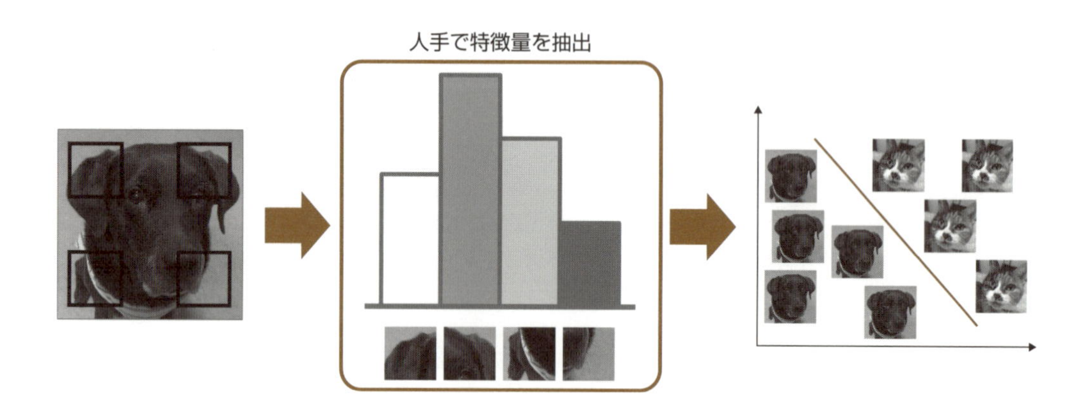

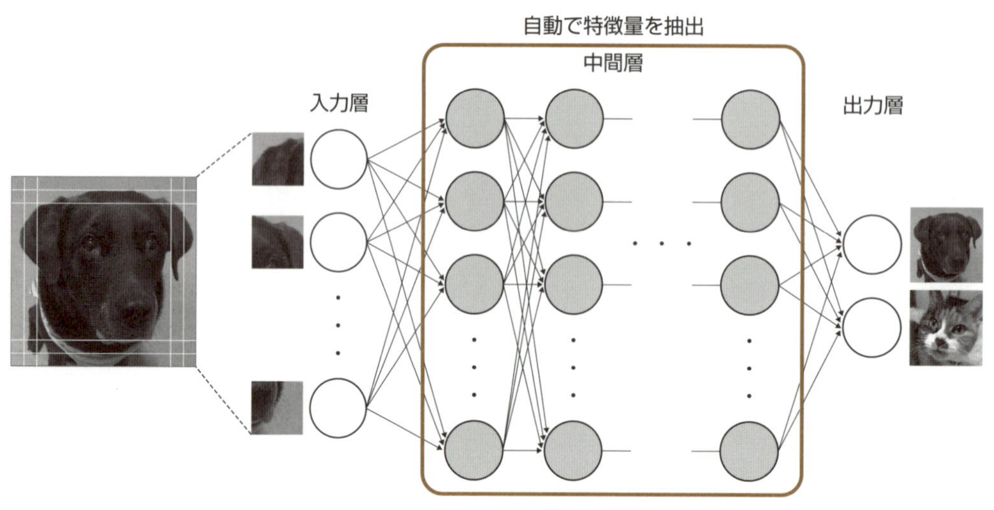

図 5.20　機械学習と深層学習の特徴量抽出の違い

画像を対象にした分類モデルでは、機械学習のアルゴリズムを使うよりも、その一種でもある深層学習のアルゴリズムを使う方が、精度の高い結果を得られることが知られています。特に、**畳み込みニューラルネットワーク**（Convolutional Neural Network, **CNN**）が有名です。

3.1　CNNの仕組み

CNNはニューラルネットワークの一種であり、中間層に畳み込み層とプーリング層を持っています。ニューラルネットワークは教師あり学習のアルゴリズムの1つです。ここでは、アルゴリズムそのものや学習については触れません。数学の知識等が必要となるからです。CNNの仕組みの概要を説明するに留めます。

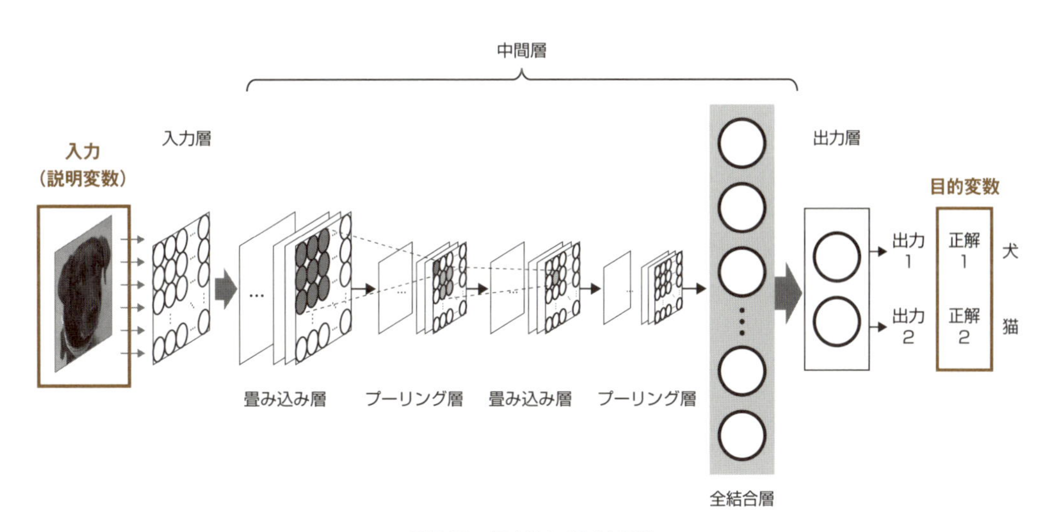

図 5.21　基本的なCNNの形

CNNの畳み込み層では、入力データにフィルタを適用して、そのデータが持つ特徴量を抽出します。プーリング層ではダウンサンプリングを行い、畳み込み層で抽出した特徴量を残して出力します。入力データは畳み込み層とプーリング層を順に経由することで、重要な特徴量のみが残るように圧縮され、やがて全結合層へ到達します。

まず、畳み込み層で特徴量を抽出するイメージを示します。入力データに対して、重みを持つフィルタをずらしながら適用していき、ノードの値と重みをかけて足し合わせることで、特徴量を抽出していきます。その結果を、特徴マップとして次の層へ渡します。

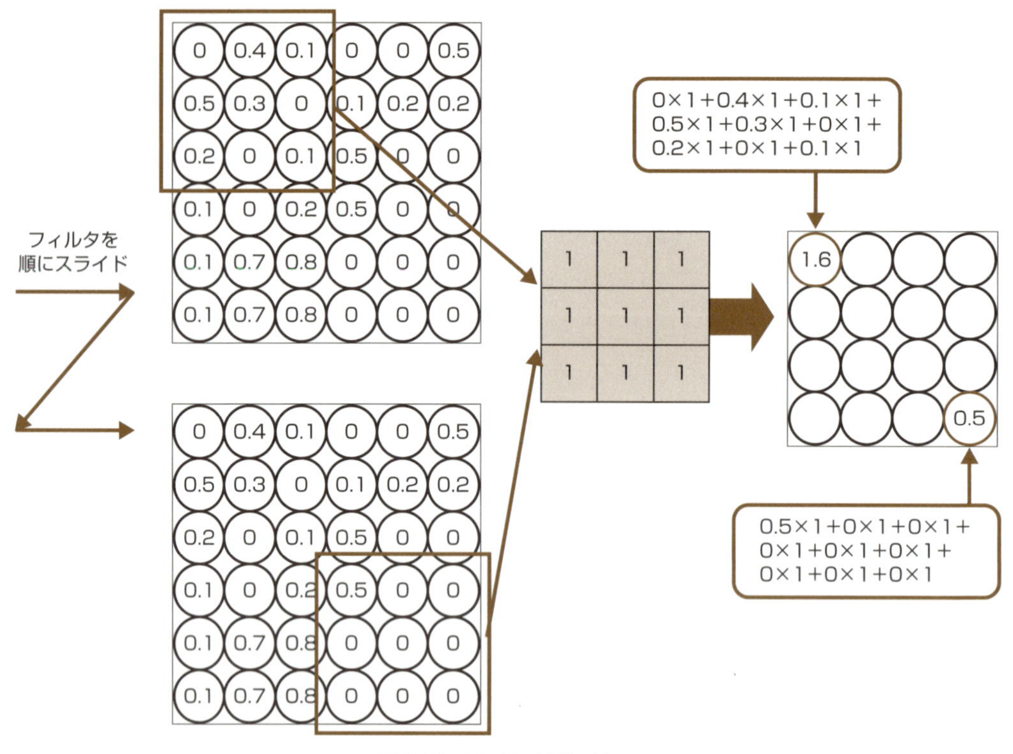

図 5.22　畳み込み演算の働き

続いて、プーリング層で特徴量を残すイメージを示します。特徴マップに対し、一定の領域内における最大値（平均値を使う場合もあります）を残します。このようにして、重要な特徴量のみが残った特徴マップを出力します。

畳み込み層で作成される特徴マップは、入力データのサイズよりも小さくなります。入力データと特徴マップのサイズを同じに保つために、「パディング」と呼ぶ処理を行うことがあります。畳み込みニューラルネットワークでは、入力データの縁をゼロで埋めて足す「ゼロパディング」がよく使われます。

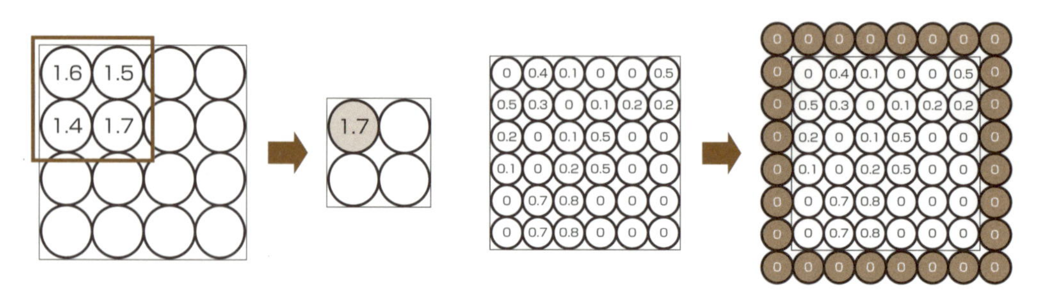

図 5.23　最大プーリングの働きとゼロパディングの適用

機械学習のアルゴリズムを使ってモデルを作成するとき、画像処理の技術を駆使して特徴量を抽出していました。画像に関する専門知識があれば、精度の高いモデルを作成できる可能性が高く、専門知識がなければ、その可能性は低いでしょう。しかし、深層学習のアルゴリズムを使うと、画像処理の専門知識がなくても、精度の高いモデルを作成できる可能性が高くなります。その理由は、学習によってフィルタの重み（特徴量）が自動で最適化されるからです。

また、画像のどの位置に特徴点があるかを考慮でき、その位置のずれを吸収できることも理由の1つです。例えば、複数の人が、指定された領域内に同じ文字を書き、それらを画像データに変換したとします。同じ文字でも、人によって書く位置が端に寄っていたり、形が傾いていたりします。仮に、特徴量を1px単位の細かい粒度で抽出すると、これらの画像は相互のずれ（誤差）が大きいため、機械は異なる文字の画像であると認識してしまうかもしれません。

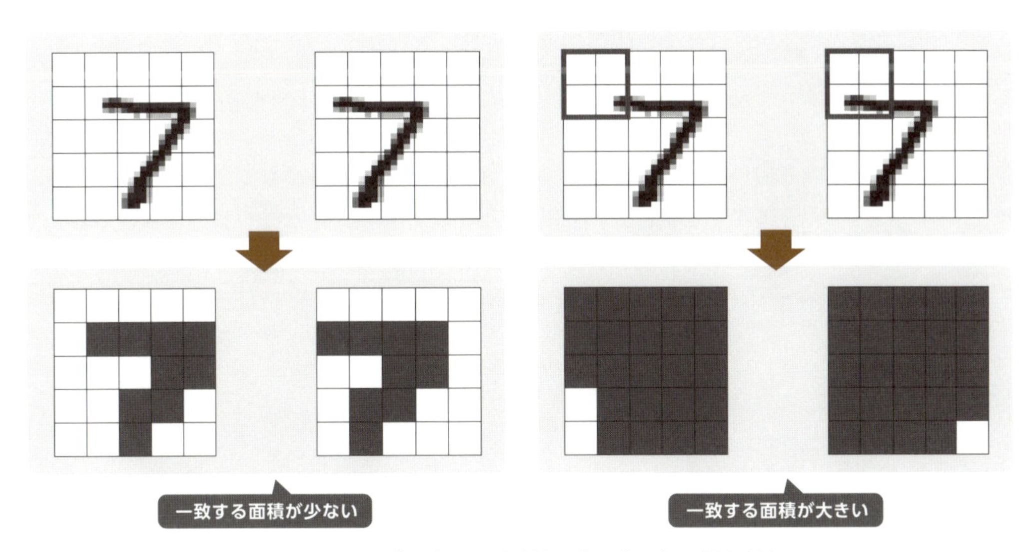

図 5.24 位置ずれがある場合（左）と位置ずれがない場合（右）

こうした場合にCNNを使うと、畳み込み層で特徴量を領域単位に抽出し、プーリング層で位置ずれを吸収するため、同じ文字の画像であると認識できます。

3.2 データセットの作成

グレースケール画像を例に、CNNが受け付けるデータセットの形を考えてみましょう。図5.21の入力層の形を思い出してください。入力データは2次元配列です。

本章2節で作成したノートブックを複製し、1セル目と2セル目のみ残して、ほかは削除してください。そして、2つのセルを実行しておいてください。

続きのセルから、グレースケール画像の説明変数と目的変数のセットを作成していきましょう。

リスト 5.21

```
1  pixels = np.array(pixels)/255
2  pixels = pixels.reshape([-1, 128, 128, 1])
3  labels = np.array(labels)
4
5  print(pixels[0].shape)
6  print(labels[0])
```

- 1行目：ピクセル値をNumPy配列へ変換し、255で割って正規化します。
- 2行目：**reshape**を使って、ピクセル値を1次元配列から128×128の2次元配列へ変換します。
- 5行目：画像1枚目のピクセル値のサイズを確認します。
- 6行目：画像1枚目のラベルを確認します。

実行すると、画像1枚目のピクセル値のサイズは(128, 128, 1)と表示されます。これは、縦128・横128・カラーチャンネル1を意味します。画像1枚目のラベルは0、つまり被写体は蟻であることを意味します。

データセットを訓練用とテスト用に分割しましょう。

リスト 5.22

```
1  from sklearn import model_selection
2
3  trainX, testX, trainY, testY = model_selection.train_test_split(pixels, labels, test_
size=0.2)
4
5  print(len(trainY))
6  print(len(testY))
```

- 3行目：**model_selection**に含まれる**train_test_split**メソッドを使って、データセットを訓練用のtrainXとtrainY、およびtestXとtestYへ分割します。Xは画像のピクセル値（説明変数）であり、Yは画像のラベル（目的変数）です。データセットの8割を訓練データ、2割をテストデータとします。
- 5〜6行目：訓練データとテストデータのサイズを確認します。

実行すると、訓練データが317件、テストデータが80件であることがわかります。

練習問題・7

カラー画像の説明変数と目的変数のセットを作成してください。そして、訓練データとテストデータへ分割してください。

作成したデータセットから、**Keras**（バックは **TensorFlow**）を使って、分類モデルを作成することができます[3][4]。TensorFlow は、Python から呼び出せる深層学習のパッケージです。Python は C や Java に比べるとコーディングしやすいため、Python 版の TensorFlow を使えば、モデル作成の敷居が低くなるでしょう。とはいえ、プログラミング初心者には敷居が高く感じることもあります。そこで、TensorFlow をさらに容易に扱える上位 API として、Keras が利用されています。

例えば、畳み込み層のコーディングについて、TensorFlow をそのまま使った場合と、Keras（バックは TensorFlow）を使った場合を比較してみましょう。

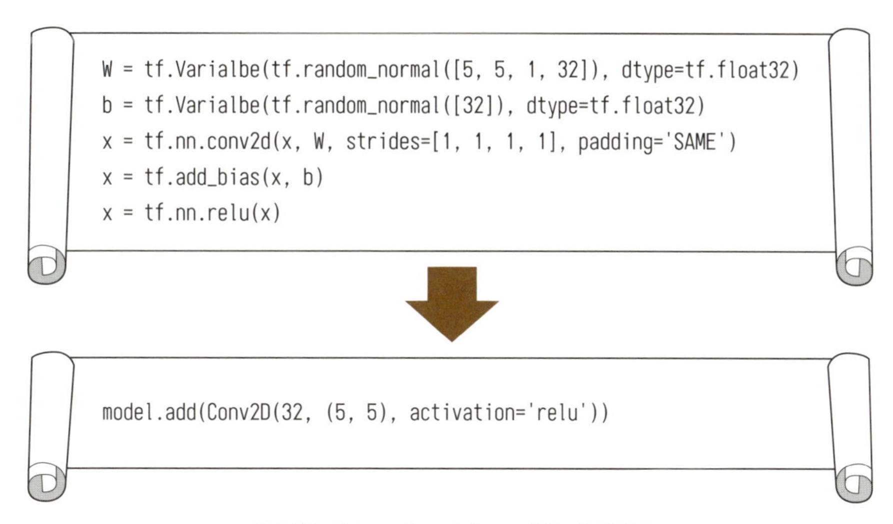

図 5.25 TensorFlow と Keras のコードの違い

TensorFlow をそのまま使用するよりも、Keras で被せて使用する方が、容易にコーディングできることがわかります。

Keras は TensorFlow のほかに、Theano や CNTK などのライブラリもサポートしていますが、TensorFlow と組み合わせて利用されることが多いです。

本章では、以降のモデル作成フェーズを扱いませんが、関心があれば Keras（TensorFlow）を使ってモデルを作成してください。参考までに、本書巻末の「付録」に、Keras を使った CNN モデルの作成コードを載せておきます。

ここまで 397 枚の画像に対し前処理を行ってきました。しかし、深層学習でモデルを作成する場合、学習にはより多くの画像が必要です。手元に限られた枚数の画像しかないときは、どうすればよいでしょうか？

この問題を解決する案として、元の画像に少し手を加えて、枚数を増やす（水増し）ことが挙げられます。元の画像にノイズを加えて水増ししてみましょう。ノイズも含めて学習すれば、得られるモデルはより汎化性能が高まるはずです。

3.3　画像の反転

元の画像を反転させて、画像を水増ししてみましょう。

リスト 5.23

```
1  img = cv2.imread('./data/ants/swiss-army-ant.jpg', 0)
2
3  x_img = cv2.flip(img, 0)
4  y_img = cv2.flip(img, 1)
5  xy_img = cv2.flip(img, -1)
6
7  cv2.imwrite('x_img.jpg', x_img)
8  cv2.imwrite('y_img.jpg', y_img)
9  cv2.imwrite('xy_img.jpg', xy_img)
```

- 3 行目：**flip** を使い、2 番目の引数に 0 を指定して、画像を x 軸（上下）で反転させます。
- 4 行目：2 番目の引数に 1 を指定して、画像を y 軸（左右）で反転させます。
- 5 行目：2 番目の引数に -1 を指定して、画像を x 軸と y 軸（上下左右）で反転させます。
- 7〜9 行目：**imwrite** を使って、3〜5 行目の結果にファイル名を付けて保存します。

実行すると、ノートブックと同じ場所に 3 枚の画像が保存されます。

図 5.26 反転させた画像
(左上：オリジナル、右上：x 軸で反転、左下：y 軸で反転、右下：x 軸と y 軸で反転)

3.4 画像の平滑化

画像の像をぼかすことを「平準化する」と言います。これにはいくつか方法があります。元の画像を平滑化させて、画像を水増ししてみましょう。

リスト 5.24

```
1 blur_img = cv2.blur(img, (5,5))
2 gau_img = cv2.GaussianBlur(img, (5,5), 0)
3 med_img = cv2.medianBlur(img, 5)
4
5 cv2.imwrite('blur_img.jpg', blur_img)
6 cv2.imwrite('gau_img.jpg', gau_img)
7 cv2.imwrite('med_img.jpg', med_img)
```

5×5サイズのフィルタを用意し、畳み込み演算を行います。

- 1行目：重みが一様のフィルタを使って、領域内のピクセル値の平均をとります。
- 2行目：注目するピクセルとの距離に応じて、ガウス分布（正規分布）に従って重みを付与し、ピクセル値の平均をとります。
- 3行目：領域内のピクセル値の中央値をとります。

実行すると、ノートブックと同じ場所に3枚の画像が保存されます。

図5.27　平滑化した画像
（左上：オリジナル、右上：平均値ぼかし、左下：ガウシアンぼかし、右下：中央値ぼかし）

3.5　画像の明度変更

今度は、元の画像の明度を変更して、画像を水増ししてみましょう。

リスト 5.25

```
1  gamma = 0.5
2
3  lut = np.zeros((256,1), dtype = 'uint8')
4  for i in range(len(lut)):
5      lut[i][0] = 255 * pow((float(i)/255), (1.0/gamma))
6
7  gamma_img = cv2.LUT(img, lut)
8
9  cv2.imwrite('gamma_img.jpg', gamma_img)
```

- 1 行目：明度を調整する係数を設定します。
- 3〜5 行目：明度の調整結果を格納する配列を用意します。
- 7 行目：**LUT** を使って、画像に補正をかけて明度を変更します。

練習問題・8

ants フォルダの全ての画像について、ガンマ係数を調整し明度を変更させながら、画像を水増ししてください。

ここまでの実装は、名前を付けて保存しておいてください。また、ノートブックは再利用できるようにダウンロードしておいてください。

Column 豆知識　中間層の取り出し

深層学習は、結果に対して「何が効いているか」という、根拠を説明することが難しい（ブラックボックスである）と説明しました。中間層の出力を取り出せれば、結果の根拠を説明するのに役立つ可能性があります。以降のコードを実行したい場合は、先に付録2を実行してください。

リスト 5.26

```
1  from keras import backend as K
2
3  get_output = K.function([model.layers[0].input], [model.layers[0].output])
4  output = get_output([testX, ])[0]
5
6  print(len(output))
7  print(len(output[0]))
8  print(len(output[0][0]))
9  print(len(output[0][0][0]))
```

Kerasのメソッドを使って、1番目の畳み込み層の特徴量を抽出し、テストデータに適用します。1番目の畳み込み層では、124（縦サイズ）× 124（横サイズ）× 16（フィルタ数）の特徴量が作成されています。

リスト 5.27

```
1  import pandas as pd
2  import matplotlib.pyplot as plt
3
4  filter1 = []
5
6  for i in range(0, 1):
7      for j in range(0, 124):
8          tmp = pd.DataFrame(output[i][j])
9          tmp = tmp[0]
10         tmp = np.array(tmp).tolist()
11         filter1.append(tmp)
12         tmp = []
13
14 plt.imshow(np.array(filter1), cmap='gray')
15 plt.show()
```

テストデータ1件目（画像1枚目）の、1フィルタ目の特徴量を取り出し可視化します。

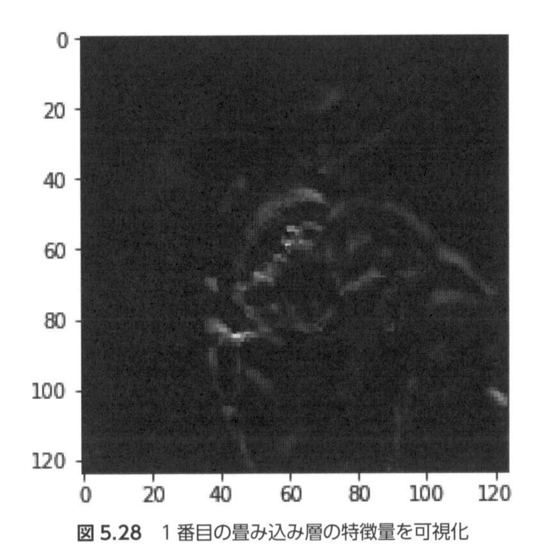

図 5.28　1 番目の畳み込み層の特徴量を可視化

元の画像には、識別したい被写体のほかに背景が写り込んでいます。深層学習のアルゴリズムを使うと、背景を除いた本質的な被写体のみを特徴量として抽出できます。なぜそうなるのでしょうか？　人手で特徴量を抽出する場合に比べると、明らかに説明は困難ですが、何 1 つ根拠がないよりはマシかもしれません。

Google のリサーチ責任者は、「説明可能な AI（Explainable AI）の価値に疑問を抱いている」と述べています [5]。人間でも、自分が下した意思決定について、根拠を説明できないときがあります。論理尽くしで筋道を立てても、最後は勘や感覚で決めた結果、うまくいくこともあるでしょう。

説明可能な AI を躍起になって追い求めるよりも、従来の統計解析や機械学習を使う方が、課題解決の近道につながることもあります。課題と分析目標、成功の判定基準によって使い分け、成果を出していきましょう。

第５章まとめ

本章では、分析の目標を「画像に含まれる被写体を識別すること」と、あらかじめ設定しておき、画像データを対象にした前処理の方法を主に学びました。

データ理解のフェーズでは、画像の特性について学びました。画像は大きく分けて、RGB（赤・青・緑）で構成されるカラー画像と、輝度で構成されるグレースケール画像、白黒で構成される２値化画像があります。順に、画像に含まれる全体的な情報は落ちていくものの、画像に含まれる本質的な情報を取り出すことができます。また、各種類の画像のピクセル値の持ち方と、配列の構造も学びました。

データ準備フェーズの前半では、分類（識別）モデルを作成するために、機械学習のアルゴリズムが受け付ける形へと、前処理を行う方法を学びました。画像からノイズを除去して特徴量を際立たせる方法や、多数の変数をまとめ特徴を低次元で表現する方法などがありました。

データ準備フェーズの後半は、分類モデルを作成するために、深層学習のアルゴリズム（特にCNN）が受け付ける形へと、前処理を行う方法を学びました。また、学習に使用する画像の水増し方法も扱いました。

今や、画像の識別モデルは、深層学習のアルゴリズムを使って作成するのが主流となりました。だからといって、深層学習まわりの技術だけでは足りません。深層学習の登場以前に使われていた、機械学習まわりの技術も押さえておくと、モデルの精度を高める作業に一役買うでしょう。

画像データの前処理はここまでにしておき、次章では時系列データの前処理を学んでいきましょう。

第５章の出典

[1] https://www.kaggle.com/ajayrana/hymenoptera-data
[2] https://opencv.org/
[3] https://keras.io/ja/
[4] https://www.tensorflow.org/?hl=ja
[5] https://www.computerworld.com.au/article/621059/google-research-chief-questions-value-explainable-ai/

第 5 章　練習問題の解答

練習問題・1

リスト 5A.1

```
1  g_df = pd.DataFrame(g)
2
3  print(g_df.shape)
4  g_df.head()
```

画像サイズは縦が 261、横が 280 です。

実行結果

	0	1	2	3	4	5	6	7	8	9	...	270	271	272	273	274	275	276	277	278	279
0	4	0	7	5	13	10	15	5	9	9	...	2	2	4	18	7	6	4	2	0	0
1	0	0	33	22	34	18	20	10	20	20	...	16	15	10	19	16	27	31	27	18	0
2	12	35	139	149	161	145	151	149	148	148	...	160	159	166	163	159	170	170	165	124	33
3	5	24	150	168	174	159	162	160	153	153	...	172	171	171	164	164	178	177	182	134	10
4	11	33	160	174	176	164	164	160	162	162	...	167	166	164	159	164	176	176	195	153	23

図 5A.1　G（緑）のピクセル値

リスト 5A.2

```
1  r_df = pd.DataFrame(r)
2
3  print(r_df.shape)
4  r_df.head()
```

画像サイズは縦が 261、横が 280 です。

実行結果

	0	1	2	3	4	5	6	7	8	9	...	270	271	272	273	274	275	276	277	278	279
0	33	10	9	0	0	0	0	0	0	0	...	0	0	0	6	0	0	0	0	2	4
1	10	6	27	2	5	0	0	0	0	0	...	2	1	0	4	0	7	14	15	14	0
2	17	32	117	114	114	97	106	108	110	109	...	129	130	140	137	129	138	143	143	110	21
3	0	7	115	119	116	97	106	107	104	104	...	130	131	135	127	123	137	141	152	111	0
4	0	8	118	118	110	95	98	97	103	103	...	117	119	121	116	116	128	131	155	124	0

図 5A.2　R（赤）のピクセル値

練習問題・2

リスト 5A.3

```
1  print(gray_img)
```

実行結果

```
[[ 19   6   8 ...   2   2   3]
 [  6   4  30 ...  22  17   0]
 [ 14  33 127 ... 154 117  27]
 ...
 [  6  22 116 ...  72  54   6]
 [  8  19 134 ...  58  53   9]
 [  1   2  41 ...  17  19   0]]
```

図 5A.3　ピクセル値の確認

練習問題・3

リスト 5A.4

```
1  print(len(gray_img))
2  print(len(gray_img[0]))
```

実行結果

配列全体のサイズは261、つまり縦のサイズと一致します。1行目の配列のサイズは280、つまり横のサイズと一致します。

練習問題・4

リスト 5A.5

```
1   pixels2 = []
2   labels2 = []
3   tmp = []
4
5   for i, d in enumerate(dirs):
6       files = os.listdir('./data/' + d)
7
8       for f in files:
9           img2 = cv2.imread('./data/' + d + '/' + f)
10          img2 = cv2.resize(img2, (128, 128))
11          b, g, r = cv2.split(img2)
12          b = np.array(b).flatten().tolist()
13          g = np.array(g).flatten().tolist()
```

```
14          r = np.array(r).flatten().tolist()
15          tmp = b + g + r
16          pixels2.append(tmp)
17
18          labels2.append(i)
```

- 5 行目：画像データをフォルダごとに、インデックス付きで読み込みます。インデックス 0 が ants フォルダ、1 が bees フォルダです。
- 6 行目：フォルダの画像を取得します。
- 8 行目：フォルダの画像を 1 枚ずつ読み込みます。
- 9 行目：imread を使ってカラー画像を読み込みます。
- 10 行目：resize を使って画像を 128 × 128 ピクセルへリサイズします。
- 11 行目：split を使ってピクセル配列を b（青）、g（緑）、r（赤）へ分割します。
- 12～14 行目：flatten を使って、b、g、r それぞれのピクセル値を 2 次元配列から 1 次元配列へ変換します。
- 15 行目：b、g、r の順に、リストを末尾に追加していきます。
- 16 行目：画像 1 枚ごとに、ピクセル値をリストへ pixels2 追加していきます。
- 18 行目：画像 1 枚ごとに、インデックスをリスト labels2 へ追加していきます。

リスト 5A.6

```
1  pixels2_df = pd.DataFrame(pixels2)
2  pixels2_df = pixels2_df/255
3
4  labels2_df = pd.DataFrame(labels2)
5  labels2_df = labels2_df.rename(columns={0: 'label'})
6
7  img_set2 = pd.concat([pixels2_df, labels2_df], axis=1)
8  img_set2.head()
```

- 2 行目：ピクセル値を 255 で割って、0 から 1 の間に収まるように正規化します。

実行結果

実行すると、データ件数 397、列数 49153 のデータセットを作成できます。列数は、ピクセル数 $128 \times 128 \times 3 = 49152$ に、ラベルを 1 列追加した結果です。

	0	1	2	3	4	5	6	7	8	9	...	49143	49144	49145	49146	49147	49148	49149	49150	49151	label
0	0.301961	0.294118	0.282353	0.270588	0.278431	0.301961	0.333333	0.407843	0.458824	0.505882	...	0.250980	0.278431	0.274510	0.258824	0.266667	0.270588	0.278431	0.294118	0.298039	0
1	0.505882	0.513725	0.513725	0.509804	0.501961	0.517647	0.513725	0.478431	0.466667	0.458824	...	0.466667	0.466667	0.470588	0.466667	0.462745	0.466667	0.462745	0.466667	0.470588	0
2	0.364706	0.364706	0.368627	0.345098	0.333333	0.337255	0.356863	0.341176	0.329412	0.313725	...	0.227451	0.219608	0.203922	0.196078	0.180392	0.176471	0.164706	0.152941	0.145098	0
3	0.282353	0.286275	0.486275	0.545098	0.611765	0.670588	0.674510	0.745098	0.690196	0.658824	...	0.537255	0.564706	0.529412	0.564706	0.627451	0.619608	0.545098	0.596078	0.552941	0
4	0.568627	0.517647	0.529412	0.560784	0.600000	0.549020	0.513725	0.521569	0.588235	0.627451	...	0.180392	0.188235	0.180392	0.200000	0.168627	0.164706	0.149020	0.125490	0.129412	0

図 5A.4　カラー画像のデータセット

練習問題・5

リスト 5A.7

```
1  img = cv2.imread('./data/ants/swiss-army-ant.jpg')
2
3  b, g, r = img[:,:,0], img[:,:,1], img[:,:,2]
4  hist_r, bins = np.histogram(r.ravel(), 256, [0,256])
5  hist_g, bins = np.histogram(g.ravel(), 256, [0,256])
6  hist_b, bins = np.histogram(b.ravel(), 256, [0,256])
7
8  plt.xlim(0, 255)
9  plt.plot(hist_r, '-r', label='red')
10 plt.plot(hist_g, '-g', label='green')
11 plt.plot(hist_b, '-b', label='blue')
12 plt.xlabel('pixel value')
13 plt.ylabel('number of pixels')
14 plt.legend()
15 plt.grid()
16 plt.show()
```

- 3 行目：ピクセル値を b（青）、g（緑）、r（赤）へ分割します。
- 4 行目〜6 行目：r、g、b それぞれについて、histgram を使ってヒストグラムを作成します。1 番目の引数には、2 次元から 1 次元へ変換したピクセル値を指定します。2 番目の引数には刻み幅を指定し、3 番目の引数には、ピクセル値をカウントする範囲を指定します。

実行結果

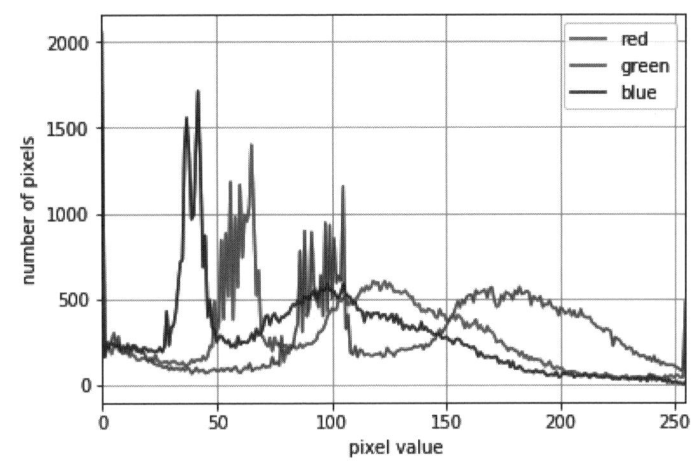

図 5A.5　カラー画像のヒストグラム

練習問題・6

リスト 5A.8

```
1  from sklearn.decomposition import PCA
2
3  pca = PCA(0.80)
4  pixels_pca = pca.fit_transform(pixels_df)
5
6  print(pca.n_components_)
7  print(pixels_pca.shape)
```

- 1 行目：Scikit-learn に含まれている、PCA クラスを読み込みます。
- 3～4 行目：累積寄与率が 80%に達するまでの主成分を抽出するインスタンスを生成し、pixels_df へ適用します。
- 6 行目：抽出した主成分数を確認します。
- 7 行目：主成分分析を適用した後のデータセットのサイズを確認します。

実行結果

実行すると、主成分数は 65、データサイズは 397 件・65 列と結果に表示されます。データセットの列数が、16384 から 65 へ圧縮できていることがわかります。

リスト 5A.9

```
1  img_set_pca = pd.concat([pd.DataFrame(pixels_pca), labels_df], axis=1)
2  img_set_pca.head()
```

実行結果

	0	1	2	3	4	5	6	7	8	9	...	56	57	58	59	60	61	62	63	64	label
0	4.008742	15.995835	1.165099	0.777220	-4.776909	3.231375	-4.173778	-0.908869	0.799929	1.474174	...	-0.685376	0.777023	0.149399	1.191443	0.396181	0.228086	-0.378749	0.235800	-0.704450	0
1	-24.288941	4.318101	-6.514323	-10.474763	10.672626	1.677844	-1.850288	-4.457750	-3.373579	4.155789	...	1.020179	1.199427	0.086057	-0.779331	-0.168917	1.502779	0.105332	-0.813840	0.280930	0
2	-23.599127	6.287341	2.601957	1.049742	6.231084	4.981999	-3.645712	2.918035	4.047358	1.970131	...	0.614825	-1.003777	-0.814243	-0.152064	0.462348	1.251338	1.043374	-1.312867	0.029143	0
3	13.839363	-2.563613	1.142011	-3.205339	-0.323967	-1.221352	0.167917	2.037497	0.800459	0.957710	...	0.339485	-1.083045	-0.703718	0.988920	0.208460	0.833835	-0.321211	0.346357	-1.017577	0
4	-3.857241	1.520695	1.424552	9.864075	0.279761	-6.062548	-1.375861	0.478833	-2.313537	6.725009	...	-0.553588	-1.035736	-0.151991	0.260343	-0.318215	0.581520	0.946218	-0.533489	0.228585	0

図 5A.6　PCA 適用後の分析データセット

リスト 5A.10

```
1  plt.imshow(np.array(pixels_df)[99].reshape(128, 128), cmap='gray')
```

100 枚目の画像のピクセル値を取り出し、reshape を使って 1 次元（16384 ピクセル）から 2 次元（128 × 128 ピクセル）へ変換し、描画します。

リスト 5A.11

```
1  pixels_low = pca.inverse_transform(pixels_pca)
2  plt.imshow(pixels_low[99].reshape(128, 128), cmap='gray')
```

PCA 適用後のデータを元の次元へ復元し、先ほどと同じ手順で描画します。

実行結果

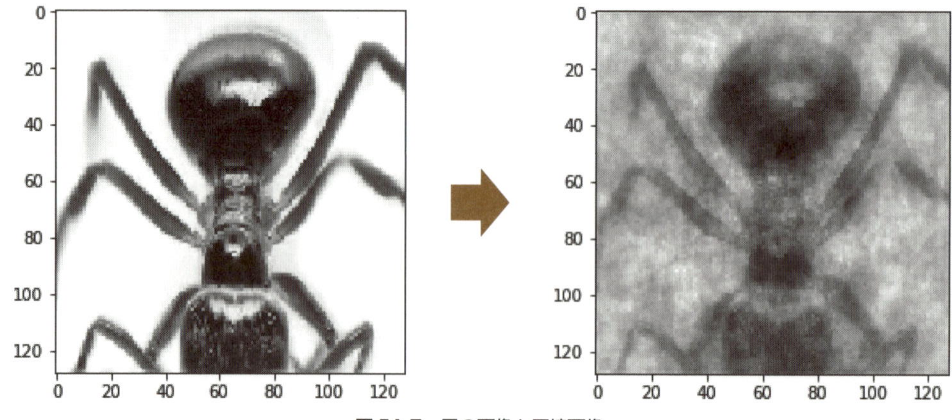

図 5A.7　元の画像と圧縮画像

練習問題・7

リスト 5A.12

```
1  pixels2 = []
2  labels2 = []
```

```
3
4 for i, d in enumerate(dirs):
5     files = os.listdir('./data/' + d)
6
7     for f in files:
8         img2 = cv2.imread('./data/' + d + '/' + f)
9         img2 = cv2.resize(img2, (128, 128))
10        img2 = img2/255
11        pixels2.append(img2)
12
13        labels2.append(i)
```

- 4行目：画像データをフォルダごとに、インデックス付きで読み込みます。インデックス0がantsフォルダ、1がbeesフォルダです。
- 5行目：フォルダの画像名を取得します。
- 7行目：フォルダの画像を1枚ずつ読み込みます。
- 8行目：imreadを使ってカラー画像を読み込みます。
- 9行目：resizeを使って画像を128×128ピクセルへリサイズします。
- 10行目：ピクセル値を255で割って正規化します。
- 11行目：画像1枚ごとに、ピクセル値をリストへpixels2追加していきます。
- 13行目：画像1枚ごとに、インデックスをリストlabels2へ追加していきます。

リスト 5A.13

```
1 pixels2 = np.array(pixels2).reshape([-1, 128, 128, 3])
2 labels2 = np.array(labels2)
3
4 print(pixels2[0].shape)
5 print(labels2[0])
6
7 trainX, testX, trainY, testY = model_selection.train_test_split(
8     pixels2, labels2, test_size=0.2)
9
10 print(len(trainY))
11 print(len(testY))
```

- 1行目：**reshape**を使って、ピクセル値を128×128×3の3次元配列へ変換します。
- 4行目：画像1枚目のピクセル値のサイズを確認します。
- 5行目：画像1枚目のラベルを確認します。

- 7〜8行目：**model_selection**に含まれる**train_test_split**メソッドを使って、データセットを訓練用のtrainXとtrainY、およびtestXとtestYへ分割します。Xは画像のピクセル値（説明変数）であり、Yは画像のラベル（目的変数）です。データセットの8割を訓練データ、2割をテストデータとします。
- 10〜11行目：訓練データとテストデータのサイズを確認します。

実行結果

実行すると、画像1枚目のピクセル値のサイズは(128, 128, 3)と表示されます。縦128・横128・カラーチャンネル3を意味します。画像1枚目のラベルは0、つまり、被写体は蟻であることを意味します。

実行すると、訓練データが317件、テストデータが80件であることがわかります。

練習問題・8

リスト5A.14

```
1    files = os.listdir('./data/ants/')
2    gamma = 0.6
3
4    while gamma <= 1.2:
5        lut = np.zeros((256,1), dtype = 'uint8')
6
7        for i in range(len(lut)):
8            lut[i][0] = 255 * pow((float(i)/255), (1.0/gamma))
9
10       for f in files:
11           img = cv2.imread('./data/ants/' + f, 0)
12           gamma_img = cv2.LUT(img, lut)
13           cv2.imwrite('./data/dummy_ants/gamma' + str(gamma) + '_' + f, gamma_img)
14
15       gamma = gamma + 0.6
```

- 2行目：明度を調整する係数を設定します。
- 4行目：ガンマ係数が1.2を超えるまで、以下の処理を繰り返します。
- 5〜8行目：明度の調整結果を格納する配列を用意します。
- 10〜12行目：画像を1枚ずつ読み込み、LUTを使って明度を変更し、名前を付けて保存します。

実行結果

係数が0.6と1.2のときの明度の画像が保存されます。枚数は元の2倍になります。

第6章

時系列データの前処理

1　データ理解

本章では、時系列データを対象にした前処理方法を学びましょう。分析の目標は、「6時間ごとに電力消費量の異常を検出すること」にします。教師あり学習のアルゴリズムを利用して実現してみましょう。

事前に、本書の読者へ提供している電力量のデータセット（**energydata.csv** と **event.csv**）をダウンロードしておいてください[1]。energydata ファイルは、ある家庭の家電や照明などの状態ログであり、event ファイルは電力消費量の異常が起こった日時のログです。

energydata ファイルの項目の意味

- date　：日時
- Appliances　：家電の電力使用量
- lights　：照明の電力使用量
- T1　：台所の温度
- RH_1　：台所の湿度
- T2　：リビングの温度
- RH_2　：リビングの湿度
- T3　：洗濯室の温度
- RH_3　：洗濯室の湿度
- T4　：事務室の温度
- RH_4　：事務室の湿度
- T5　：浴室の温度
- RH_5　：浴室の湿度

1.1　実装環境の準備

最初に、Try JupyterLab へアクセスします。既存のワークスペースは **demo** フォルダとなっているため、これまでと同じ方法で新しいワークスペース（本書では **chap6** とします）を作成しましょう。

作成した新規ワークスペースへ移動したら、2つの CSV ファイル **energydata.csv** と **event.csv** をアップロードします。そして、Python3 の新規ノートブックを作成して準備完了です。

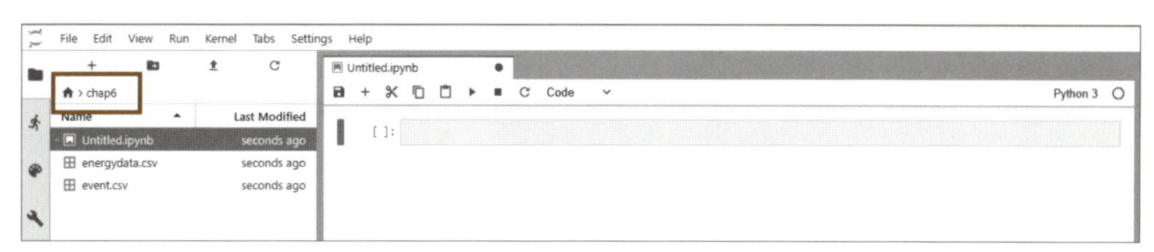

図 6.1　CSV ファイルと新規ノートブック

1.2　データの読み込みと確認

Pandas を使って、アップロードしたファイルを分析データセットとして読み込みましょう。

リスト 6.1

```
1  import pandas as pd
2
3  dat_df = pd.read_csv('energydata.csv', sep=',')
4  dat_df.head()
```

実行すると、次のような実行結果が表示されます。10 分ごとの、Appliances から RH_5 までの各時系列データが表示されます。

	date	Appliances	lights	T1	RH_1	T2	RH_2	T3	RH_3	T4	RH_4	T5	RH_5
0	2016-01-11 17:00:00	60	30	19.89	47.596667	19.2	44.790000	19.79	44.730000	19.000000	45.566667	17.166667	55.20
1	2016-01-11 17:10:00	60	30	19.89	46.693333	19.2	44.722500	19.79	44.790000	19.000000	45.992500	17.166667	55.20
2	2016-01-11 17:20:00	50	30	19.89	46.300000	19.2	44.626667	19.79	44.933333	18.926667	45.890000	17.166667	55.09
3	2016-01-11 17:30:00	50	40	19.89	46.066667	19.2	44.590000	19.79	45.000000	18.890000	45.723333	17.166667	55.09
4	2016-01-11 17:40:00	60	40	19.89	46.333333	19.2	44.530000	19.79	45.000000	18.890000	45.530000	17.200000	55.09

図 6.2　分析データセット

時系列データとは、時間とともに変化し、かつ、相互に依存性がみられる系列データです。温度や加速度などを計測するセンサデータをはじめ、電力使用量、商品売上、購買履歴、人口推移のデータなどが該当します。これらのデータは、各種機器にセンサを取り付けたり、ウェブから収集したり、様々な方法で入手できます。

すぐに入手したいときは、まずUCI Machine Learning Repositoryへアクセスするとよいでしょう[2]。このサイトでは、機械学習の練習用データセットが豊富に提供されています。そのほかに、国や自治体が公開しているオープンデータカタログサイト、電力各社が公開しているでんき予報サイトからも入手できます。積極的に活用していきましょう。

では、先ほどのデータの行数（件数）と列数（項目数）を確認します。

リスト 6.2

```
1  print(dat_df.shape)
```

実行すると、17424行・13列であることがわかります。データの型も確認してみましょう。

リスト 6.3

```
1  print(dat_df.dtypes)
```

実行すると、date（日時）は、object型であることがわかります。datetime型へ変換して扱えるようにしなければなりません。

表 6.1　データ各項目の型

項目名	データ型
date	object
Appliances	int64
lights	int64
T1	float64
RH_1	float64
T2	float64
RH_2	float64
T3	float64
RH_3	float64
T4	float64
RH_4	float64
T5	float64
RH_5	float64
dtype: object	

リスト 6.4

```
1 dat_df['date'] = pd.to_datetime(dat_df['date'], format='%Y-%m-%d %H:%M:%S')
2 print(dat_df['date'].dtypes)
3 print(type(dat_df['date'][0]))
```

to_datetime を使って、date の object 型を datetime 型へ変換します。フォーマットは、%Y（4 桁の年）-%m（2 桁の月）-%d（2 桁の日）%H（2 桁の時）:%M（2 桁の分）:%S（2 桁の秒）とします。

実行すると、date 列は datetime64 型、date 列の要素は Timestamp 型であることがわかります。

date 型の値をそのまま使わず、最初の日時からの経過時間（分）を扱うことにしましょう。まずは前行との時間差（分）を計算します。

リスト 6.5

```
1 dat_df['dif_min'] = dat_df['date'].diff().dt.total_seconds()/60
2 dat_df['dif_min'] = dat_df['diff_min'].fillna(0)
3 dat_df['dif_min'].head()
```

- 1 行目：**diff** を使って、1 行前の値との差分を計算します。その差分は **total_seconds** によって秒単位で返ってくるため、60 で割って分単位へと変換します。
- 2 行目：先頭要素は欠損値 NaN です。fillna を使って「0」で補完します。

実行すると、先頭から順に、10 分間隔のデータが得られます。データを 10 分間隔で取得していることは既知の情報ですが、後々の処理のため改めて計算しておきます。

表 6.2 dif_min に格納した時間差（分）

時間差 ID	時間差（分）
0	0.0
1	10.0
2	10.0
3	10.0
4	10.0
Name: diff_min, dtype: float64	

得られた時間差（分）から、経過時間（分）を計算します。

リスト 6.6

```
1 dat_df['cum_min'] = dat_df['dif_min'].cumsum()
2 dat_df[['date', 'cum_min']].head()
```

cumsum を使って、dif_min の累積和を求めます。実行して、元の日時 date と、経過時間（分）cum_min の値を確認してみましょう。

	date	cum_min
0	2016-01-11 17:00:00	0.0
1	2016-01-11 17:10:00	10.0
2	2016-01-11 17:20:00	20.0
3	2016-01-11 17:30:00	30.0
4	2016-01-11 17:40:00	40.0

図 6.3　時間の表示を比較

練習問題・1

経過時間（分）から経過時間（時）を計算してください。

1.3　欠損値の確認

データの行・列に含まれる欠損値の個数を調べてみましょう。

リスト 6.7

```
1 print(dat_df.isnull().sum(axis=1).sort_values(ascending=False))
2 print(dat_df.isnull().sum(axis=0))
```

実行すると、各データ行の欠損値数と各項目列の欠損値数がわかります。

表 6.3 データ行の欠損値の個数

行番号	欠損値の個数
8586	1
11427	1
9699	1
14047	1
8604	1
5790	0
5791	0
⋮	⋮
11607	0
11606	0
0	0
Length: 17424, dtype: int64	

表 6.4 データ列の欠損値の個数

項目名	欠損値の個数
date	0
Appliances	0
lights	0
T1	1
RH_1	0
T2	0
RH_2	1
T3	2
RH_3	0
T4	0
RH_4	0
T5	1
RH_5	0
dif_min	0
cum_min	0
cum_hour	0
dtype: int64	

行・列ともに、いくつか欠損値が見つかりました。欠損値行が全体の件数に占める割合はわずかです。これらの行をデータセットから除外してもよいのですが、本章では補完することにしましょう。

1.4 統計量の計算

各項目の統計量を計算してみましょう。

リスト 6.8

```
1  dat_df.describe()
```

実行すると、count（件数）、mean（平均値）、std（標準偏差）、min（最小値）、25%（第一四分位数）、50%（第二四分位数，中央値）、75%（第三四分位数）、max（最大値）が表示されます。

	Appliances	lights	T1	RH_1	T2	RH_2	T3	RH_3	T4	RH_4	T5	RH_5
count	17424.000000	17424.000000	17423.000000	17424.000000	17424.000000	17423.000000	17422.000000	17424.000000	17424.000000	17424.000000	17423.000000	17424.000000
mean	97.136134	4.032943	21.370848	39.892301	19.960777	40.209553	21.851889	39.165869	20.437045	38.753288	19.198926	51.053839
std	103.247863	8.131761	1.407637	3.716096	1.949825	3.836293	1.705699	3.210397	1.775985	4.274644	1.525227	9.092618
min	10.000000	0.000000	16.790000	27.023333	16.100000	20.463333	17.200000	30.663333	15.100000	27.660000	15.330000	29.815000
25%	50.000000	0.000000	20.600000	37.163333	18.666667	37.863333	20.600000	36.790000	19.338333	35.326667	18.100000	45.400000
50%	60.000000	0.000000	21.390000	39.326667	19.700000	40.360000	21.790000	38.420667	20.390000	38.133333	19.100000	48.900000
75%	100.000000	0.000000	22.200000	42.566875	20.926667	43.000000	22.890000	41.433333	21.500000	41.658333	20.200000	53.830278
max	1080.000000	70.000000	25.700000	63.360000	29.856667	56.026667	27.600000	50.163333	26.200000	51.090000	25.745000	96.321667

図 6.4　項目の各種統計量（の一部）

練習問題・2

経過時間（時）ごとの平均値と標準偏差を計算してください。事前に、練習問題・1 を解いておいてください。

1.5　データの可視化

Matplotlib を使って、データを可視化し分布を確認します。横軸に経過時間（分）cum_min、縦軸に家電の電力使用量 Appliances をとって、折れ線グラフで描画します。

リスト 6.9

```
1  import matplotlib.pyplot as plt
2  %matplotlib inline
3  
4  plt.plot(dat_df['cum_min'], dat_df['Appliances'])
5  
6  plt.xlabel('cum_min')
7  plt.ylabel('Appliances')
8  plt.show()
```

実行すると、Appliances の挙動が見られます。データセット全期間を描画すると、全体の傾向はわかります。より細部の挙動を見たければ、期間を絞って描画するとよいでしょう。

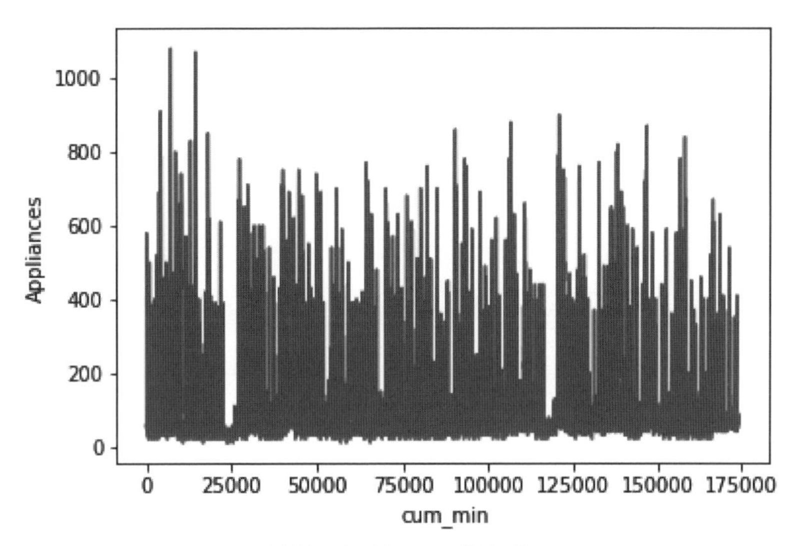

図 6.5　Appliances の値の推移

練習問題・3

台所の温度（T1）、リビングの温度（T2）、洗濯室の温度（T3）の折れ線グラフを 1 枚に描画してください。

第 3 章で実装したヒストグラムや箱ひげ図、散布図行列などのツールも利用して、様々な形でデータを可視化し、理解を深めてください。

ここまでの実装で、1 つのノートブックとしましょう。内容を保存して、ノートブックを再利用できるようダウンロードしておいてください。

2 データ準備

前節の作業で発見したデータの性質を元に、ここからはデータを前処理していきましょう。モデル作成のために、アルゴリズムが受け付ける形へデータを加工・整形します。

2.1 データの読み込みと確認

新しくノートブックを作成して、前節のリスト6.1と同じく、先頭セルに、前処理の対象となるデータを読み込むコードを記述します。

リスト 6.10

```
1  import pandas as pd
2
3  dat_df = pd.read_csv('energydata.csv', sep=',')
4  dat_df.head()
```

2.2 欠損値の補完

前節で、データ行に欠損値が存在することがわかりました。欠損値は一般的に、除外するか補完するかの処理を施します。ここでは補完することにしましょう。

第3章2節では、欠損値の補完方法には、0で補完する、定数で補完する、前後の値で補完する、項目の平均値で補完する、などがあると説明しました。

一方、時系列データは連続したデータであり、データ点の並びに意味があります。そのため、項目を「0」や定数や平均値で補完してしまうと、連続性が損なわれてしまいます。よって、前行の値や、前後の値から補完するほうがよといでしょう。

欠損値を含む行は、前節の表6.3で確認できます。そのうち1行を、前後数行を含めて表示してみましょう。

リスト 6.11

```
1  dat_df[8585:8588]
```

欠損値を含む行（インデックス8586）を含めて、前後2行を抽出します。

	date	Appliances	lights	T1	RH_1	T2	RH_2	T3	RH_3	T4	RH_4	T5	RH_5
8585	2016-03-11 07:50:00	70	0	20.2	37.160000	16.5	42.430000	20.39	37.500000	19.700000	34.360000	18.000000	46.660000
8586	2016-03-11 08:00:00	280	0	20.2	37.463333	16.6	42.766667	NaN	37.500000	19.700000	34.633333	18.066667	46.193333
8587	2016-03-11 08:10:00	180	10	20.2	37.530000	16.6	42.966667	20.29	37.363333	19.666667	34.723333	18.100000	45.723333

図 6.6　欠損値行の確認

これらの欠損値 NaN を補完していきましょう。まず、前行の値を代入する方法を試します。

リスト 6.12

```
1  dat_df[8585:8588].fillna(method='ffill')
```

fillna に引数「**method='ffill'**」を指定すれば、前行の値を代入します。次に、前後の値から補完する方法も試してみましょう。

リスト 6.13

```
1  dat_df = dat_df.interpolate()
2  dat_df[8585:8588]
```

interpolate を使って、欠損値行を前後の値の平均値で補完します。interpolate は、デフォルトで**線形補完**を行います。

	date	Appliances	lights	T1	RH_1	T2	RH_2	T3	RH_3	T4	RH_4	T5	RH_5
8585	2016-03-11 07:50:00	70	0	20.2	37.160000	16.5	42.430000	20.39	37.500000	19.700000	34.360000	18.000000	46.660000
8586	2016-03-11 08:00:00	280	0	20.2	37.463333	16.6	42.766667	20.39	37.500000	19.700000	34.633333	18.066667	46.193333
8587	2016-03-11 08:10:00	180	10	20.2	37.530000	16.6	42.966667	20.29	37.363333	19.666667	34.723333	18.100000	45.723333

	date	Appliances	lights	T1	RH_1	T2	RH_2	T3	RH_3	T4	RH_4	T5	RH_5
8585	2016-03-11 07:50:00	70	0	20.2	37.160000	16.5	42.430000	20.39	37.500000	19.700000	34.360000	18.000000	46.660000
8586	2016-03-11 08:00:00	280	0	20.2	37.463333	16.6	42.766667	20.34	37.500000	19.700000	34.633333	18.066667	46.193333
8587	2016-03-11 08:10:00	180	10	20.2	37.530000	16.6	42.966667	20.29	37.363333	19.666667	34.723333	18.100000	45.723333

図 6.7　前行の値で補完（上）と前後の値の平均値で補完（下）

データ列ごとの欠損値を確認してみましょう。各項目の欠損値数が「0」になっているはずです。本章では、前後の値の平均値で補完する方法を採用し、以降の実装を進めていきます。

2.3　時間軸の作成

分析の目標を覚えていますか？　「6時間ごとに電力消費量の異常を検出すること」でした。よって、何かしらの方法を使ってデータを6時間に集約してみましょう。

データを集約する時間軸は、経過時間から計算できます。リスト6.4～6.6を組み合わせて、経過時間（分）を計算してみましょう。

リスト 6.14

```
1 dat_df['date'] = pd.to_datetime(dat_df['date'], format='%Y-%m-%d %H:%M:%S')
2 dat_df['dif_min'] = dat_df['date'].diff().dt.total_seconds()/60
3 dat_df['dif_min'] = dat_df['dif_min'].fillna(0)
4 dat_df['cum_min'] = dat_df['dif_min'].cumsum()
5 dat_df[['date', 'cum_min']].head()
```

実行すると、図6.3と同じ結果を得られます。ここから、6時間の軸を計算していきましょう。

練習問題・4

経過時間（分）から、経過時間（6時間単位）を計算してください。

2.4　特徴量の作成・その1

Appliances から RH_5 までの各項目は、10分刻みの時系列データです。これら10分単位の特徴量をそのまま利用するのではなく、6時間単位の特徴量へと変換します。その変換には、先に計算した統計量を利用します。

6時間単位で、各項目の統計量（平均値と標準偏差）を計算してみましょう。まず、平均値と平均値を計算します。

リスト 6.15

```
1 dat_df = dat_df.drop(['date', 'dif_min', 'cum_min'], axis=1)
2 dat_df_mean = dat_df.groupby('cum_6hour').mean()
3
4 print(dat_df_mean.shape)
5 dat_df_mean.head()
```

- 2行目：**groupby** を使って、cum_6hour を集計キーとし、各項目の平均値を計算します。

作成したデータセットのサイズは484行・12列です。行数は、経過時間の6時間単位の連番です。列数はAppliancesからRH_5までの項目数です。

	Appliances	lights	T1	RH_1	T2	RH_2	T3	RH_3	T4	RH_4	T5	RH_5
cum_6hour												
0	150.000000	31.944444	20.688056	47.345394	20.023148	44.973287	20.111481	46.041875	19.255972	47.379074	17.761597	60.359861
1	81.944444	7.222222	20.858287	45.627708	20.227315	44.286435	20.213588	45.530833	20.740093	46.503634	18.898519	50.261273
2	83.333333	5.555556	19.860463	47.019213	19.140608	44.876698	20.149722	45.269306	19.349259	45.893611	18.163125	50.817454
3	101.111111	0.000000	20.037500	44.843009	19.103377	43.495476	19.907778	44.802407	19.748287	43.536204	17.835370	50.444111
4	78.611111	7.222222	19.947963	43.275394	19.113860	42.606633	19.788704	44.312037	19.555093	42.804491	17.477870	50.732546

図6.8 6時間単位の各項目の平均値

練習問題・5

6時間単位で、各項目の標準偏差を計算してください。

cum_6hourをキーにして、2つのデータセットを結合しましょう。

リスト6.16

```
1 dat_features = pd.merge(dat_df_mean, dat_df_std, left_index=True, right_index=True)
2
3 print(dat_features.shape)
4 dat_features.head()
```

作成したデータセットのサイズは484行・24列です。dat_df_meanとdat_df_stdはそれぞれ12列ずつのため、結合して倍の24列になります。

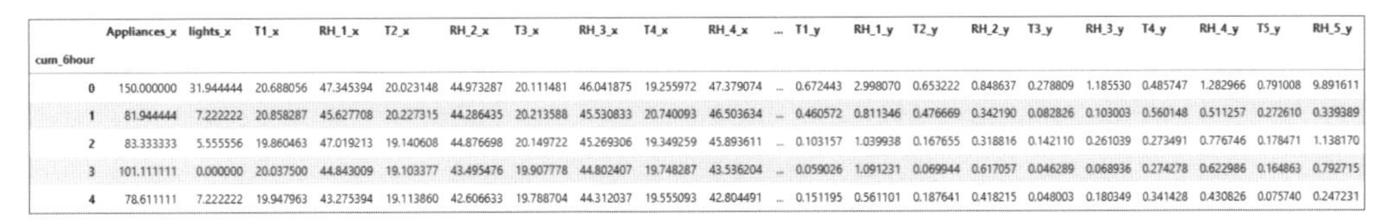

	Appliances_x	lights_x	T1_x	RH_1_x	T2_x	RH_2_x	T3_x	RH_3_x	T4_x	RH_4_x	...	T1_y	RH_1_y	T2_y	RH_2_y	T3_y	RH_3_y	T4_y	RH_4_y	T5_y	RH_5_y
cum_6hour																					
0	150.000000	31.944444	20.688056	47.345394	20.023148	44.973287	20.111481	46.041875	19.255972	47.379074	...	0.672443	2.998070	0.653222	0.848637	0.278809	1.185530	0.485747	1.282966	0.791008	9.891611
1	81.944444	7.222222	20.858287	45.627708	20.227315	44.286435	20.213588	45.530833	20.740093	46.503634	...	0.460572	0.811346	0.476669	0.342190	0.082826	0.103003	0.560148	0.511257	0.272610	0.339389
2	83.333333	5.555556	19.860463	47.019213	19.140608	44.876698	20.149722	45.269306	19.349259	45.893611	...	0.103157	1.039938	0.167655	0.318816	0.142110	0.261039	0.273491	0.776746	0.178471	1.138170
3	101.111111	0.000000	20.037500	44.843009	19.103377	43.495476	19.907778	44.802407	19.748287	43.536204	...	0.059026	1.091231	0.069944	0.617057	0.046289	0.068936	0.274278	0.622986	0.164863	0.792715
4	78.611111	7.222222	19.947963	43.275394	19.113860	42.606633	19.788704	44.312037	19.555093	42.804491	...	0.151195	0.561101	0.187641	0.418215	0.048003	0.180349	0.341428	0.430826	0.075740	0.247231

図6.9 平均値と標準偏差の結果を結合

また、dat_df_meanとdat_df_stdの項目名は同じなので、結合すると項目名が重複してしまいます。そのため、左テーブルにあたるdat_df_meaの各項目名には「_x」が付与され、右テーブルにあたるdat_df_stdの各項目名には「_y」が追加で付与されています。

2.5 目的変数の作成

電力消費量の異常が起こった日時のログ event.csv を使って、目的変数を作成していきます。まず、ファイルの読み込みから始めましょう。

リスト 6.17

```
1  event_df = pd.read_csv('event.csv', sep=',')
2  event_df.head()
```

このデータには日付 date のみが格納されています。

	date
0	2016-01-12 10:00:00
1	2016-01-13 21:00:00
2	2016-01-14 10:00:00
3	2016-01-14 16:00:00
4	2016-01-14 17:00:00

図 6.10　event.csv のデータ

リスト 6.14 と練習問題・4 を参考にして、データを集約する時間軸を作成しましょう。

リスト 6.18

```
1  import datetime as dt
2
3  event_df['date'] = pd.to_datetime(event_df['date'], format='%Y-%m-%d %H:%M:%S')
4
5  base_time = '2016-01-11 17:00:00'
6  event_df['dif_min'] = event_df['date'] - dt.datetime.strptime(base_time, '%Y-%m-%d
%H:%M:%S')
7  event_df['dif_min'] = event_df['dif_min'].dt.total_seconds()/60
8  event_df['cum_6hour'] = (event_df['dif_min']/360).round(2).astype(int)
9
10 event_df.head()
```

● 5 行目：基準日時をセットします。

● 6 行目：基準日時を datetime 型へ変換し、各日時との時間差を計算します。

	date	dif_min	cum_6hour
0	2016-01-12 10:00:00	1020.0	2
1	2016-01-13 21:00:00	3120.0	8
2	2016-01-14 10:00:00	3900.0	10
3	2016-01-14 16:00:00	4260.0	11
4	2016-01-14 17:00:00	4320.0	12

図 6.11　6 時間単位の ID 付与

リスト 6.19

```
1 event_df['event'] = 1
2
3 event_df = event_df[['cum_6hour', 'event']]
4 event_df = event_df[~event_df.duplicated()]
5
6 event_df = event_df.set_index(['cum_6hour'])
7 event_df.head()
```

● 1 行目：異常発生を意味するフラグ「1」を立てます。

● 4 行目：**duplicated** を使って、重複行を除外します。同一時間帯に複数のフラグが存在しても、等しく単一のフラグとみなします。

● 6 行目：set_index を使って、cum_6hour をインデックス化します。

	event
cum_6hour	
2	1
8	1
10	1
11	1
12	1

図 6.12　目的変数の作成

先に作成しておいた特徴量と目的変数を結合します。

リスト 6.20

```
1  dat_event = dat_features.join(event_df, how='left')
2  dat_event = dat_event.fillna(0)
3
4  print(dat_event.shape)
5  dat_event.head()
```

- 1 行目：特徴量テーブル dat_features と目的変数テーブル event_df を左結合します。
- 2 行目：目的変数 event の欠損値を「0」で補完します。

実行すると、データセットのサイズは 484 行・25 列となります。

cum_6hour	Appliances_x	lights_x	T1_x	…	RH_4_y	T5_y	RH_5_y	event
0	150.000000	31.944444	20.688056		1.282966	0.791008	9.891611	0.0
1	81.944444	7.222222	20.858287		0.511257	0.272610	0.339389	0.0
2	83.333333	5.555556	19.860463	…	0.776746	0.178471	1.138170	1.0
3	101.111111	0.000000	20.037500		0.622986	0.164863	0.792715	0.0
4	78.611111	7.222222	19.947963		0.430826	0.075740	0.247231	0.0

図 6.13　特徴量と目的変数の結合

特徴量は平均値と標準偏差を併せて 24 列あり、目的変数は 1 列あります。この後は、第 3 章 3 節と同じ手順を踏み、event 列の「0」と「1」を分類する 2 値分類モデルを作成することができます。

2.6　特徴量の作成・その 2

先に作成した特徴量は、各項目の 6 時間分の時系列データ 36 点を 1 点へ集約しています。情報を集約しすぎると、本質が埋もれてしまう可能性があることに注意してください。

これを防ぐために、スライド窓を使って、より細かに特徴量を作成することもできます。つまり、時系列データに対し一定の幅を持つ窓を作成し、データを 1 個ずつスライドさせながら部分時系列を抽出して、その区間の統計量（平均値や標準偏差）を特徴量とするわけです。

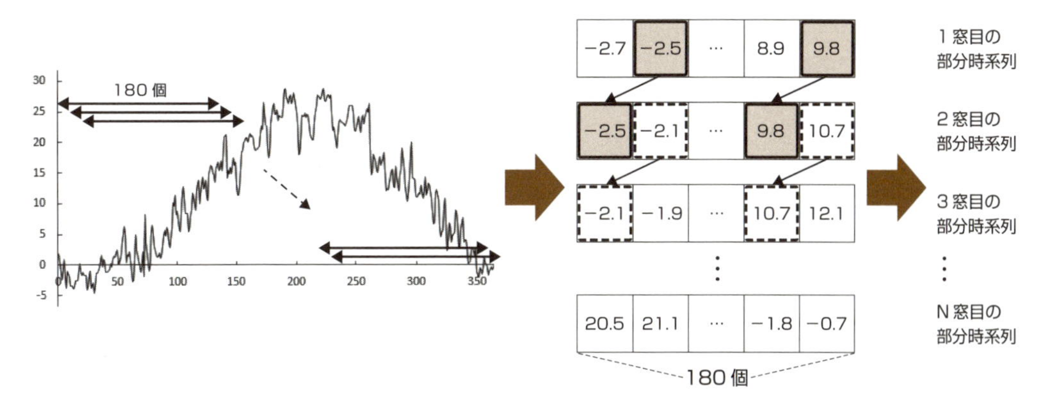

図 6.14　部分時系列の抽出と統計量の計算

ある 6 時間分の時系列データを対象に、スライド窓を使って特徴量を抽出してみましょう。

リスト 6.21

```
1  tmp = dat_df[dat_df['cum_6hour'] == 0]
2  tmp = tmp.drop(['cum_6hour'], axis=1)
3
4  tmp = tmp.rolling(6).mean()
5  tmp = tmp.dropna()
6
7  tmp
```

- 1〜2 行目：最初の 6 時間の時系列データを抽出し、特徴量作成に使用するデータから cum_6hour を除外します。
- 4 行目：**rolling** を使ってスライド窓のオブジェクトを生成します。引数には窓のサイズ 6（1 時間分）を指定します。続けて mean を使い、窓の区間の平均値を計算します。
- 5 行目：先頭から 5 行目までは欠損しているため、データセットから除外します。

実行すると、サイズ 31 行・12 列のデータセットが作成されます。データセットのインデックスが、各スライド窓のインデックスに相当します。各項目と各スライド窓の平均値がまとめて格納されています。

	Appliances	lights	T1	RH_1	T2	RH_2	T3	RH_3	T4	RH_4	T5	RH_5
5	55.000000	35.000000	19.890000	46.502778	19.200000	44.626528	19.790000	44.897778	18.932778	45.738750	17.166667	55.116667
6	55.000000	38.333333	19.890000	46.197778	19.200000	44.578194	19.790000	44.926111	18.914444	45.775972	17.155556	55.077778
7	55.000000	41.666667	19.884444	46.008889	19.200000	44.541111	19.780000	44.944444	18.896111	45.754444	17.144444	55.027778
8	56.666667	43.333333	19.867778	45.891806	19.200000	44.508889	19.770000	44.920556	18.890000	45.737778	17.144444	55.012778
9	60.000000	43.333333	19.862222	45.895694	19.205000	44.477222	19.770000	44.897778	18.890000	45.800000	17.133333	54.997778

図 6.15　スライド窓を使った平均値

得られた特徴量を、機械学習のアルゴリズムが受け付ける形に整形します。

リスト 6.22

```
1   import numpy as np
2
3   tmp2 = (np.array(tmp['Appliances']).tolist() + np.array(tmp['lights']).tolist() +
4          np.array(tmp['T1']).tolist() + np.array(tmp['RH_1']).tolist() +
5          np.array(tmp['T2']).tolist() + np.array(tmp['RH_2']).tolist() +
6          np.array(tmp['T3']).tolist() + np.array(tmp['RH_3']).tolist() +
7          np.array(tmp['T4']).tolist() + np.array(tmp['RH_4']).tolist() +
8          np.array(tmp['T5']).tolist() + np.array(tmp['RH_5']).tolist())
9
10 print(len(tmp2))
11 pd.DataFrame(tmp2).T
```

実行すると、6 時間単位の特徴量は 372 個あるとわかります。これを行で表現すると、次のような形になります。

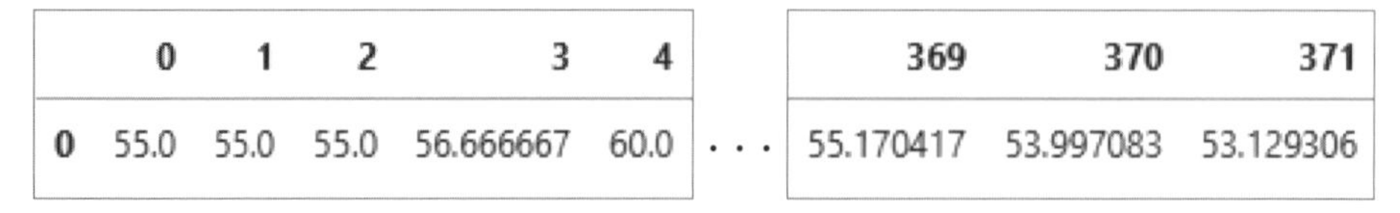

	0	1	2	3	4		369	370	371
0	55.0	55.0	55.0	56.666667	60.0	・・・	55.170417	53.997083	53.129306

図 6.16　6 時間単位の特徴量

左の列から順に、Appliances の 1 窓目の平均値、2 窓目の平均値、……lights の 1 窓目の平均値、2 窓目の平均値……という並びになります。

練習問題・6

6 時間単位の時系列データ全てを対象にして、スライド窓を使って特徴量（平均値と標準偏差）を抽出してください。

練習問題・6で作成した特徴量セットと目的変数を結合します。

リスト 6.23

```
1  tmp3 = dat_event[['event']]
2  dat_event2 = pd.concat([dat_slide_features, tmp3], axis=1)
3
4  print(dat_event2.shape)
5  dat_event2.head()
```

実行すると、データセットのサイズは484行・745列となります。

	0	1	2	3	4	…	741	742	743	event
0	55.000000	55.000000	55.000000	56.666667	60.000000		55.170417	53.997083	53.129306	0.0
1	56.666667	53.333333	48.333333	46.666667	43.333333		50.000000	50.000000	50.000000	0.0
2	43.333333	43.333333	46.666667	46.666667	45.000000		49.995556	49.783333	49.640000	1.0
3	55.000000	56.666667	80.000000	108.333333	126.666667		51.010000	51.004444	50.987778	0.0
4	218.333333	221.666667	226.666667	203.333333	146.666667		50.350000	50.371667	50.427778	0.0

図 6.17 特徴量と目的変数の結合

特徴量は平均値と標準偏差を併せて744列あり、目的変数は1列あります。この後は、第3章3節と同じ手順を踏み、event列の「0」と「1」を分類する2値分類モデルを作成することができます。

なお、スライド窓を使って特徴量を作成すると、特徴量の数は膨大になりがちです。そのため、モデル作成フェーズでは、結果に対して影響のある特徴量を選択する作業も必要です。

今回は、機械学習のアルゴリズムが受け付けるよう、特徴量を作成することに注力しました。深層学習のアルゴリズムが受け付けるように、特徴量を作成することもできます。その場合は、時系列データセットから抽出する部分時系列そのものを、特徴量として使用します。

製造業でよくある時系列センサログを使った機械の故障予測・異常検知の事例では、予測することと併せて、結果の根拠を説明することが多々あります。しかし、深層学習モデルでは結果を説明できませんから、必然的に機械学習モデルを使用することになります。

ここまでの実装で、1つのノートブックとしましょう。内容を保存して、ノートブックを再利用できるようダウンロードしておいてください。

3　教師データの作成

前節では、「いつ異常が発生したか」という目的変数が用意されていました。実際は、異常が発生することはそう多くありません。つまり、目的変数として使える教師データが圧倒的に少ないわけです。

このような場合、正常である多数クラスと異常である少数クラスでは、データ件数が非常に不均衡です。ところが、多数クラスをアンダーサンプリングして少数クラスのデータ件数に合わせようとすると、学習に使用するデータ件数が非常に少なくなってしまいます。逆に、少数クラスをオーバーサンプリングして多数クラスのデータ件数に合わせようとすると、少数クラスのデータ件数が少ないため、生成できるデータのパターンに限りがあります。

また、そもそも異常発生のログがない場合もあります。例えば、人が異常の兆候を察知して、事前に手を打ったため、記録に残されていないだけかもしれません。このような場合、異常の兆候を数値化して教師データとする手があります。

ここではその方法について、機械学習と深層学習のアルゴリズムを使ったものを1つずつ説明します。

3.1　データの読み込みと確認

新しくノートブックを作成し、以下のコードを実装していきましょう。

リスト 6.24

```
1  import pandas as pd
2
3  dat_df = pd.read_csv('energydata.csv', sep=',')[['date', 'Appliances']]
4  dat_df['date'] = pd.to_datetime(dat_df['date'], format='%Y-%m-%d %H:%M:%S')
5
6  dat_df.head()
```

- 3行目：energydata.csv に含まれる日付 date と、家電の電力使用量 Appliances 列のみを読み込みます。ここでは、Appliances の挙動データを使って異常の兆候を検出します。
- 4行目：date 列のデータ型を、datetime 型へ変換します。

	date	Appliances
0	2016-01-11 17:00:00	60
1	2016-01-11 17:10:00	60
2	2016-01-11 17:20:00	50
3	2016-01-11 17:30:00	50
4	2016-01-11 17:40:00	60

図 6.18　date と Appliances の読み込み

date を x 軸、Appliances を y 軸とし、可視化してみましょう。

リスト 6.25

```
1  import matplotlib.pyplot as plt
2  %matplotlib inline
3
4  plt.plot(dat_df['date'], dat_df['Appliances'])
5  plt.xlabel('date')
6  plt.xticks(rotation=30)
7  plt.ylabel('Appliances')
8  plt.show()
```

- 5 行目：x 軸のラベルが重なるため、rotation で 30 度回転させます。

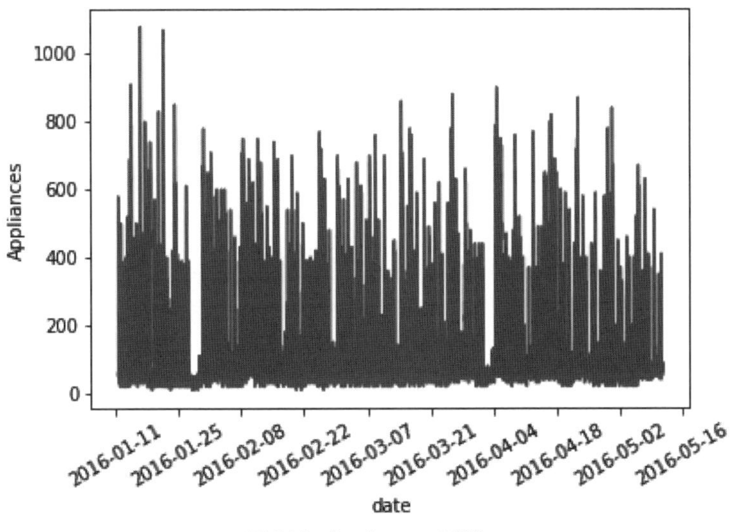

図 6.19　Appliances の挙動

以上で、電力使用量 Appliances の時間変化を可視化できました。人間が自分の目で見て確認すれば、通常とは異なる挙動を発見できます。次は、人間ではなく機械に、通常と異なる挙動を発見してもらいましょう。

3.2 k-NN 法による教師データ作成

第3章3節で説明したk-NN法を使って、異常の兆候を検出してみましょう。前節の図6.14で説明したように、データから部分時系列を作成します。そして、作成した部分時系列間の距離を測り、その距離を異常スコアとします[3]。

まず、データを訓練用とテスト用に分割します。

リスト 6.26

```
1  train = dat_df[dat_df['date'] < '2016-04-11 17:00:00']
2  print(train.shape)
3
4  test = dat_df[dat_df['date'] >= '2016-04-11 17:00:00']
5  print(test.shape)
```

訓練データは、2016年1月11日17時00分から2016年4月11日16時50分までの13104点、テストデータは、2016年4月11日16時50分までの4320点とします。

続いて、第4章1節と同じく範囲変換を使って、データの値が0から1に収まるよう正規化します。

リスト 6.27

```
1  from sklearn.preprocessing import MinMaxScaler
2
3  mc = MinMaxScaler()
4  train = mc.fit_transform(train[['Appliances']])
5  test = mc.fit_transform(test[['Appliances']])
```

訓練データの部分時系列を作成していきましょう。スライド窓の幅は、144（1日分のデータ点）とします。

リスト 6.28

```
1  width = 144
2  train = train.flatten()
3  train_vec = []
4
5  for i in range(len(train)-width):
6      train_vec.append(train[i:i+width])
7
8  print(pd.DataFrame(train_vec).shape)
9  pd.DataFrame(train_vec).head()
```

- 5〜6 行目：Appliances を対象にして、スライド窓を 1 データ点ずつ、ずらしながら部分時系列を作成していきます。

作成した部分時系列のサイズは 12960 行、144 列です。部分時系列の値の一部を確認してみましょう。1 データ点ずつ、ずれながら、データセットが作成できていることがわかります。

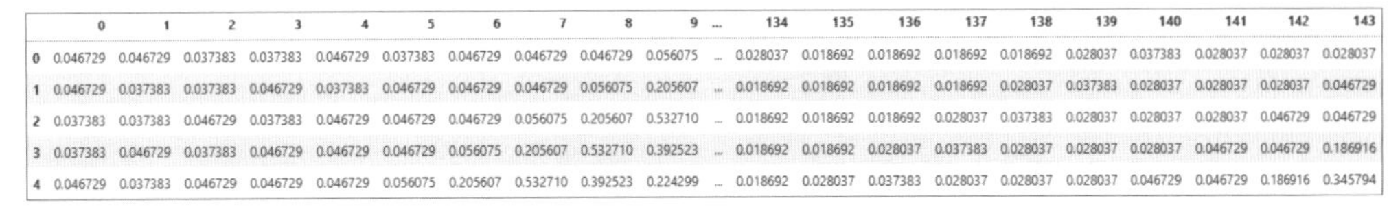

	0	1	2	3	4	5	6	7	8	9	...	134	135	136	137	138	139	140	141	142	143
0	0.046729	0.046729	0.037383	0.037383	0.046729	0.037383	0.046729	0.046729	0.046729	0.056075	...	0.028037	0.018692	0.018692	0.018692	0.018692	0.028037	0.037383	0.028037	0.028037	0.028037
1	0.046729	0.037383	0.037383	0.046729	0.037383	0.046729	0.046729	0.046729	0.056075	0.205607	...	0.018692	0.018692	0.018692	0.018692	0.028037	0.037383	0.028037	0.028037	0.028037	0.046729
2	0.037383	0.037383	0.046729	0.037383	0.046729	0.046729	0.046729	0.056075	0.205607	0.532710	...	0.018692	0.018692	0.018692	0.028037	0.037383	0.028037	0.028037	0.028037	0.046729	0.046729
3	0.037383	0.046729	0.037383	0.046729	0.046729	0.046729	0.056075	0.205607	0.532710	0.392523	...	0.018692	0.018692	0.028037	0.037383	0.028037	0.028037	0.028037	0.046729	0.046729	0.186916
4	0.046729	0.037383	0.046729	0.046729	0.046729	0.056075	0.205607	0.532710	0.392523	0.224299	...	0.018692	0.028037	0.037383	0.028037	0.028037	0.028037	0.046729	0.046729	0.186916	0.345794

図 6.20　訓練データの部分時系列

練習問題・7

テストデータの部分時系列を作成してください。

k-NN モデルを作成して、部分時系列の波形の距離（類似度）を測定します。波形が類似していれば距離が小さく、類似していなければ距離は大きくなります。

リスト 6.29

```
1  from sklearn.neighbors import NearestNeighbors
2
3  train_vec = np.array(train_vec)
4  test_vec = np.array(test_vec)
5
6  model = NearestNeighbors(n_neighbors=1)
7  model.fit(train_vec)
```

```
8
9  dist, _ = model.kneighbors(test_vec)
10 dist = dist / np.max(dist)
11
12 plt.plot(dist)
13 plt.show()
```

- 6〜7行目：「k = 1」とし、最も近い波形との距離を測るモデルを作成します。
- 9〜10行目：作成したモデルをテストデータに適用し、出力値と入力値の距離を測ります。距離は0から1の間に収まるように正規化します。

距離を異常スコアとして閾値を設けると、閾値を越える箇所は異常であるとみなせます。正常なら「0」、異常なら「1」のフラグを立てて教師データを作成すれば、閾値を越える箇所が「1」になります。

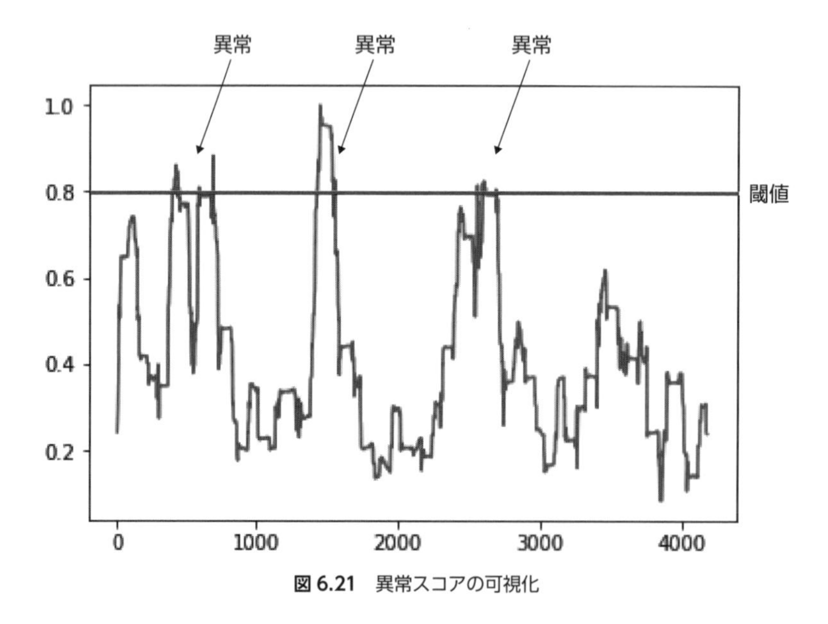

図6.21　異常スコアの可視化

これで、目的変数を作成できました。後は、前節と同じく特徴量と結合してデータセットを作成すればよいでしょう。

3.3 オートエンコーダの仕組み

自己符号化器（**オートエンコーダ**, AutoEncoder, AE）は、ニューラルネットワークの中の1つのネットワークの形です。オートエンコーダは入力層、中間層、出力層で構成されます。ただし、入力層と出力層のノード数は同じにします。また、教師なし学習、次元圧縮のアルゴリズムであるため、入力されるのは説明変数のみです。

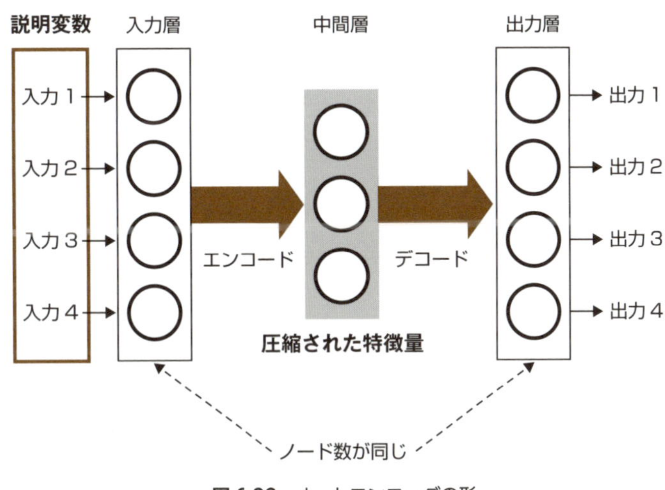

図6.22 オートエンコーダの形

出力値が入力値に近付くよう、つまり2つの値の誤差を小さくするよう学習し、モデルを作成します。このとき、入力層から中間層に向けて情報量を圧縮し（エンコード）、中間層から出力層に向けて情報を復元しています（デコード）。中間層からは、圧縮された入力の特徴量を取り出すことができます。

3.4 オートエンコーダによる教師データの作成

オートエンコーダの自分自身を再現するという性質を使って、異常の兆候を検出してみましょう。出力値と入力値の差（予測誤差）を異常スコアとします。

第5章で説明した深層学習のパッケージKeras（バックにTensorFlow）を利用しましょう。

リスト 6.30

```
1  !pip install keras
```

実行して、最後に「Successfully installed…」から始まるメッセージが表示されればインストール完了です。

オートエンコーダ・ネットワークを作成していきます。

リスト 6.31

```
1  from keras.models import Sequential
2  from keras.layers import Dense
3
4  model = Sequential()
5  model.add(Dense(128, activation='relu', input_shape=(144,)))
6  model.add(Dense(64, activation='relu'))
7  model.add(Dense(32, activation='relu'))
8  model.add(Dense(64, activation='relu'))
9  model.add(Dense(128, activation='relu'))
10 model.add(Dense(144, activation='sigmoid'))
11
12 model.summary()
```

- 4行目：**Sequential** モデルを作成します。
- 5行目：**input_shape** には、特徴量の数である 144 を指定します。これが入力層にあたります。
- 5〜9行目：**Dense** を使って中間層を5層作成します。各層のノード数は、1層目は 128 個、2層目は 64 個、3層目は 32 個、4層目は 64 個、5層目は 128 個とします。各層の活性化関数には ReLU 関数を使用します。
- 10行目：出力層は入力層と同じく、ノード数は 144 個とします。活性化関数はシグモイド関数を使用します。
- 12行目：作成したネットワークを確認します。

実行すると、各層の出力サイズとパラメータ数が表示されます。

```
_________________________________________________________________
Layer (type)                 Output Shape              Param #
=================================================================
dense_1 (Dense)              (None, 128)               18560
_________________________________________________________________
dense_2 (Dense)              (None, 64)                8256
_________________________________________________________________
dense_3 (Dense)              (None, 32)                2080
_________________________________________________________________
dense_4 (Dense)              (None, 64)                2112
_________________________________________________________________
dense_5 (Dense)              (None, 128)               8320
_________________________________________________________________
dense_6 (Dense)              (None, 144)               18576
=================================================================
Total params: 57,904
Trainable params: 57,904
Non-trainable params: 0
_________________________________________________________________
```

図 6.23 オートエンコーダ・ネットワークの構造

学習条件をセットし、学習を実行しましょう。

リスト 6.32

```
1  model.compile(loss='mse', optimizer='adam')
2  hist = model.fit(train_vec, train_vec, batch_size=128,
3                   verbose=1, epochs=20, validation_split=0.2)
```

- 1 行目：**compile** を使って学習条件をセットします。誤差関数 loss は平均二乗誤差 **mse** とし、最適化手法 optimizer は Adam 法 **adam** とします。
- 2～3 行目：**fit** を使って学習を実行します。引数の指定は次のとおりです。
  - 1 番目：説明変数を指定します。ここでは train_vec です。
  - 2 番目：目的変数を指定します。ここでは train_vec です。
  - 3 番目：ミニバッチ数 batch_size を指定します。ここでは 128 です。
  - 4 番目：学習状況の進捗 verbose の表示形式を指定します。ここでは 1（バーで表示）です。
  - 5 番目：エポック数 epochs を指定します。ここでは 20 です。
  - 6 番目：訓練データのうち検証に使用するデータの比率 validation_split を指定します。ここでは 0.2 です。

実行すると、モデルの学習（訓練と検証）が始まります。

実行結果1

```
Train on 10368 samples, validate on 2592 samples
Epoch 1/20
10368/10368 [==============================] - 2s 154us/step - loss: 0.0504 - val_loss:
0.0169
Epoch 2/20
10368/10368 [==============================] - 1s 125us/step - loss: 0.0167 - val_loss:
0.0169
・・・（続く）
Epoch 20/20
10368/10368 [==============================] - 1s 124us/step - loss: 0.0043 - val_loss:
0.0039
```

学習が終了したら、エポック数ごとの誤差を描画し、誤差の収束具合を確認してみましょう。

リスト6.33

```
1 plt.plot(hist.history['loss'], label='loss')
2 plt.plot(hist.history['val_loss'], label='val_loss')
3 plt.ylabel('loss')
4 plt.xlabel('epoch')
5 plt.legend()
6 plt.show()
```

x軸にエポック数をとり、y軸に訓練・検証データの誤差をとって描画します。

また、テストデータの値とモデルにテストデータを適用したときの出力値を描画して、挙動を比較してみましょう。

リスト6.34

```
1 pred = model.predict(test_vec)
2
3 plt.plot(test_vec[:,0], label='test')
4 plt.plot(pred[:,0], label='pred')
5 plt.legend()
6 plt.show()
```

- 1行目：**predict**を使って、学習したモデルmodelにテストデータtest_vecを適用し、出力値predを得ます。

● 3～4 行目：テストデータの元の値と出力値を描画します。ここで、どちらも部分時系列に変換しているため、先頭列のデータを取得しておきましょう。

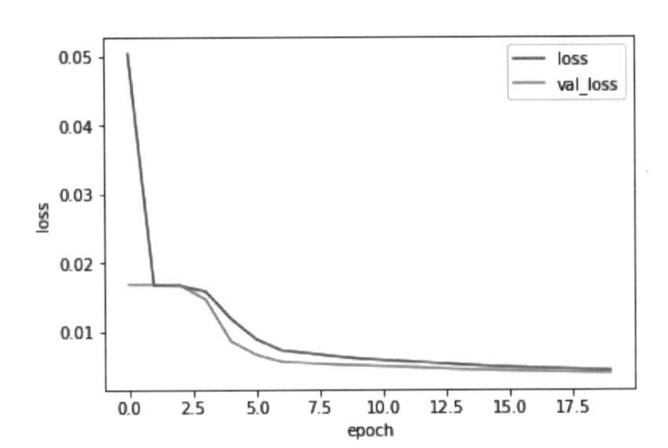

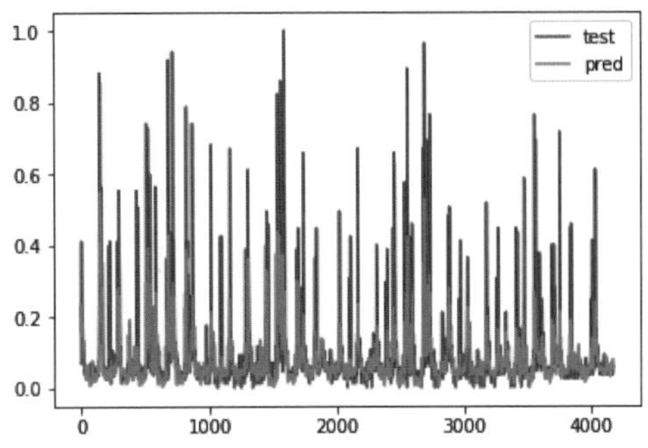

図 6.24　誤差とテストデータの可視化

誤差は、エポックを経るごとに収束していることがわかります。また、モデルの出力値の挙動は元の値の挙動を追従していますが、大きさが違います。このことは、ネットワークが浅いこと、エポック数が 20 と少なめに学習したことが原因として考えられます。ネットワークをより深く、エポック数をより多く設定して、学習してみてください。

最後に、異常スコアを計算しましょう。テストデータの元の値と出力値の差（予測誤差）を異常スコアとします。

リスト 6.35

```
1  dist = test_vec[:,0] - pred[:,0]
2  dist = pow(dist, 2)
3  dist = dist / np.max(dist)
4
5  plt.plot(dist)
6  plt.show()
```

● 2～3 行目：テストデータの元の値と出力値の差は、正負の値をとるため二乗しておきます。そして、0 から 1 の間に収まるように正規化します。

異常スコアに閾値を設けると、閾値を越える箇所は異常とみなすことができます。正常なら「0」、異常なら「1」のフラグを立てて教師データを作成すれば、閾値を越える箇所が「1」になります。

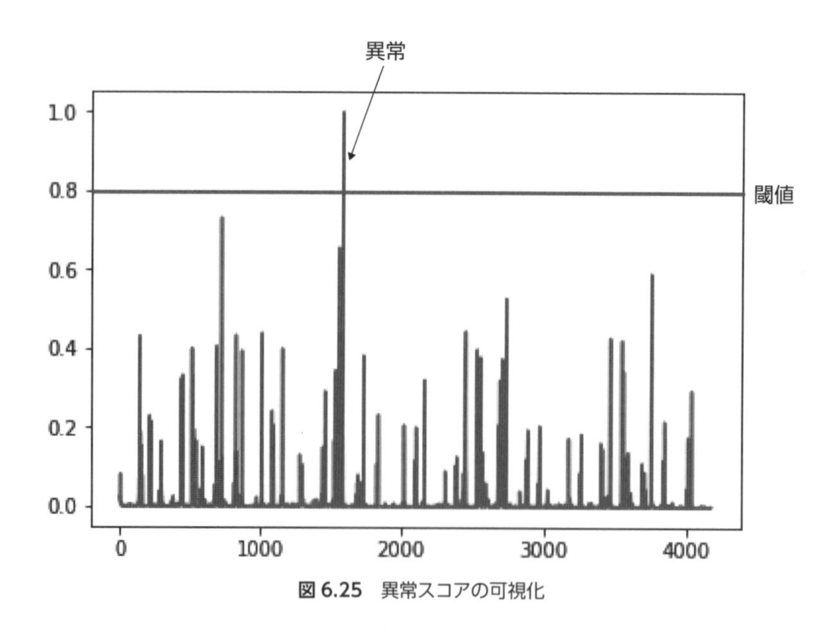

図 6.25　異常スコアの可視化

これで目的変数を作成できました。後は、前節と同じく特徴量と結合してデータセットを作成すればよいでしょう。

第 6 章まとめ

本章では、分析の目標を「6 時間ごとに電力消費量の異常を検出すること」とあらかじめ設定しておき、時系列データを対象にした前処理の方法を主に学びました。

データ理解のフェーズでは、時系列データの特性を学びました。時系列データは、値の並びに意味があります。そのため、データに欠損値が含まれるとき、単純に平均値や定数では補完できません。よく使われるのは、前後の値から補完する方法です。

データ準備フェーズでは、分類モデルを作成するために、機械学習のアルゴリズムが受け付ける形へと前処理する方法を学びました。各データ点をそのまま特徴量として利用することもできますが、次元数が膨大になり過学習に陥る可能性があります。そのため、2 つの方法で特徴量を作成することにしました。

前半は、一定の時間区間でデータの各種統計量（平均値や標準偏差など）を計算し、データを集約して特徴量としました。後半は、一定の時間区間のデータの統計量によってデータを 1 つに集約するのではなく、一定の時間区間の中でスライド窓を生成しずらしながら複数の統計量を計算してデータを集約して特徴量としました。前者よりも後者のほうが、データの特徴を、より細かに得られるメリットがあります。そして、一般的に後者の方法がよく使われます。

また、異常が発生した記録がないときに、異常の兆候を教師データとして作成する方法も学びました。ここでは代表例として、機械学習のアルゴリズム k-NN 法を使ったものと、深層学習のアルゴリズムであるオートエンコーダを使ったものを挙げました。どちらもデータの元の値とモデルに適用した出力値との距離を計算し、それを異常スコアとしました。そして、異常スコアに閾値を設け、閾値を越える箇所にフラグを立てることで、教師データを作成できることを示しました。

時系列データの分類モデルは、課題に応じて、機械学習と深層学習アルゴリズムを使い分けて作成するとよいでしょう。本編では、製造業によくある事例を説明しました。予測とともに、結果の根拠についての説明も必要なら、機械学習モデルを作成します。予測の精度を可能な限り高めて、結果の根拠を説明することは二の次なら、深層学習モデルを作成しましょう。

時系列データの前処理はここまでにしておき、次章では、自然言語データの前処理を学んでいきましょう。

出典

[1] https://archive.ics.uci.edu/ml/datasets/Appliances+energy+prediction

[2] https://archive.ics.uci.edu/ml/datasets.php

[3] 井手剛著『入門 機械学習による異常検知－ R による実践ガイド－』コロナ社、2015 年

第 6 章　練習問題の解答

練習問題・1

リスト 6A.1

```
1  dat_df['cum_hour'] = (dat_df['cum_min']/60).round(2).astype(int)
2  dat_df[['date', 'cum_min', 'cum_hour']].head(10)
```

データは 10 分間ごとに蓄積されています。1 時間は 60 分であることを踏まえ、1 時間単位で連番を付与していきます。

実行結果

実行すると、1 時間単位の連番は 0〜2903 の値をとります。データの時間範囲は、2016 年 1 月 11 日 17 時 00 分〜2016 年 5 月 11 日 16 時 50 分です。この 4 カ月分を 1 日から 1 時間へ変換すれば、得られた連番の長さに相当します。

	date	cum_min	cum_hour
0	2016-01-11 17:00:00	0.0	0
1	2016-01-11 17:10:00	10.0	0
2	2016-01-11 17:20:00	20.0	0
3	2016-01-11 17:30:00	30.0	0
4	2016-01-11 17:40:00	40.0	0
5	2016-01-11 17:50:00	50.0	0
6	2016-01-11 18:00:00	60.0	1
7	2016-01-11 18:10:00	70.0	1
8	2016-01-11 18:20:00	80.0	1
9	2016-01-11 18:30:00	90.0	1

図 6A.1　1 時間単位の連番付与

練習問題・2

リスト 6A.2

```
1  dat_df.groupby('cum_hour').mean()
```

groupby を使って、cum_hour を集計キーとし、各項目の平均値を計算します。

実行結果

作成したデータセットのサイズは 2904 行・14 列です。行数は、経過時間の 1 時間単位の連番です。列数は、Appliances から RH_5 までの項目と、dif_min および cum_min の分です。

cum_hour	Appliances	lights	T1	RH_1	T2	RH_2	T3	RH_3	T4	RH_4	T5	RH_5	dif_min	cum_min
0	55.000000	35.000000	19.890000	46.502778	19.200000	44.626528	19.790000	44.897778	18.932778	45.738750	17.166667	55.116667	8.333333	25.0
1	176.666667	51.666667	19.897778	45.879028	19.268889	44.438889	19.770000	44.863333	18.908333	46.066667	17.111111	54.977778	10.000000	85.0
2	173.333333	25.000000	20.495556	52.805556	19.925556	46.061667	20.052222	47.227361	18.969444	47.815556	17.136111	55.869861	10.000000	145.0
3	125.000000	35.000000	20.961111	48.453333	20.251111	45.632639	20.213889	47.268889	19.190833	49.227917	17.615556	74.027778	10.000000	205.0
4	103.333333	23.333333	21.311667	45.768333	20.587778	44.961111	20.373333	46.164444	19.425556	47.918889	18.427222	69.037778	10.000000	265.0

図 6A.2　1 時間単位の各項目の平均値

リスト 6A.3

```
1  dat_df.groupby('cum_hour').std()
```

groupby を使って、cum_hour を集計キーとし、各項目の標準偏差を計算します。

実行結果

作成したデータセットのサイズは 2904 行・14 列です。行数は、経過時間の 1 時間単位の連番です。列数は、Appliances から RH_5 までの項目と、dif_min と cum_min の分です。

cum_hour	Appliances	lights	T1	RH_1	T2	RH_2	T3	RH_3	T4	RH_4	T5	RH_5	dif_min	cum_min
0	5.477226	5.477226	0.000000	0.586449	0.000000	0.111888	0.000000	0.112421	0.053972	0.179315	0.021082	0.068605	4.082483	18.708287
1	208.678381	11.690452	0.094249	0.318235	0.098334	0.049065	0.030984	0.046380	0.044907	0.303102	0.027217	0.040369	0.000000	18.708287
2	141.515606	17.606817	0.276355	2.629391	0.251738	1.145478	0.140676	1.626932	0.048736	0.875112	0.042709	0.746929	0.000000	18.708287
3	37.282704	8.366600	0.089086	1.753466	0.064141	0.505110	0.050527	0.573855	0.166626	0.602464	0.276379	8.971516	0.000000	18.708287
4	5.163978	5.163978	0.132945	0.245834	0.116651	0.172597	0.040825	0.143738	0.070669	0.373986	0.373960	11.515309	0.000000	18.708287

図 6A.3　1 時間単位の各項目の標準偏差

練習問題・3

リスト 6A.4

```
1  plt.plot(dat_df['cum_min'], dat_df['T1'], '-r', label='T1')
2  plt.plot(dat_df['cum_min'], dat_df['T2'], '-g', label='T2')
3  plt.plot(dat_df['cum_min'], dat_df['T3'], '-b', label='T3')
4
5  plt.xlabel('cum_min')
6  plt.legend()
7  plt.show()
```

結果を、折れ線グラフで表します。台所の温度 T1 は黒、リビングの温度 T2 はグレー、洗濯室の温度 T3 は色付きの線で描画します。

実行結果

データの季節は冬から春へ変化していくため、各所の気温の上昇が見てとれます。

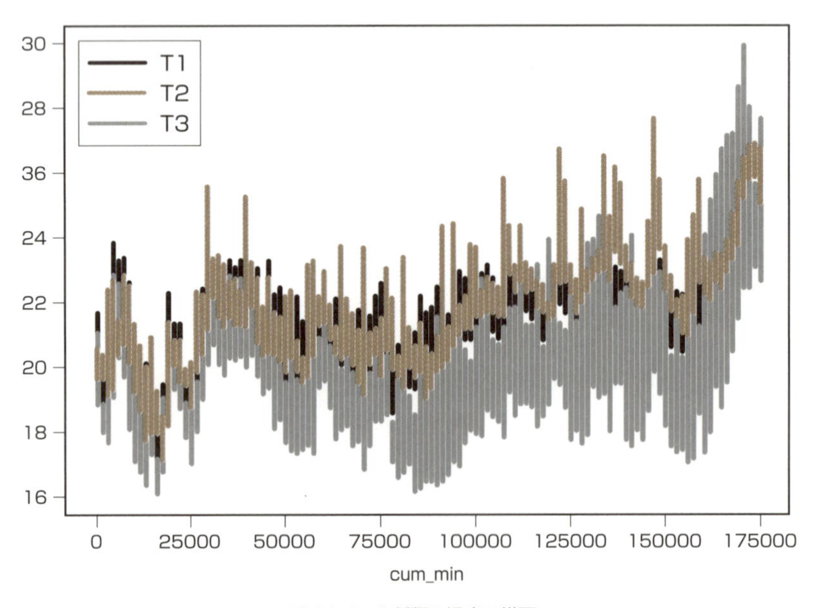

図 6A.4　3 種類の温度の描画

練習問題・4

リスト 6A.5

```
1  dat_df['cum_6hour'] = (dat_df['cum_min']/360).round(2).astype(int)
2
3  print(dat_df['cum_6hour'].unique())
4  print(dat_df[['date', 'cum_min', 'cum_6hour']].head(50))
```

データは10分ごとに蓄積されています。1時間は60分、6時間は360分であることを踏まえ、6時間単位で連番を付与していきます。

実行結果

6時間単位の連番は0～483の値をとります。データの時間範囲は、2016年1月11日17時00分～2016年5月11日16時50分です。この4カ月分を、1日から1時間へ、1時間から6時間に変換すれば、得られた連番の長さに相当します。

また、先頭から50行を表示すると、次の表の結果を得られます。

	date	cum_min	cum_6hour
0	2016-01-11 17:00:00	0.0	0
1	2016-01-11 17:10:00	10.0	0
2	2016-01-11 17:20:00	20.0	0
⋮			
34	2016-01-11 22:40:00	340.0	0
35	2016-01-11 22:50:00	350.0	0
36	2016-01-11 23:00:00	360.0	1
⋮			
47	2016-01-12 00:50:00	470.0	1
48	2016-01-12 01:00:00	480.0	1
49	2016-01-12 01:10:00	490.0	1

図 6A.5　6時間単位の連番付与

cum_minが360分以降になると、cum_6hourに「1」が付与されています。このように、6時間経過するごとに連番が1ずつ加算されていきます。

練習問題・5

リスト 6A.6

```
1  dat_df_std = dat_df.groupby('cum_6hour').std()
2
3  print(dat_df_std.shape)
4  dat_df_std.head()
```

groupby を使って、cum_6hour を集計キーとし、各項目の標準偏差を計算します。

実行結果

作成したデータセットのサイズは484行・12列です。行数は、経過時間の6時間単位の連番です。列数は、Appliances から RH_5 までの項目数です。

	Appliances	lights	T1	RH_1	T2	RH_2	T3	RH_3	T4	RH_4	T5	RH_5
cum_6hour												
0	131.366445	13.901582	0.672443	2.998070	0.653222	0.848637	0.278809	1.185530	0.485747	1.282966	0.791008	9.891611
1	101.497908	9.137399	0.460572	0.811346	0.476669	0.342190	0.082826	0.103003	0.560148	0.511257	0.272610	0.339389
2	104.853639	9.085135	0.103157	1.039938	0.167655	0.318816	0.142110	0.261039	0.273491	0.776746	0.178471	1.138170
3	95.999339	0.000000	0.059026	1.091231	0.069944	0.617057	0.046289	0.068936	0.274278	0.622986	0.164863	0.792715
4	83.773599	12.097488	0.151195	0.561101	0.187641	0.418215	0.048003	0.180349	0.341428	0.430826	0.075740	0.247231

図 6A.6　6時間単位の標準偏差

練習問題・6

リスト 6A.7

```
1  hid = dat_df['cum_6hour'].unique()
2  dat_slide_features = []
3
4  for i in range(len(hid)):
5      tmp = dat_df[dat_df['cum_6hour'] == i]
6      tmp = tmp.drop(['cum_6hour'], axis=1)
7
8      tmp_mean = tmp.rolling(6).mean()
9      tmp_mean = tmp_mean.dropna()
10     tmp_std = tmp.rolling(6).mean()
11     tmp_std = tmp_std.dropna()
12
13     tmp2 = (np.array(tmp_mean['Appliances']).tolist() + np.array(tmp_mean['lights']).
tolist() +
14             np.array(tmp_mean['T1']).tolist() + np.array(tmp_mean['RH_1']).tolist() +
```

```
15              np.array(tmp_mean['T2']).tolist() + np.array(tmp_mean['RH_2']).tolist() +
16              np.array(tmp_mean['T3']).tolist() + np.array(tmp_mean['RH_3']).tolist() +
17              np.array(tmp_mean['T4']).tolist() + np.array(tmp_mean['RH_4']).tolist() +
18              np.array(tmp_mean['T5']).tolist() + np.array(tmp_mean['RH_5']).tolist() +
19              np.array(tmp_std['Appliances']).tolist() + np.array(tmp_std['lights']).
tolist() +
20              np.array(tmp_std['T1']).tolist() + np.array(tmp_std['RH_1']).tolist() +
21              np.array(tmp_std['T2']).tolist() + np.array(tmp_std['RH_2']).tolist() +
22              np.array(tmp_std['T3']).tolist() + np.array(tmp_std['RH_3']).tolist() +
23              np.array(tmp_std['T4']).tolist() + np.array(tmp_std['RH_4']).tolist() +
24              np.array(tmp_std['T5']).tolist() + np.array(tmp_std['RH_5']).tolist())
25
26      dat_slide_features.append(tmp2)
```

- 5 行目：6 時間ごとにデータセットを抽出します。
- 8～11 行目：スライド窓を生成し、平均値と標準偏差を計算します。
- 13～25 行目：平均値と標準偏差を特徴量とし、ひとまとめに結合します。
- 27 行目：6 時間ごとに特徴量を追加していきます。

リスト 6A.8

```
1  dat_slide_features = pd.DataFrame(dat_slide_features)
2
3  print(dat_slide_features.shape)
4  dat_slide_features.head()
```

実行結果

作成したデータセットのサイズは、484 行・744 列です。6 時間単位の特徴量は 744 個あるとわかります。

	0	1	2	3	4	…	741	742	743
0	55.000000	55.000000	55.000000	56.666667	60.000000		55.170417	53.997083	53.129306
1	56.666667	53.333333	48.333333	46.666667	43.333333	…	50.000000	50.000000	50.000000
2	43.333333	43.333333	46.666667	46.666667	45.000000		49.995556	49.783333	49.640000
3	55.000000	56.666667	80.000000	108.333333	126.666667		51.010000	51.004444	50.987778
4	218.333333	221.666667	226.666667	203.333333	146.666667		50.350000	50.371667	50.427778

図 6A.7　6 時間単位の特徴量

左の列から順に、Appliancesの1窓目の平均値、2窓目の平均値、…lightsの1窓目の平均値、2窓目の平均値、…Appliancesの1窓目の標準偏差、2窓目の標準偏差、…lightsの1窓目の標準偏差、2窓目の標準偏差…の並びになります。

練習問題・7

リスト 6A.9

```
1  test = test.flatten()
2  test_vec = []
3  
4  for i in range(len(test)-width):
5      test_vec.append(test[i:i+width])
6  
7  print(pd.DataFrame(test_vec).shape)
8  pd.DataFrame(test_vec).head()
```

- 4〜5行目：Appliancesを対象にして、スライド窓を1データ点ずつ、ずらしながら部分時系列を作成していきます。

作成した部分時系列のサイズは、4176行、144列です。部分時系列の値の一部を確認してみましょう。1データ点ずつ、ずれながらデータセットが作成できていることがわかります。

実行結果

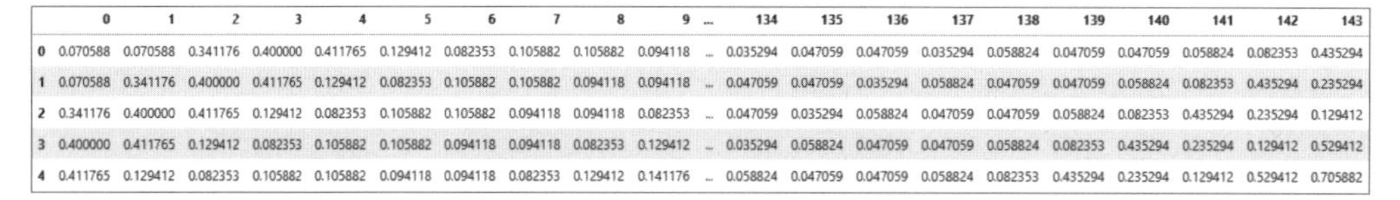

	0	1	2	3	4	5	6	7	8	9	...	134	135	136	137	138	139	140	141	142	143
0	0.070588	0.070588	0.341176	0.400000	0.411765	0.129412	0.082353	0.105882	0.105882	0.094118	...	0.035294	0.047059	0.047059	0.035294	0.058824	0.047059	0.047059	0.058824	0.082353	0.435294
1	0.070588	0.341176	0.400000	0.411765	0.129412	0.082353	0.105882	0.105882	0.094118	0.094118	...	0.047059	0.047059	0.035294	0.058824	0.047059	0.047059	0.058824	0.082353	0.435294	0.235294
2	0.341176	0.400000	0.411765	0.129412	0.082353	0.105882	0.105882	0.094118	0.094118	0.082353	...	0.047059	0.035294	0.058824	0.047059	0.047059	0.058824	0.082353	0.435294	0.235294	0.129412
3	0.400000	0.411765	0.129412	0.082353	0.105882	0.105882	0.094118	0.094118	0.082353	0.129412	...	0.035294	0.058824	0.047059	0.047059	0.058824	0.082353	0.435294	0.235294	0.129412	0.529412
4	0.411765	0.129412	0.082353	0.105882	0.105882	0.094118	0.094118	0.082353	0.129412	0.141176	...	0.058824	0.047059	0.047059	0.058824	0.082353	0.435294	0.235294	0.129412	0.529412	0.705882

図 6A.8　テストデータの部分時系列

第7章

自然言語データの前処理

1 データ理解

本章では、自然言語データを対象にした前処理方法を学びましょう。

分析の目標は、記事をカテゴリに分類することにします。そして、カテゴリに含まれる話題（トピック）を抽出し、分類の根拠を理解することとします。前者は教師あり学習のアルゴリズムを利用、後者は教師なし学習のアルゴリズムを利用して実現します。

事前に、読者特典として提供しているニュース記事のデータセット（圧縮した **it-life-hack** と **movie-enter** フォルダ）をダウンロードし、解凍しておいてください[1]。it-life-hack フォルダには、IT ライフハックに関する 200 本の記事が、movie-enter フォルダには映画に関する 200 本の記事がテキスト形式で格納されています。

名前	更新日時	種類	サイズ
it-life-hack-6292880.txt	2012/09/13 13:15	テキスト ドキュメント	3 KB
it-life-hack-6294340.txt	2012/09/16 0:00	テキスト ドキュメント	3 KB
it-life-hack-6294574.txt	2012/09/13 13:15	テキスト ドキュメント	5 KB
it-life-hack-6295327.txt	2012/09/13 13:15	テキスト ドキュメント	4 KB
it-life-hack-6295722.txt	2012/09/13 13:15	テキスト ドキュメント	3 KB
it-life-hack-6295889.txt	2012/09/13 13:15	テキスト ドキュメント	2 KB
it-life-hack-6296655.txt	2012/09/13 13:15	テキスト ドキュメント	3 KB

名前	更新日時	種類	サイズ
movie-enter-5840081.txt	2012/09/16 0:00	テキスト ドキュメント	4 KB
movie-enter-5840350.txt	2012/09/13 13:23	テキスト ドキュメント	3 KB
movie-enter-5840524.txt	2012/09/13 13:23	テキスト ドキュメント	5 KB
movie-enter-5841772.txt	2012/09/13 13:23	テキスト ドキュメント	6 KB
movie-enter-5842330.txt	2012/09/13 13:23	テキスト ドキュメント	5 KB
movie-enter-5842955.txt	2012/09/13 13:23	テキスト ドキュメント	4 KB
movie-enter-5842974.txt	2012/09/13 13:23	テキスト ドキュメント	4 KB

図 7.1　it-life-hack と movie-enter フォルダの画像の一部

1.1 実装環境の準備

Try JupyterLab へアクセスします。既存のワークスペースは **demo** フォルダとなっているため、これまでと同じ方法で、新しいワークスペース（本書では **chap7** とする）を作成しましょう。

作成した新規ワークスペースへ移動したら、記事データを格納する **data** フォルダを作成します。さらにその下に、**it-life-hack** と **movie-enter** フォルダを作成し、記事をアップロードしていきましょう。

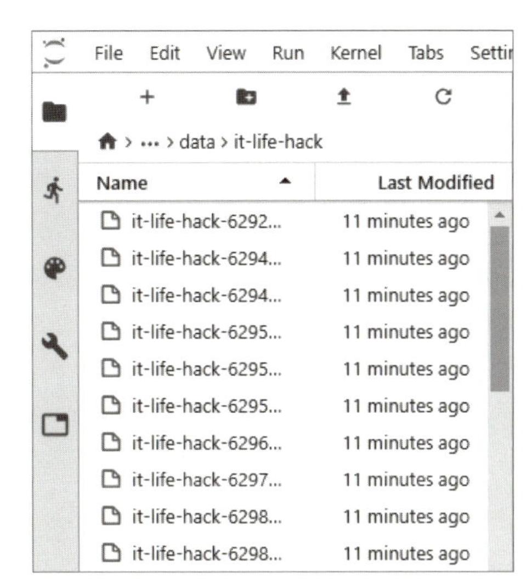

図 7.2　フォルダ作成と記事アップロード

アップロードした記事ファイルをダブルクリックすると、新規タブに記事の内容が表示されます。

データのアップロードが完了したら、chap7 フォルダへ戻り、Python3 の新規ノートブックを作成して準備完了です。

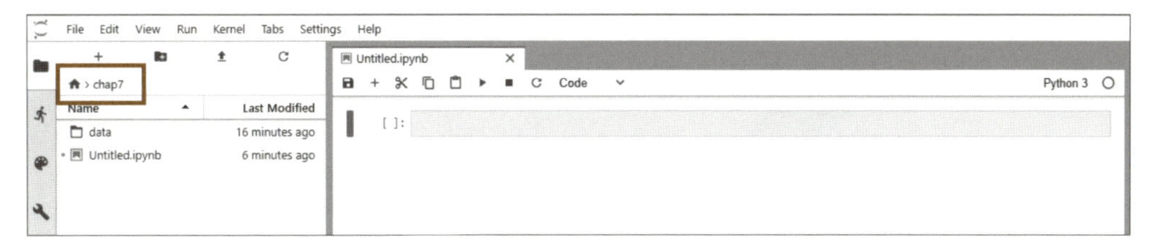

図 7.3　新規ノートブックの作成

実装環境を改めてツリー構造で表現しておきます。

```
(home)
 |- chap7
    |- data
    |  |   |- it-life-hack
    |  |   |- movie-enter
    |  |- Untitled.ipynb
```

1.2　自然言語処理とは？

第６章までは数値データを扱ってきました。時系列データは言うまでもなく、画像データもピクセル値の集合です。一方、人間の書き言葉や話し言葉である自然言語は、単語の集合であり、数値データではありません。機械は基本的に数値データを受け付けるため、自然言語データを何らかの方法で数値データへ変換しなければなりません。単語を数値へ変換できれば、機械学習や深層学習のアルゴリズムを使って学習し、文書分類やトピック抽出などに適用できます。日常生活における具体的な応用事例としては、迷惑メールフィルタやチャットボットなどがあります。

チャットボットは人間との会話に基づき、自然言語データの収集と学習を繰り返します。稼働初期には、学習が少ないため不適切な答えを返しますが、会話を繰り返すことで、どんどん賢くなっていき、やがて適切な答えを返すようになります。

一般的に、これら一連の処理は**自然言語処理**（Natural Language Processing, **NLP**）と呼ばれています。

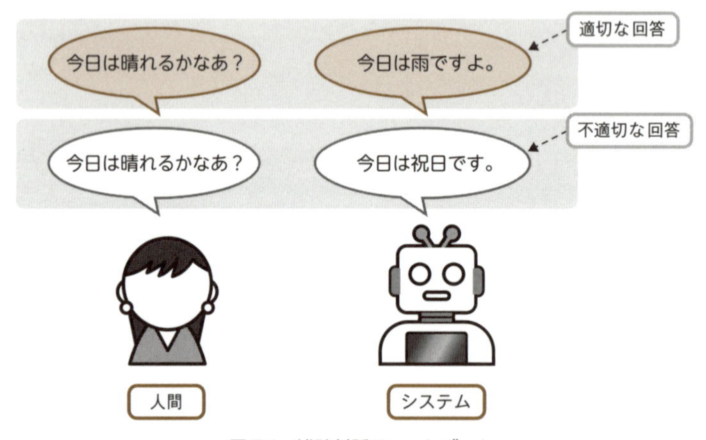

図 7.4　雑談対話チャットボット

1.3　Janome を使った形態素解析

自然言語処理の手法の１つに、**形態素解析**（Morphological Analysis）があります。

形態素解析とは、文法ルールや辞書データに基づいて会話や文章を単語に分割し、それぞれに品詞を付与する処理を指します。形態素とは、その言語において意味のある最小単位のことです。ここでは、日本語の形態素解析を考えてみましょう。

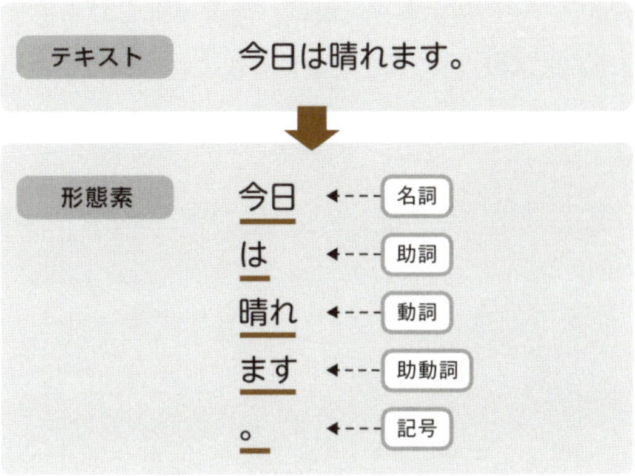

テキスト　今日は晴れます。

形態素
今日 ← 名詞
は ← 助詞
晴れ ← 動詞
ます ← 助動詞
。 ← 記号

図 7.5　形態素解析のイメージ

例に挙げたような短文・少量なら、人手で文章を単語へ分割することはできるでしょう。しかし、現実に扱う文書に含まれる文章は長文です。その上、文書が大量にあれば、コンピュータに処理させたいところです。

コンピュータに形態素解析を実行させるツールとして、形態素解析エンジンと呼ばれるものがあります。形態素解析エンジンは、環境へインストールして実行するもの、Web APIで呼び出して実行するもの、プログラミング言語のライブラリとして呼び出して実行するものなど、有償／無償を含め様々な形で提供されています

インストール型・オープンソースのエンジンには、ChaSen、JUMAN、MeCab、Janomeなどがあります。それぞれの違いは、会話や文章の分割に使用する文法ルールや辞書の違いです。

例えば、Janomeを使って「すもももももももものうち」という文章を形態素解析にかけると、次のような結果を出力します。

表 7.1　形態素解析の出力例

表層形	品詞	品詞細分類	原形	読み	発音
すもも	名詞	一般　*　*　*　*	すもも	スモモ	スモモ
も	助詞	係助詞　*　*　*　*	も	モ	モ
もも	名詞	一般　*　*　*　*	もも	モモ	モモ
も	助詞	係助詞　*　*　*　*	も	モ	モ
もも	名詞	一般　*　*　*　*	もも	モモ	モモ
の	助詞	連体化　*　*　*　*	の	ノ	ノ
うち	名詞	非自立　副詞可能　*　*　*	うち	ウチ	ウチ

では、ここからはアップロードした記事を対象に形態素解析してみましょう。まず、it-life-hackフォルダの記事it-life-hack-6292880.txtのみを対象にします。

リスト7.1

```
1  f = open('./data/it-life-hack/it-life-hack-6292880.txt', encoding='utf-8')
2
3  text = f.read()
4  print(text)
5
6  f.close()
```

- 1行目：1番目の引数に指定したファイルを、2番目の引数に指定した文字コードutf-8で開きます。
- 3行目：開いたファイルを読み込みます。
- 6行目：開いたファイルを閉じます。

実行すると、結果には記事の文章が表示されます。

```
http://news.livedoor.com/article/detail/6292880/
2012-02-19T13:00:00+0900
旧式Macで禁断のパワーアップ！最新PCやソフトを一挙にチェック【ITフラッシュバック】
テレビやTwitterと連携できるパソコンや、プロセッサや切り替わるパソコンなど、面白いパソコン
が次から次へと登場した。旧式Macの禁断ともいえるパワーアップ方法から、NECの最新PC、話題の
ThinkPad X1 Hybrid、新セキュリティソフトまで一挙に紹介しよう。
・・・（続く）
```

読み込んだ記事の文章を形態素解析してみましょう。JupyterLabに、Janomeをインストールします[2]。

リスト7.2

```
1  !pip install janome
```

実行し、最後に「Successfully installed...」から始まるメッセージが表示されれば、インストール完了です。

リスト 7.3

```
1  from janome.tokenizer import Tokenizer
2
3  t = Tokenizer()
4  for token in t.tokenize(text):
5      print(token)
```

- 1 行目：日本語の文章を形態素解析する **Tokenizer** を読み込みます。
- 3 行目：**Tokenizer** インスタンスを生成します。
- 4 行目：text に格納されている文章について形態素解析を行い、分割した単語とその属性情報を出現順に表示します。

実行すると、分割した単語とその属性が表示されます。

```
http        名詞,固有名詞,組織,*,*,*,http,*,*
://         名詞,サ変接続,*,*,*,*,://,*,*
news        名詞,一般,*,*,*,*,news,*,*
.           名詞,サ変接続,*,*,*,*,.,*,*
livedoor    名詞,一般,*,*,*,*,livedoor,*,*
・・・（続く）
```

URL や句読点など、それ単体で意味をなさない文字列が多く含まれています。これらの文字列を含んだまま、解析を進めていってよいのでしょうか？

1.4 テキストの正規化

文章には、URL や句読点など、分析に不要な文字が含まれています。これらのノイズは取り除いて文章を整形します。テキストが短文かつ少量なら、人手で修正できるでしょう。しかし、現実の多くのテキストは長文かつ大量です。そのため、一般には**正規表現**（regular expression）を使用してまとめて処理します。

正規表現とは、いくつかの文字列を 1 つの形式で表現することです。例えば、テキストに含まれるある文字列を取り除きたいとき、検索する文字列を次のように表現できます。

- [0-9]：数字 0～9 の中のどれか 1 文字にマッチする
- [0-9a-z]+：数字 0～9、小文字 a～z の中の 1 文字以上にマッチする正規表現を使って、文章からURLを取り除くことに注力しましょう。

リスト7.4

```
1  import re
2
3  reg_text = re.sub(r'[0-9a-zA-Z]+', '', text)
4  reg_text = re.sub(r'[:;/+\.-]', '', reg_text)
5
6  print(reg_text)
```

- 1行目：正規表現を記述できる**re**モジュールを読み込みます。
- 3～4行目：1つ目の引数に置換する文字列を指定し、2つ目の引数に何によって置換するかを指定します。ここでは、URLに含まれる文字列を空白で置換、つまり除去します。

実行すると、URLが取り除かれた文章を確認できます。

```
旧式で禁断のパワーアップ！最新やソフトを一挙にチェック【フラッシュバック】テレビやと連携できるパソコンや、プロセッサや切り替わるパソコンなど、面白いパソコンが次から次へと登場した。旧式の禁断ともいえるパワーアップ方法から、の最新、話題の、新セキュリティソフトまで一挙に紹介しよう。■インテルをに装着！旧式はどれほど高速化するのか(上)インテルが最新
・・・(続く)
```

文章に含まれる英単語も取り除かれてしまいますが、今回は日本語の単語を解析対象としましょう。

練習問題・1

正規表現を使って、文章から改行・空白を取り除いてください。

文章から不要な文字列（ノイズ）を除去すればするほど、作成するモデルの精度は上がっていきます。しかし、完全に取り除くことは至難の業です。どこまで作業を進め、どこで手を打つかは、与えられた時間によります。状況に応じて見極めてください。

1.5　単語を品詞で抽出

品詞が助詞（例：は・が）や、記号（例：、・。）の場合は、それ単体で意味をなさないため、分析データセットからは、しばしば除外されます。分析データセットには、品詞が名詞、動詞、形容詞の単語（の原形）が使用される傾向があります。

文章から、品詞が名詞の単語のみ抽出しましょう。

リスト 7.5

```
1  from janome.analyzer import Analyzer
2  from janome.tokenfilter import POSKeepFilter
3
4  token_filters = [POSKeepFilter(['名詞'])]
5  a = Analyzer([], t, token_filters)
6
7  for token in a.analyze(reg_text):
8      print(token)
```

- 1 行目：形態素解析をカスタマイズする **Analyzer** を呼び出します。
- 2 行目：品詞フィルタを作成する **POSKeepFilter** を呼び出します。
- 4 行目：品詞が名詞の単語のみ抽出するフィルタを作成します。
- 5 行目：2 番目の引数にリスト 7.3 で生成したインスタンスを、3 番目の引数に品詞フィルタを指定し、カスタマイズした形態素解析器を生成します。
- 7 行目：正規化したテキストについて、カスタマイズした形態素解析を行います。

実行すると、分割した単語とその属性が表示されます。

```
旧式          名詞,一般,*,*,*,*,旧式,キュウシキ,キューシキ
禁断          名詞,サ変接続,*,*,*,*,禁断,キンダン,キンダン
パワーアップ  名詞,サ変接続,*,*,*,*,パワーアップ,パワーアップ,パワーアップ
最新          名詞,一般,*,*,*,*,最新,サイシン,サイシン
ソフト        名詞,一般,*,*,*,*,ソフト,ソフト,ソフト
・・・(続く)
```

練習問題・2

どの単語が何回出現しているか数えてください。

ここまでの実装は、名前を付けて保存しておいてください。また、ノートブックは再利用できるようダウンロードしておいてください。

2 機械学習のためのデータ準備

前節（本章第1節）で得られた記事の各単語は、分類モデルを作成するための特徴量として利用できます。では、新規ノートブックを作成し、アップロードした全ての記事に対して、これまでと同様の作業を行っていきましょう。

2.1 全記事の形態素解析

全ての記事を読み込み、正規表現を適用したのちに形態素解析し、品詞が名詞である単語を抽出して、データセットを作成しましょう。

まずは、形態素解析に必要なJanomeをインストールします。

リスト7.6

```
1  !pip install janome
```

実行し、最後にSuccessfully installed... から始まるメッセージが表示されれば、インストール完了です。

本章1節のコードを組み合わせて、全ての記事に対して処理を実行します。

リスト7.7

```
1  import os
2  import re
3  from janome.tokenizer import Tokenizer
4  from janome.analyzer import Analyzer
5  from janome.tokenfilter import POSKeepFilter
6
7  dirs = ['it-life-hack', 'movie-enter']
8  docterm = []
9  label = []
10 tmp1 = []
11 tmp2 = ''
12
13 t = Tokenizer()
14 token_filters = [POSKeepFilter(['名詞'])]
15 a = Analyzer([], t, token_filters)
16
```

```
17 for i, d in enumerate(dirs):
18     files = os.listdir('./data/' + d)
19 
20     for file in files:
21         f = open('./data/' + d + '/' + file, 'r', encoding='utf-8')
22         text = f.read()
23 
24         reg_text = re.sub(r'[0-9a-zA-Z]+', '', text)
25         reg_text = re.sub(r'[:;/+\.-]', '', reg_text)
26         reg_text = re.sub(r'[\s\n]', '', reg_text)
27 
28         for token in a.analyze(reg_text):
29             tmp1.append(token.surface)
30             tmp2 = ' '.join(tmp1)
31         docterm.append(tmp2)
32         tmp1 = []
33 
34         label.append(i)
35         f.close()
```


- 17行目：フォルダごとに、画像データをインデックス付きで読み込みます。インデックス「0」がit-life-hackフォルダであり、「1」がmovie-enterフォルダです。
- 28〜31行目：記事ごとに、単語をリストdoctermへ追加していきます。
- 34行目：記事ごとに、インデックスをリストlabelへ追加していきます。

doctermへ格納した単語を確認してみましょう。

リスト7.8

```
1 import pandas as pd
2 
3 pd.DataFrame(docterm).head()
```

実行すると、各記事に含まれる単語を一覧で確認できます。1行1行が1本の記事に対応しています。

	0
0	物語 英語 力 アップ オーディオ 電子 書籍 チャンス 人 おすすめ 物語 英語 勉強 人...
1	本日 発売 開始 パナソニック 最強 カスタマイズ レッツ ノート 開封 レポート パナソニ...
2	お詫び 探検 ドリランド 一部 機能 停止 グリー 年月日 同社 運営 一部 ソーシャルゲー...
3	レノボ プロゴルファー 斉藤 愛 璃選手 オフィシャル・スポンサーシップ 契約 締結 レノ...
4	マザー 登場 ホーム シアター 解像度 動画 再生 スペック リビング 画面 テレビ 脇 設...

図 7.6　記事ごとの単語

一覧では全ての単語を確認できないため、1 番目の記事の単語のみを抽出します。

リスト 7.9

```
1 print(docterm[0])
```

実行すると、この記事に含まれる単語を全て確認できます。

```
物語 英語 力 アップ オーディオ 電子 書籍 チャンス 人 おすすめ 物語 英語 勉強 人 英語 読聞
たい 人 時 おすすめ 英語 本 とき 発音 一緒 物語 とき お子様 英語 とき アプリ 名 不思議
・・・（続く）
```

label に格納した記事インデックスを確認してみましょう。

リスト 7.10

```
1 print(label)
```

実行すると、全ての記事のラベルが「0」か「1」で表示されます。

さて、データがこのままの状態ではモデル作成に利用できないため、さらにアルゴリズムが受け付ける形へ整形しなければなりません。

2.2 単語文書行列の作成

形態素解析によって分割した単語は、その出現数をカウントして数値データへ変換します。一般的には、ある文書中に含まれる単語それぞれの出現頻度を表形式で表します。これは**単語文書行列**と呼ばれ、行方向に単語を、列方向に文書を並べた行列形式で表現されます。

表 7.2　M 行× N 列の単語文書行列

	文書 1	文書 2	文書 3	…		文書 N
単語 1	2	0	1	…		5
単語 2	1	1	0	…		1
単語 3	3	4	10	…		6
⋮	⋮	⋮	⋮	⋮	⋮	⋮
単語 M	0	5	2	…		0

仮に、全 M 種類の単語と、全 N 個の文書があるときは、M 行 × N 列の単語文書行列が作られます。例えばこの場合の単語文書行列の見方は、文書 1 には単語 1 が 2 回出現し、単語 2 が 1 回、単語 3 が 3 回、……単語 M が 0 回出現する、などとなります。

以上を踏まえて、記事データセットの単語文書行列を作成していきましょう。

リスト 7.11

```
1  import numpy as np
2  from sklearn.feature_extraction.text import CountVectorizer
3
4  cv = CountVectorizer()
5  docterm_cv = cv.fit_transform(np.array(docterm))
6  docterm_cnt = docterm_cv.toarray()
7
8  pd.DataFrame(docterm_cnt).head()
```

- 2 行目：単語文書行列を作成する **CountVectorizer** を読み込みます。
- 4 行目：インスタンス「cv」を生成します。
- 5~6 行目：docterm の単語出現数をカウントし、単語文書行列を作成します。

実行すると、行方向に記事、列方向に単語（インデックス）で表現される行列を作成できます。

	0	1	2	3	4	5	6	7	8	9	...	10437	10438	10439	10440	10441	10442	10443	10444	10445	10446
0	0	0	0	0	0	0	0	0	0	0	...	0	0	0	0	0	0	0	0	0	0
1	0	0	0	0	0	0	0	0	0	0	...	0	0	0	0	0	0	0	0	0	0
2	0	0	0	0	1	0	0	0	0	0	...	0	0	0	0	0	0	0	0	0	0
3	0	0	0	0	0	0	0	0	0	0	...	0	0	0	0	0	0	0	0	0	0
4	0	0	0	0	0	0	0	0	0	0	...	0	0	0	0	0	0	0	0	0	0

図 7.7　記事の単語文書行列

作成した単語文書行列のサイズを確認してみましょう。また、単語インデックスが、具体的にどの単語を表しているかも確認してみましょう。

リスト7.12

```
1  print(pd.DataFrame(docterm_cnt).shape)
2  print(cv.get_feature_names()[0:50])
```

- 2行目：**get_feature_names**を使って、先頭から50インデックスまでの単語を戦闘から確認します。

実行すると、サイズは400件×10447単語です。また、あいうえお順に50単語が表示されます。

```
'〆切', 'あい', 'あおい', 'あかり', 'あきらか', 'あご', 'あさひ', 'あさみ', 'あそこ', 'あたふた', 'あたり', 'あちこち', 'あっち', 'あと', 'あなた', 'あの世', 'あの手この手', 'あまた', 'あまり', 'あや子',
・・・（続く）
```

練習問題・3

全記事における単語の出現数をカウントし、出現数が多い順に5つの単語を挙げてください。

単語の中には、文章中に何度も繰り返し出現するもの（高頻度語）や、数回だけ出現するもの（低頻度語）があります。例えば、「です」や「ます」といった単語は高頻度語であり、専門用語は低頻度語になります。単語が高頻度語であること、低頻度語であることも特徴量になり得るのですが、あえてカットすることもできます。

リスト7.13

```
1  cv = CountVectorizer(min_df=0.01, max_df=0.5)
2  docterm_cv = cv.fit_transform(np.array(docterm))
3  docterm_cnt = docterm_cv.toarray()
4
5  pd.DataFrame(docterm_cnt).head()
```

- 1行目：cvを生成するとき、引数min_dfとmax_dfを指定すれば、低頻度語と高頻度語をカットすることができます。

min_dfとmax_dfには、ある単語が出現する文書の比率の下限と上限を指定します。ここでは、下限に全400記事の中で4記事、上限に全400記事の中で200記事とします。

実行すると、行方向に記事、列方向に単語（インデックス）で表現される行列を作成できます。

	0	1	2	3	4	5	6	7	8	9	...	2824	2825	2826	2827	2828	2829	2830	2831	2832	2833
0	0	0	0	0	0	0	0	0	0	0	...	0	0	0	0	0	0	0	0	0	0
1	0	0	0	0	0	0	0	0	0	0	...	0	0	0	0	0	0	0	0	0	0
2	1	0	0	0	0	0	0	0	0	0	...	0	0	0	0	0	0	0	0	0	0
3	0	0	0	0	0	0	0	0	0	0	...	0	0	0	1	0	0	0	0	0	0
4	0	0	1	0	0	0	0	0	0	0	...	0	0	0	1	0	0	0	0	0	0

図 7.8　記事の単語文書行列（出現文書数でカット）

リスト7.12を再度実行し、作成した単語文書行列のサイズを確認してみましょう。サイズは400件×2834単語であり、次元削減されています。

また、「練習問題・3」も再度実行してみましょう。先の実行結果と比較し、出現数が多い5つの単語は異なります。

2.3　TF-IDFによる重み付け

単語の出現数だけでは、効率よく特徴量を抽出することができません。例えば「です・ます」などのように、どの文書にも普遍的に出現する単語の出現数は当然のことながら高くなります。一方、特定の文書にのみ出現する単語は出現数が少なく、単語から各文書を特徴付けることは難しくなってしまいます。

そのため単語文書行列では、単語の出現頻度 **TF**（Term Frequency）に逆文書頻度 **IDF**（Inverse Document Frequency）を掛けた **TF-IDF** 値が、よく使用されます。

ある単語の逆文書頻度IDF値は、log（総文書数／ある単語が出現する文書数）＋1で計算できます。図7.8に示す単語1のIDF値は、log（4/3）＋1 ≒ 1.1となります。つまり、特定の文書にのみ出現する単語ほど、IDF値が大きくなっています。TFからIDFを計算し、TFとIDFを掛けたTF-IDF値を算出できます。

TF

	文書1	文書2	文書3	文書N
単語1	2	0	1	5
単語2	1	1	0	1
単語3	3	4	10	6
単語4	0	5	2	0

×

	IDF
単語1	1.1
単語2	1.1
単語3	1.0
単語M	1.3

→

TF-IDF

	文書1	文書2	文書3	文書N
単語1	2.2	0.0	1.1	5.5
単語2	1.1	1.1	0.0	1.1
単語3	3.0	4.0	10.0	6.0
単語4	0.0	6.5	2.6	0.0

図7.9　TF-IDF値による単語文書行列

単語のTF-IDF値を計算して、記事データセットの単語文書行列を作成していきましょう。手順は、リスト7.11、リスト7.13とそれほど変わりません。

リスト7.14

```
1 from sklearn.feature_extraction.text import TfidfVectorizer
2
3 tv = TfidfVectorizer(min_df=0.01, max_df=0.5, sublinear_tf=True)
4 docterm_tv = tv.fit_transform(np.array(docterm))
5 docterm_tfidf = docterm_tv.toarray()
6
7 pd.DataFrame(docterm_tfidf).head()
```

- 3行目：インスタンス「tv」を生成します。このとき、引数にmin_dfとmax_dfを指定して、低頻度語と高頻度語をカットします。

実行すると、行方向に記事、列方向に単語（インデックス）で表現される行列を作成できます。

	0	1	2	3	4	5	6	7	8	9	...	2824	2825	2826	2827	2828	2829	2830	2831	2832	2833
0	0.000000	0.0	0.000000	0.0	0.0	0.0	0.0	0.0	0.0	0.0	...	0.0	0.0	0.0	0.000000	0.0	0.0	0.0	0.0	0.0	0.0
1	0.000000	0.0	0.000000	0.0	0.0	0.0	0.0	0.0	0.0	0.0	...	0.0	0.0	0.0	0.000000	0.0	0.0	0.0	0.0	0.0	0.0
2	0.105122	0.0	0.000000	0.0	0.0	0.0	0.0	0.0	0.0	0.0	...	0.0	0.0	0.0	0.000000	0.0	0.0	0.0	0.0	0.0	0.0
3	0.000000	0.0	0.000000	0.0	0.0	0.0	0.0	0.0	0.0	0.0	...	0.0	0.0	0.0	0.051295	0.0	0.0	0.0	0.0	0.0	0.0
4	0.000000	0.0	0.078316	0.0	0.0	0.0	0.0	0.0	0.0	0.0	...	0.0	0.0	0.0	0.050960	0.0	0.0	0.0	0.0	0.0	0.0

図7.10　TF-IDF値の単語文書行列

作成した単語文書行列のサイズを確認します。また、単語インデックスが具体的にどの単語を表しているかも確認してみましょう。

リスト7.15

```
1 print(pd.DataFrame(docterm_tfidf).shape)
2 print(tv.get_feature_names()[0:50])
```

実行すると、サイズは400件×2834単語です。また、あいうえお順に50単語が表示されます。

```
'あきらか', 'あたり', 'あと', 'あなた', 'あまり', 'あれ', 'いかが', 'いくつ', 'いずれ', '
いつ', 'いつか', 'いま', 'いろいろ', 'いわく', 'うえ', 'うち', 'おかげ', 'おすすめ', 'おま
え', 'お互い', 'お仕置き',
・・・(続く)
```

ここまで、自然言語に対する前処理をひととおり説明しました。この後は、単語出現数による単語文書行列、単語TF-IDF値による単語文書行列というどちらのデータセットに対しても、第3章3節と同じ手順を踏めばモデルを作成できます。

ここまでの実装は、名前を付けて保存しておいてください。また、ノートブックは再利用できるようダウンロードしておいてください。

3　深層学習のためのデータ準備

機械学習における特徴量抽出は、使用するアルゴリズムのパラメータの決め方によって、結果の精度が大きく左右されます。自然言語の知識があればあるほど、うまく特徴量を抽出できますが、逆に知識がなければ特徴量の抽出は難しいでしょう。

この問題を解決するものが、深層学習（ディープラーニング，Deep Learning）です。学習によってネットワークの中間層の重み（特徴量）を自動的に最適化します。しかし、結果に対して「何か効いているか」、根拠を説明することは難しいという弱点があります。自然言語は人の書き言葉、話し言葉であるため、課題によっては利用できないこともあります。例えば、意味解釈を目的とするなら利用できませんが、機械翻訳を目的とするなら利用できるでしょう。

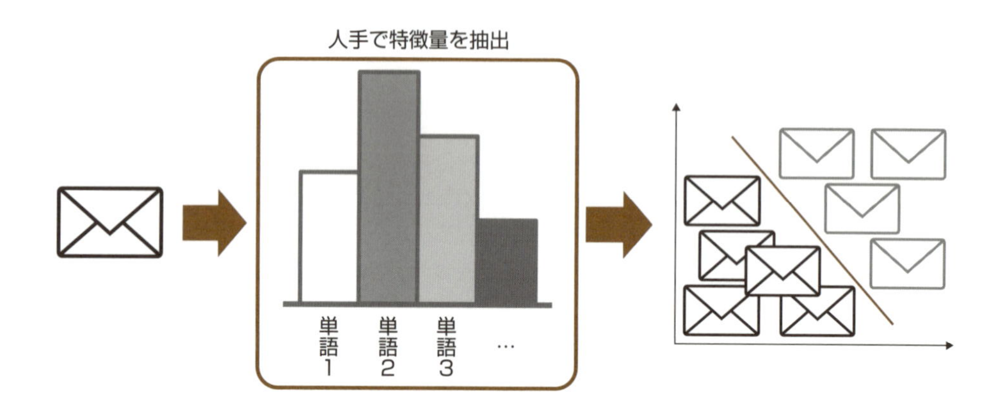

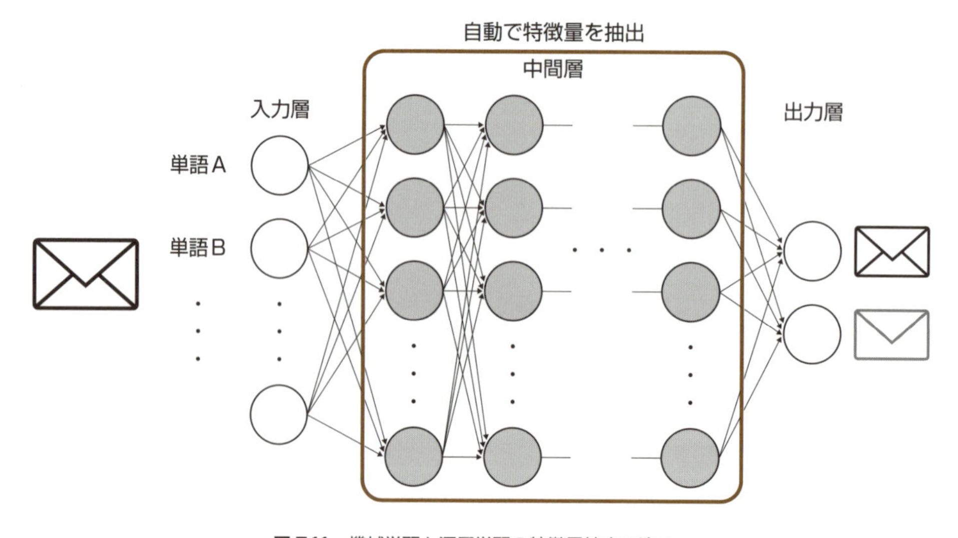

図 7.11　機械学習と深層学習の特徴量抽出の違い

自然言語を対象にした分類モデルは、機械学習のアルゴリズムを使うよりも、深層学習のアルゴリズムを使う方が、精度の高い結果を得られるとして知られています。特に、**再帰型ニューラルネットワーク**（Recurrent Neural Network, **RNN**）が有名です。

3.1　RNN の仕組み

RNN は、中間層を再利用して学習するニューラルネットワークの一種です。ここでは、アルゴリズムそのものや学習については触れません。RNN の仕組みの概要を説明するに留めます。

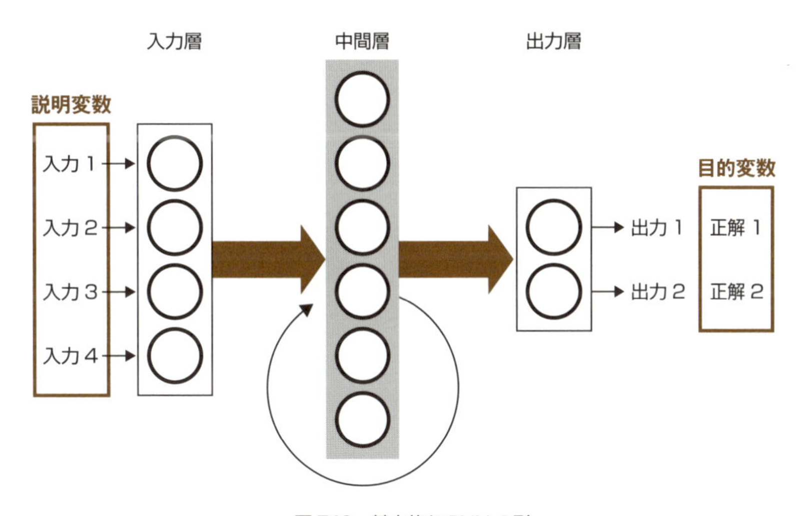

図 7.12　基本的な RNN の形

中間層を時間方向に展開して、より詳しく処理を見ていきましょう。

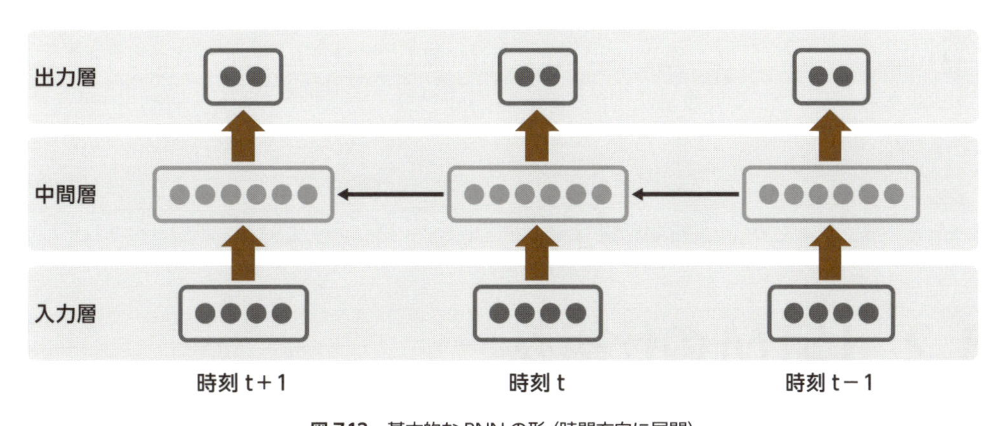

図 7.13　基本的な RNN の形（時間方向に展開）

中間層の内部には**セル**（メモリセル、Cell）が配置されており、過去の状態を記憶して再利用します。例えば、時刻tの中間層に注目してみましょう。時刻tの中間層では、メモリが同時刻の入力層と1つ前の時刻t－1の中間層のデータを受け取ります。そして、出力層と次の時刻t＋1の中間層へ結果を出力します。過去の時刻から未来の時刻へ向けて、次々に中間層の特徴量を伝播させていきます。

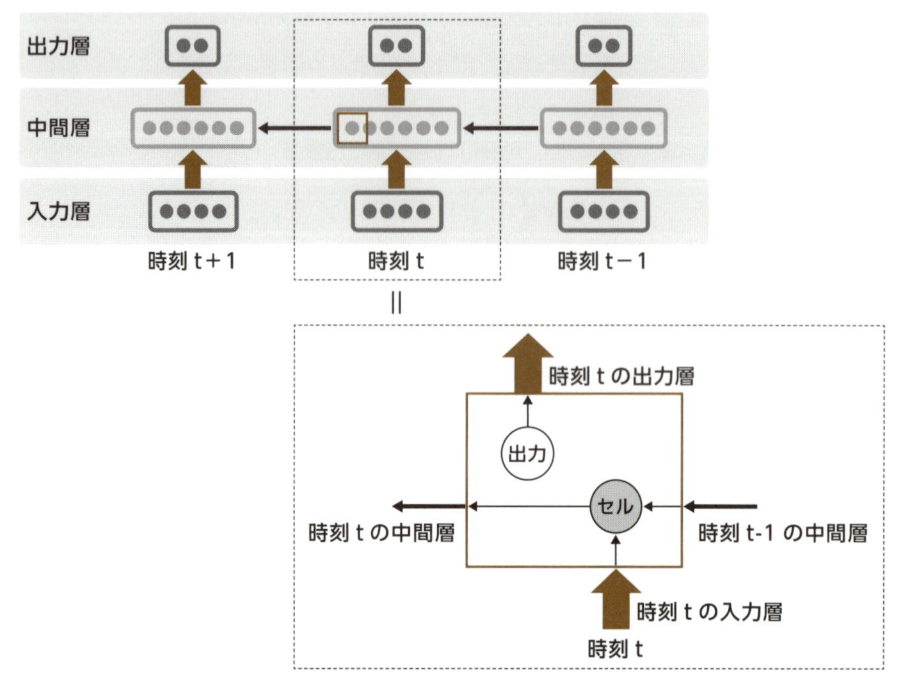

図 7.14　RNNの内部構成

しかしこのアルゴリズムには、ネットワークを時間方向へ展開することにより、計算量が多くなるという弱点があります。また理論上は、現在から遠い過去の特徴量も記憶して再利用できますが、実際は現在から近い過去の特徴量に依存してしまう傾向があり、長期的な記憶を再利用することができません。

シンプルなRNNはこのような問題を抱えているため、学習がうまくいかないことがあります。この問題を解決するために、**長短期記憶**（Long Short-Term Memory, **LSTM**）が生み出されました。

3.2　LSTMの仕組み

LSTMの中間層は、シンプルなRNNの内部構造よりも複雑です。LSTMには入力ゲート（Input Gate）、入力調整ゲート（Input Modulation Gate）、出力ゲート（Output Gate）、忘却ゲート（Forget

Gate）、セルの要素が存在します。これらの要素によって特徴量を調整し、次の時刻へは重要な特徴量のみを伝播させます。

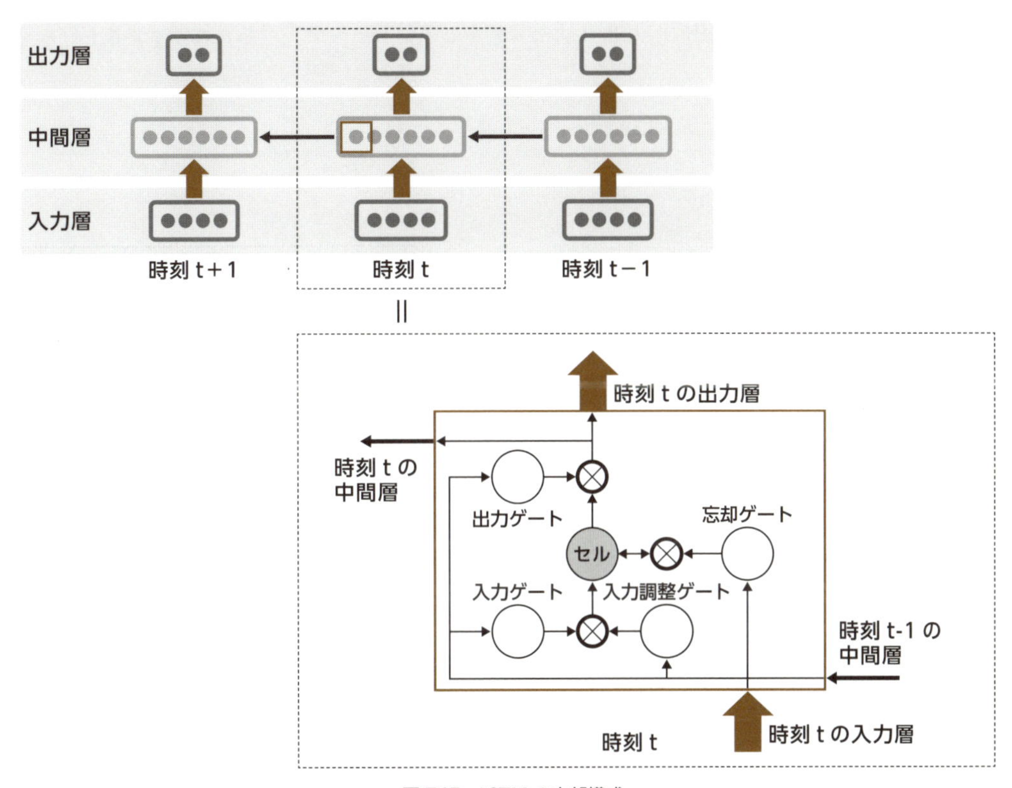

図 7.15 LSTM の内部構成

LSTM の処理は、人間が過去のできごとを全て記憶するのではなく、自分にとって重要なできごとだけを選択して記憶しておき、思い出すことに似ています。

また、RNN に属するアルゴリズムは、時系列や自然言語のように並びに意味があるデータを学習するときに有効です。

3.3 全記事の分かち書き

全ての記事を読み込み、正規表現を適用したのちに分かち書きして、データセットを作成しましょう。

まずは、形態素解析に必要な Janome をインストールします。

リスト7.16

```
1  !pip install janome
```

実行し、最後に「Successfully installed...」から始まるメッセージが表示されればインストール完了です。

リスト7.7の一部を変更し、全ての記事に対して処理を実行します。

リスト7.17

```
1  import os
2  import re
3  from janome.tokenizer import Tokenizer
4
5  dirs = ['it-life-hack', 'movie-enter']
6  wakati = []
7  label = []
8  t = Tokenizer(wakati=True)
9
10 for i, d in enumerate(dirs):
11     files = os.listdir('./data/' + d)
12
13     for file in files:
14         f = open('./data/' + d + '/' + file, 'r', encoding='utf-8')
15         text = f.read()
16
17         reg_text = re.sub(r'[0-9a-zA-Z]+', '', text)
18         reg_text = re.sub(r'[:;/+\.-]', '', reg_text)
19         reg_text = re.sub(r'[\s\n]', '', reg_text)
20
21         wakati.append(t.tokenize(reg_text))
22         label.append(i)
23         f.close()
```

- 8行目：インスタンス「t」を生成します。引数はwakati=Trueと設定します。
- 21行目：記事ごとに分かち書きした単語をリストwakatiへ格納していきます。

作成したデータセットのサイズと値を確認してみましょう。

リスト 7.18

```
1  print(len(wakati))
2  print(wakati[0])
3  print(label[0])
```

wakati のサイズは 400 です。これは、記事数にあたります。また、1 番目の記事には次の単語が含まれていることがわかります。

```
['物語', 'で', '英語', '力', 'アップ', '！', 'オーディオ', '電子', '書籍', '「', '’ ', '」
', '【', 'で', 'チャンス', 'を', '掴め', '】', 'こんな', '人', 'に', 'おすすめ', '：', '物
語', 'で', '英語', 'を', '勉強', 'し', 'たい',
・・・（続く）
'人気', 'アプリランキング', 'を', 'チェック', 'する', 'から', '■', 'の', '記事', 'を', '
もっと', '読む']
```

前節（本章 2 節）では名詞のみの単語に着目し、そのほかの品詞の単語は除去しました。深層学習ではノイズも含めて学習し、モデルを汎用化させます。そのため、学習に使用するデータセットには、句読点などのノイズも含めておきます。しかし、句読点を打つ場所によって文脈が変わり、それによって文意も変わるため、単なるノイズでもないことにも留意してください。

3.4 単語の数値化

前節で単語文書行列を作成したように、ここでも単語を数値化しなければなりません。単語に ID を付与すれば、数値化できるだけでなく単語の語順も保存できます。

まず、出現数降順に単語を並べ替えましょう。

リスト 7.19

```
1  import itertools
2  from collections import Counter
3  import pandas as pd
4
5  word_freq = Counter(itertools.chain(* wakati))
6
7  dic = []
8  for word_uniq in word_freq.most_common():
9      dic.append(word_uniq[0])
10
```

```
11 print(len(dic))
12 print(pd.DataFrame(dic).head())
```

- 4行目：単語ごとの出現数をカウントします。
- 7〜8行目：単語を出現数の多い順に並べ替え、順にリスト dic へ格納していきます。

実行すると、dic のサイズは 15579 です。つまり、全ての記事は 15579 語で構成されているとわかります。また、出現数の多い 5 語は「の」・「、」・「を」・「。」・「に」です。助詞や句読点が多いですね。

では、出現数の多い順に、単語に 1 から連番を付与して辞書を作成しましょう。

リスト 7.20

```
1  dic_inv = {}
2  for i, word_uniq in enumerate(dic, start=1):
3      dic_inv.update({word_uniq: i})
4
5  print(len(dic_inv))
```

1 から連番のインデックス付きで dic を読み込み、その結果を新たな配列 dic_inv へ格納します。

練習問題・4

作成した辞書を使って、分かち書きした単語リスト wakati に含まれる全ての単語を、ID へ変換してください。

各単語 ID リストの長さは異なります。リストの長さを揃えましょう。

リスト 7.21

```
1  from keras.preprocessing import sequence
2  import numpy as np
3
4  wakati_id = sequence.pad_sequences(np.array(wakati_id), maxlen=3382)
5  label = np.array(label)
6
7  print(wakati_id[0])
```

- 4行目：Kerasの**pad_sequences**メソッドを使って、wakati_idに含まれる各リストの長さを揃えます。一番長いリストに合わせて、maxlenを3382と設定します。この閾値に満たないリストは、0で埋めて揃えます。

1番目の記事の長さは3382に満たないため、末尾が0で埋められていることがわかります。

```
[207  10 419 ...   0   0   0]
```

ここまでの実装は、名前を付けて保存しておいてください。また、ノートブックは再利用できるようダウンロードしておいてください。

作成したデータセットからは、Keras（バックはTensorFlow）を使って分類モデルを作成できます。本章では、以降のモデル作成フェーズを扱いませんが、巻末の付録にLSTMモデルを作成するためのコードを載せておきます。

4　トピック抽出のためのデータ準備

本章の2節と3節では、記事をカテゴリ分類するための前処理について説明しました。本章のはじめに立てた目標の中に、「カテゴリに含まれる話題（トピック）を抽出し、分類の根拠を理解すること」がありました。

トピックを抽出する手法の1つに、ネットワーク分析（の中のクラスタリング）があります。ここでは、ネットワーク分析を行っていくための前処理について学びましょう。

4.1　単語の共起ネットワーク

ネットワーク（グラフ）は、対象と対象の関係を表現する方法の1つです。ネットワークで表現できるものには、第2章4節で説明した空手クラブのメンバー同士の関係をはじめ、SNSの友だち関係、文書に含まれる単語の共起関係などが挙げられます。

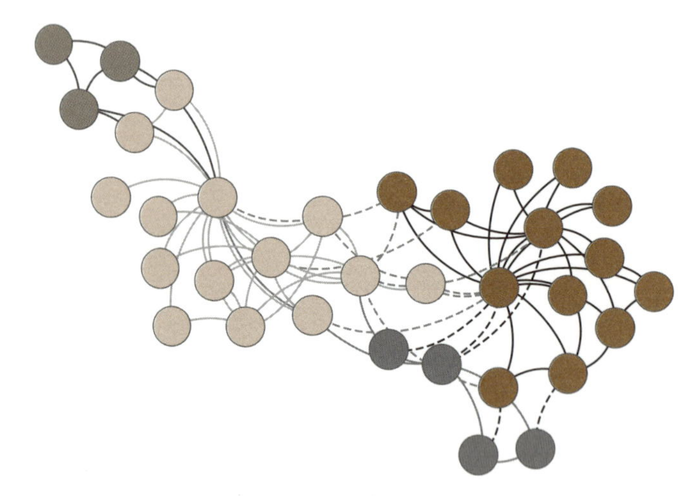

図7.16　空手クラブのネットワーク

ネットワークはノードとエッジで構成されます。関係のあるノード同士をエッジでつないでいくことで、ネットワークは形成されていきます。単語の共起ネットワークであれば、ノードは単語にあたり、エッジは単語ペアにあたります。またエッジは重みを持ち、重みの大きさは出現数や相関、類似度などにあたります。

単語の共起ネットワークは、エッジリストから作成できます。ここで、単語の共起について考えてみましょう。同じ文書中に出現する単語たちは、共起していると言えます。出現数に着目したエッジリストは、次のようにして作成できます。

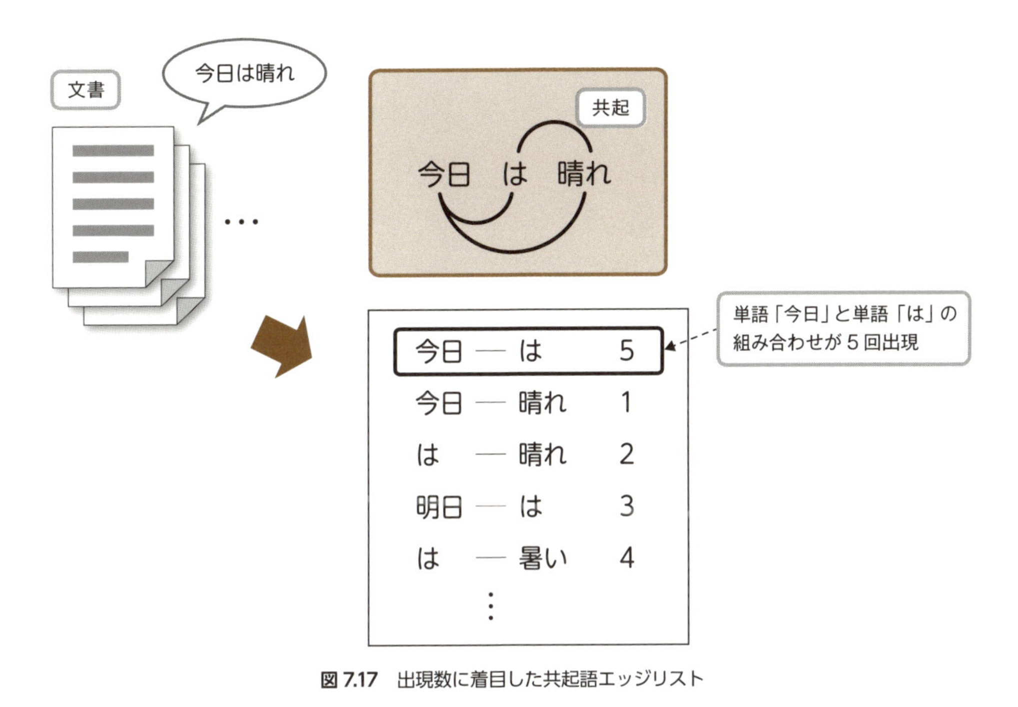

図 7.17　出現数に着目した共起語エッジリスト

単語ペアの出現数が多いほど、エッジの重みは大きくなります。

本章第2節で作成した単語文書行列も、単語たちの共起を表しています。この単語文書行列から単語ペアの類似度を計算し、エッジリストを作成することもできます。

以降では、類似度に着目した共起語エッジリストを作成していきましょう。

4.2　単語文書行列の作成

ノートブックを新規作成し、本章2節のリスト7.6、リスト7.7、リスト7.14をコピー&ペーストし、不足しているパッケージをインポートして実行しましょう。

リスト 7.22

```
1  !pip install janome
```

リスト 7.23

```
1  import os
2  import re
3  from janome.tokenizer import Tokenizer
4  from janome.analyzer import Analyzer
```

```
5  from janome.tokenfilter import POSKeepFilter
6
7  dirs = ['it-life-hack', 'movie-enter']
8  docterm = []
9  label = []
10 tmp1 = []
11 tmp2 = ''
12
13 t = Tokenizer()
14 token_filters = [POSKeepFilter(['名詞'])]
15 a = Analyzer([], t, token_filters)
16
17 for i, d in enumerate(dirs):
18     files = os.listdir('./data/' + d)
19
20     for file in files:
21         f = open('./data/' + d + '/' + file, 'r', encoding='utf-8')
22         text = f.read()
23
24         reg_text = re.sub(r'[0-9a-zA-Z]+', '', text)
25         reg_text = re.sub(r'[:;/+\.-]', '', reg_text)
26         reg_text = re.sub(r'[\s\n]', '', reg_text)
27
28         for token in a.analyze(reg_text):
29             tmp1.append(token.surface)
30             tmp2 = ' '.join(tmp1)
31         docterm.append(tmp2)
32         tmp1 = []
33
34         label.append(i)
35         f.close()
```

リスト 7.24

```
1  from sklearn.feature_extraction.text import TfidfVectorizer
2  import numpy as np
3  import pandas as pd
4
5  tv = TfidfVectorizer(min_df=0.05, max_df=0.5, sublinear_tf=True)
6  docterm_tv = tv.fit_transform(np.array(docterm))
7  docterm_tfidf = docterm_tv.toarray()
8
9  pd.DataFrame(docterm_tfidf).head()
```

実行すると、単語は495語が選択されます。仕上げに、単語文書行列へ記事カテゴリである label 列を結合します。

リスト7.25

```
1 label = pd.DataFrame(label)
2 label = label.rename(columns={0:'label'})
3
4 docterm_df = pd.concat([docterm_tfidf, label], axis=1)
5 docterm_df.head()
```

4.3　類似度の計算

類似度には、第4章2節で説明したコサイン類似度を利用します。2つの文書の内容がどの程度似通っているかを測るため、文書に出現する単語ベクトルの角度を計算しました。今回はその逆で、2つの単語が出現する文書がどの程度似通っているかを測るため、単語が出現する文書ベクトルの角度を計算すると考えてください。

単語ペアの類似度は label ごとに計算します。まずは、label が 0（it-life-hack）を対象にしましょう。

リスト7.26

```
1 from sklearn.metrics.pairwise import cosine_similarity
2
3 docterm_0 = docterm_df[docterm_df['label'] == 0]
4 docterm_0 = docterm_0.drop('label', axis=1)
5
6 sim0 = cosine_similarity(docterm_0.T)
7 sim0_df = pd.DataFrame(sim0)
8 sim0_df
```

- 1行目：2つのデータのコサイン類似度を計算するパッケージを読み込みます。
- 3〜4行目：label が「0」の単語文書行列を抽出し、label 列を取り除きます。
- 6行目：単語文書行列の行列を入れ替え、**cosine_similarity** を使って単語ペアの類似度を計算します。

実行すると、単語ペアのコサイン類似度を行列形式で確認できます。行列の対角成分（同じインデックスが交わる箇所）の類似度は「1」です。これは、同じ単語（自分自身）であることが理由です。

	0	1	2	3	4	5
0	1.000000	0.000000	0.000000	0.000000	0.000000	0.000000
1	0.000000	1.000000	0.000000	0.000000	0.000000	0.000000
2	0.000000	0.000000	1.000000	0.000000	0.027753	0.187744
3	0.000000	0.000000	0.000000	1.000000	0.057141	0.041782
4	0.000000	0.000000	0.027753	0.057141	1.000000	0.000000
5	0.000000	0.000000	0.187744	0.041782	0.000000	1.000000

図 7.18　コサイン類似度行列

行列のサイズは495行・495列であることから、全ての単語ペアの類似度を計算できていることがわかります。

4.4　共起語エッジリストの作成

エッジリストは2つの単語がペアになる、図7.17のようなリスト形式にしたいものです。そのため、行列形式からリスト形式へ変換していきましょう。

リスト 7.27

```
1  sim0_stack = sim0_df.stack()
2  
3  index = pd.Series(sim0_stack.index.values)
4  value = pd.Series(sim0_stack.values)
5  
6  print(index.head())
7  print(value.head())
```

- 1行目：**stack**を使って、データを列方向から行方向へ並べ替えます。
- 3〜4行目：並べ替えたデータはSeries形式です。インデックスに単語ペア、値に単語ペアのコサイン類似度が格納されているため、それぞれ取り出します。

実行して、indexとvalueの値を確認してみましょう。

```
0    (0, 0)
1    (0, 1)
2    (0, 2)
3    (0, 3)
4    (0, 4)
dtype: object
0    1.0
1    0.0
2    0.0
3    0.0
4    0.0
dtype: float64
```

単語インデックス0と0の類似度は1.0です。この理由は先ほど説明したとおり、同じ単語であるためです。このほかの単語の組み合わせは、類似度0で全く関係性がありません。

関係性のある単語ペアのみ残して、共起語エッジリストを作成していきましょう。

リスト 7.28

```
1  tmp3 = []
2  tmp4 = []
3  for i in range(len(index)):
4      if value[i] >=0.5 and value[i] <= 0.9:
5          tmp1 = str(index[i][0]) + ' ' + str(index[i][1])
6          tmp2 = [int(s) for s in tmp1.split()]
7          tmp3.append(tmp2)
8          tmp4 = np.append(tmp4, value[i])
9
10 tmp3 = pd.DataFrame(tmp3)
11 tmp3 = tmp3.rename(columns={0:'node1', 1:'node2'})
12 tmp4 = pd.DataFrame(tmp4)
13 tmp4 = tmp4.rename(columns={0:'weight'})
14 sim0_list = pd.concat([tmp3, tmp4], axis=1)
15
16 sim0_list.head()
```

- 4行目：類似度が0.5以上0.9以下の単語ペアを抽出します。
- 5～7行目：ネットワークのノードとなる単語ペアのインデックスを抽出し、リストtmp3へ格納していきます。
- 8行目：ネットワークのエッジ重みとなる単語ペアの類似度を抽出し、リストtmp4へ格納していきます。

- 10〜14行目：tmp3とtmp4をそれぞれデータフレーム形式へ変換し、体裁を整えてエッジリストを作成します。

実行すると、次のような1064通りの共起語エッジリストを作成できます。

	node1	node2	weight
0	0	146	0.539024
1	1	75	0.559747
2	1	100	0.566230
3	1	302	0.522954
4	3	60	0.519319

図7.19 it-life-hackの共起語エッジリスト

ここまで、labelが0（it-life-hack）の単語文書行列から共起語エッジリストを作成しました。同じ手順で、labelが1（movie-enter）の単語文書行列から共起語エッジリストを作成してみましょう。

練習問題・5

labelが1（movie-enter）の単語文書行列を抽出し、単語ペアのコサイン類似度を計算してください。

練習問題・6

「練習問題・5」で得られた類似度を、行列形式からリスト形式へ変換し、共起語エッジリストを作成してください。

ここまでの実装は、名前を付けて保存しておいてください。また、ノートブックは再利用できるようダウンロードしておいてください。

作成したデータセットから、「**NetworkX**」を使って単語の共起ネットワークを生成し、トピックを抽出することができます[3]。NetworkXは、Pythonで使えるネットワーク分析用のパッケージです。ネットワーク分析には、このほかにも「igraph」と呼ばれるパッケージがあります[4]。

本章では、以降のモデル作成フェーズを扱いませんが、関心があればNetworkXを使ってモデルを作成してください。そのために、モデル作成コードを巻末の付録に載せておきます。

Column 豆知識　2-gram エッジリスト

本章４節では、単語の共起性に着目しました。単語がどの順番で出現したか、語順を考慮したいときは、「N-gram」の考え方を利用するとよいでしょう。

このN-gramとは、文章を連続したN個の文字で分割する方法です。身近な例では、検索システムのインデックスとして使用されています。N＝1のときは1-gram（ユニグラム）、N＝2のときは2-gram（バイグラム）、N＝3のときは3-gram（トリグラム）と呼びます。

例えば、ある文章「あいうえお」をN個の文字へ分割すると次のようになります。

- 1-gram　：あ ｜ い ｜ う ｜ え ｜ お
- 2-gram　：あい ｜ いう ｜ うえ ｜ えお
- 3-gram　：あいう ｜ いうえ ｜ うえお

文字ではなく単語（連続したN個の単語）で、文章を分割することもできます。

- 1-gram　：今日 ｜ は ｜ 晴れ ｜ です ｜ 。
- 2-gram　：今日 - は ｜ は - 晴れ ｜ 晴れ - です ｜ です - 。
- 3-gram　：今日 - は - 晴れ ｜ は - 晴れ - です ｜ 晴れ - です - 。

ネットワーク分析には、2-gramモデルを利用します。文章から2-gramモデルを作成するコードを書いてみましょう。

リスト 7.29

```
1  word = ['今日', 'は', '晴れ', 'です', '。']
2  bigram = []
3
4  for i in range(len(word)-1):
5      bigram.append([word[i], word[i+1]])
6
7  print(bigram)
```

実行すると、次のリストbigramを得られます。

```
[['今日', 'は'], ['は', '晴れ'], ['晴れ', 'です'], ['です', '。']]
```

練習問題・7

文章「今日は晴れです。」から、3-gramモデルを作成してください。

記事データから 2-gram モデルを作成することもできます。it-life-hack の記事を対象に手順を考えていきましょう。本章３節のリスト 7.17 を参考にして、記事の分かち書きリストを作成します。

リスト 7.30

```
1  import os
2  import re
3  from janome.tokenizer import Tokenizer
4  
5  wakati = []
6  t = Tokenizer(wakati=True)
7  files = os.listdir('./data/it-life-hack/')
8  
9  for file in files:
10     f = open('./data/it-life-hack/' + file, 'r', encoding='utf-8')
11     text = f.read()
12 
13     reg_text = re.sub(r'[0-9a-zA-Z]+', '', text)
14     reg_text = re.sub(r'[:;/+¥.-]', '', reg_text)
15     reg_text = re.sub(r'[¥s¥n]', '', reg_text)
16 
17     wakati.append(t.tokenize(reg_text))
18 
19     f.close()
```

単語を数値化するために、単語へ ID を付与します。そのために、単語を ID 化する辞書を作成しましょう。ID は、単語の出現数降順に１から連番を付与します。本章３節のリスト 7.19 と、リスト 7.20 を参考にしましょう。

リスト 7.31

```
1  import itertools
2  from collections import Counter
3  import pandas as pd
4  
5  word_freq = Counter(itertools.chain(* wakati))
6  
7  dic = []
8  for word_uniq in word_freq.most_common():
9      dic.append(word_uniq[0])
10 
11 print(len(dic))
12 print(pd.DataFrame(dic).head())
```

リスト 7.32

```
1  dic_inv = {}
2  for i, word_uniq in enumerate(dic, start=1):
3      dic_inv.update({word_uniq: i})
4
5  print(len(dic_inv))
```

分かち書きした単語をIDへ変換します。本章3節の「練習問題・4」を参考にしましょう。

リスト 7.33

```
1  wakati_id = [ [ dic_inv[word] for word in waka ] for waka in wakati ]
2
3  print(len(wakati_id))
4  print(wakati_id[0])
```

ここから、リスト7.29を参考にして、2-gramモデルを作成していきます。

リスト 7.34

```
1  tmp = []
2  bigram = []
3
4  for i in range(len(wakati_id)):
5      row = wakati_id[i]
6      for j in range(len(row)-1):
7          tmp.append([row[j], row[j+1]])
8      bigram.extend(tmp)
9      tmp = []
10
11 print(bigram)
```

記事を1本ずつ読み込んで2-gramを作成し、リストbigramへ格納していきます。このままの状態では、単語ペアの組み合わせが重複しています。集約してまとめましょう。

リスト 7.35

```
1  bigram_df = pd.DataFrame(bigram)
2  bigram_df = bigram_df.rename(columns={0:'node1', 1:'node2'})
3
4  bigram_df['weight'] = 1
5  bigram_df = bigram_df.groupby(['node1', 'node2'], as_index=False).sum()
```

```
6
7  bigram_df = bigram_df[bigram_df['weight'] > 10]
8  bigram_df = bigram_df[bigram_df['weight'] < 500]
9
10 bigram_df.head()
```

- 4行目：単語ペアに重み「1」を付与し、その組み合わせの出現数を「1」とみなします。
- 5行目：重複する単語ペアの出現数を、足し合わせてまとめます。
- 7〜8行目：単語ペアの出現数が10を超え、500未満のものを抽出します。

実行すると、次のような1565通りの2-gramエッジリストを作成できます。

	node1	node2	weight
0	1	1	18
2	1	3	29
3	1	4	36
5	1	6	93
6	1	7	108

図7.20　it-life-hackの2-gramエッジリスト

この2-gramエッジリストからも、共起語エッジリストのときと同様に、NetworkXを使って単語の2-gramネットワークを生成できます。

第7章のまとめ

本章では、分析の目標を「記事をカテゴリに分類すること」、および「カテゴリに含まれる話題（トピック）を抽出し分類の根拠を理解すること」とあらかじめ設定しておき、自然言語データを対象にした前処理方法を主に学びました。

データ理解のフェーズでは、自然言語の特性を学びました。自然言語は人間が意思疎通を図るための書き言葉や、話し言葉であるため、そのままの状態では機械は学習できません。そのために、文章を単語へ分割する形態素解析から始めます。分割した単語は、品詞をはじめ様々な属性情報を持ちます。この属性情報によって、学習に使用する単語を選別できます。

データ準備フェーズの前半では、分類モデルを作成するために、機械学習のアルゴリズムが受け付ける形へ、データを前処理する方法を学びました。分割した単語の出現数をカウントし、単語文書行列を作成してようやく学習を始めることができます。ただし、単語の出現数をそのまま使うよりも、単語に重みを付けTF-IDF値を使う方が一般的であり、特徴量が際立ちます。

データ準備フェーズの中半では、分類モデルを作成するために、深層学習のアルゴリズム（特にRNN）が受け付ける形へと、データを前処理する方法を学びました。前半の方法とは異なり、学習に使用するデータには、句読点など、それ単体で意味をなさない単語を含めました。また、語順を考慮したため、機械学習を使うよりも精度が向上します。

データ準備フェーズの後半では、分類の根拠を把握しやすい分析手法に適した形、すなわち、そうした分析手法が受け付ける形へと、データを前処理する方法を学びました。単語の共起性とつながりに着目し、共起語ネットワークを作成してクラスタリングすれば、単語群から話題（トピック）を推測することができます。単語の共起性は前半から、つながり（語順）は中半の考えに近いものがあります。人が根拠を理解するためには、ネットワーク分析のように可視化しやすい手法は効果的です。

自然言語の分類モデルは、画像と違って深層学習一択ではありません。課題によっては、機械学習の方がよい場合もあります。まず、「分類」を行いたい場合で、分類の根拠を知りたいときは機械学習を選びます。分類の精度を高めたい場合で、根拠は二の次でよいときは深層学習を選ぶとよいでしょう。

出典

[1] https://www.rondhuit.com/download.html

[2] http://mocobeta.github.io/janome/

[3] https://networkx.github.io/documentation/stable/index.html

[4] https://igraph.org/

第7章　練習問題の解答

練習問題・1

リスト 7A.1

```
1 reg_text = re.sub(r'[\s\n]', '', reg_text)
2 print(reg_text)
```

1番目の引数には、置換する文字列を指定し、2番目の引数には、何によって置換するかを指定します。ここではURLに含まれる文字列を空白で置換、つまり除去します。

実行結果

実行すると、文章から半角スペースと改行が取り除かれます。

```
旧式で禁断のパワーアップ！最新やソフトを一挙にチェック【フラッシュバック】テレビやと連携できるパソコンや、プロセッサや切り替わるパソコンなど、面白いパソコンが次から次へと登場した。旧式の禁断ともいえるパワーアップ方法から、の最新、話題の、・・・（続く）
```

練習問題・2

リスト 7A.2

```
1 import collections
2 
3 text = []
4 for token in a.analyze(reg_text):
5     text.append(token.surface)
6 
7 c = collections.Counter(text)
8 print(c)
```

- 4〜5行目：正規化したテキストを形態素解析し、名詞の単語をリストへ格納します。
- 7行目：**Counter**を使って、リストに含まれる要素の個数をカウントします。

実行結果

実行すると、単語ごとの出現回数が出力されます。

```
Counter({'パソコン': 7, 'ソフト': 6, 'セキュリティ': 4, '出荷': 4, '旧式': 3, '最新': 3, '
連携': 3, 'インテル': 3, 'の': 3, '費用': 3, '月日': 3, '機能': 3, '式': 3, '禁断': 2, 'パ
ワーアップ': 2, '一挙': 2, ・・・（続く）
```

カテゴリがITライフハックの記事であるため、IT関連の単語が多く出現しています。

練習問題・3

リスト7A.3

```
1 wcnt = []
2
3 docterm_wcnt = np.sum(a=docterm_cnt, axis=0)
4 for w, cnt in zip(cv.get_feature_names(), docterm_wcnt):
5     wcnt.append([w, cnt])
6
7 wcnt_df = pd.DataFrame(wcnt)
8 wcnt_df = wcnt_df.sort_values(1, ascending=False)
9 wcnt_df.head()
```

- 3行目：全記事の単語を足し合わせます。
- 4〜5行目：get_feature_namesを使って、インデックスから単語名と、その単語の出現数を1ペアずつ取り出します。
- 8行目：単語の出現数を降順に並べ替えます。

実行結果

実行すると、movie-enterの記事の単語が、多く反映されているとわかります。

	0	1
177	こと	1488
7478	映画	1218
466	よう	659
4994	作品	527
5208	公開	473

図7A.1　出現数の多い単語TOP5

練習問題・4

リスト 7A.4

```
1  wakati_id = [ [ dic_inv[word] for word in waka ] for waka in wakati ]
2
3  print(len(wakati_id))
4  print(wakati_id[0])
```

実行結果

wakati_id のサイズは 400 です。1 番目の記事には、次の単語 ID が含まれていることがわかります。

```
[207, 10, 419, 333, 456, 27, 3660, 453, 420, 14, 4120, 15, 59, 10, 779, 3, 2107, 56, 436,
38, 5, 351, 34, 207, 10, 419, 3, 1268, 12, 73, 38, 2, 419, 9218, 3661, 12, 73, 38, 436,
111, 5, ・・・（続く）
5, 1768, 1210, 4, 2378, 37, 1, 68, 1048, 217, 1695, 3, 273, 19, 30, 37, 1, 91, 3, 127,
399]
```

練習問題・5

リスト 7A.5

```
1  docterm_1 = docterm_df[docterm_df['label'] == 1]
2  docterm_1 = docterm_1.drop('label', axis=1)
3
4  sim1 = cosine_similarity(docterm_1.T)
5  sim1_df = pd.DataFrame(sim1)
6
7  sim1_df
```

- 1～2 行目：label が「0」の単語文書行列を抽出し、label 列を取り除きます。
- 4 行目：単語文書行列の行列を入れ替え、**cosine_similarity** を使って、単語ペアの類似度を計算します。

実行結果

単語ペアのコサイン類似度を行列形式で確認できます。行列の対角成分（同じインデックスが交わる箇所）の類似度は「1」です。これは、同じ単語（自分自身）であることが理由です。

	0	1	2	3	4	5
0	1.000000	0.107352	0.052214	0.000000	0.050477	0.063288
1	0.107352	1.000000	0.125046	0.050472	0.049434	0.054100
2	0.052214	0.125046	1.000000	0.000000	0.000000	0.050322
3	0.000000	0.050472	0.000000	1.000000	0.051804	0.119202
4	0.050477	0.049434	0.000000	0.051804	1.000000	0.041013
5	0.063288	0.054100	0.050322	0.119202	0.041013	1.000000

図 7A.2　コサイン類似度行列

行列のサイズは495行・495列であることから、全ての単語ペアの類似度を計算できていることがわかります。

練習問題・6

リスト 7A.6

```
1  sim1_stack = sim1_df.stack()
2  
3  index = pd.Series(sim1_stack.index.values)
4  value = pd.Series(sim1_stack.values)
5  
6  print(index.head())
7  print(value.head())
```

- 1行目：**stack**を使って、データを列方向から行方向へ並べ替えます。
- 3～4行目：並び替えたデータはSeries形式です。インデックスには単語ペア、値には単語ペアのコサイン類似度が格納されているため、それぞれ取り出します。

実行結果

index と value の値を確認してみましょう。

```
0    (0, 0)
1    (0, 1)
2    (0, 2)
3    (0, 3)
4    (0, 4)
dtype: object
```

```
0    1.000000
1    0.107352
2    0.052214
3    0.000000
4    0.050477
dtype: float64
```

リスト7A.7

```
1  tmp3 = []
2  tmp4 = []
3  for i in range(len(index)):
4      if value[i] >=0.5 and value[i] <= 0.9:
5          tmp1 = str(index[i][0]) + ' ' + str(index[i][1])
6          tmp2 = [int(s) for s in tmp1.split()]
7          tmp3.append(tmp2)
8          tmp4 = np.append(tmp4, value[i])
9
10 tmp3 = pd.DataFrame(tmp3)
11 tmp3 = tmp3.rename(columns={0:'node1', 1:'node2'})
12 tmp4 = pd.DataFrame(tmp4)
13 tmp4 = tmp4.rename(columns={0:'weight'})
14 sim1_list = pd.concat([tmp3, tmp4], axis=1)
15
16 sim1_list.head()
```

- 4行目：類似度が0.5以上、かつ0.9以下の単語ペアを抽出します。
- 5～7行目：ネットワークのノードとなる単語ペアのインデックスを抽出して、リストtmp3へ格納していきます。
- 8行目：ネットワークのエッジ重みとなる単語ペアの類似度を抽出して、リストtmp4へ格納していきます。
- 10～14行目：tmp3とtmp4それぞれをデータフレーム形式へ変換し、体裁を整えてエッジリストを作成します。

実行結果

次のような、388通りの共起語エッジリストを作成することができます。

	node1	node2	weight
0	2	88	0.536936
1	3	375	0.656366
2	3	437	0.610268
3	4	153	0.565273
4	6	161	0.650619

図 7A.3　movie-enter の共起語エッジリスト

練習問題・7

リスト 7A.8

```
1  trigram = []
2
3  for i in range(len(word)-2):
4      trigram.append([word[i], word[i+1], word[i+2]])
5
6  print(trigram)
```

実行結果

```
[['今日', 'は', '晴れ'], ['は', '晴れ', 'です'], ['晴れ', 'です', '。']]
```

付録

Appendix

1 JupyterLab ローカル環境の構築

本編（第1章〜7章）では、クラウド上のJupyterLabを利用して実装を行いました。JupyterLabはローカルPCにも構築できます。ここでは、Windows 10 Home 64bitに環境を構築する場合の手順を説明します。

1.1 Anacondaのインストール

環境は**Anaconda**を使って構築していきましょう。AnacondaではPython2系と3系の環境を構築できるとともに、機械学習に役立つパッケージを一括してインストールできます。また、プロジェクトごとにPythonの仮想環境を作成して使い分けることができます。AnacondaはAnaconda社が開発・提供しており、無償版と有償版があります。有償版はサポートを受けられるほか、処理を並列化して高速化することができますが、ここでは無償版を利用します。

Anacondaは2019年2月現在、2018年12月リリースのバージョンが最新です。Anacondaのダウンロードページから、そのインストーラ**Anaconda3-2018.12-Windows-x86_64.exe**を入手しましょう[1]。

図 A1.1 インストーラのダウンロード

ダウンロードしたインストーラを起動し、セットアップ開始画面で **[Next >]** をクリックします。次に、ライセンス同意画面でソフトウェアのライセンス内容を確認し、問題なければ **[I Agree]** をクリックします。

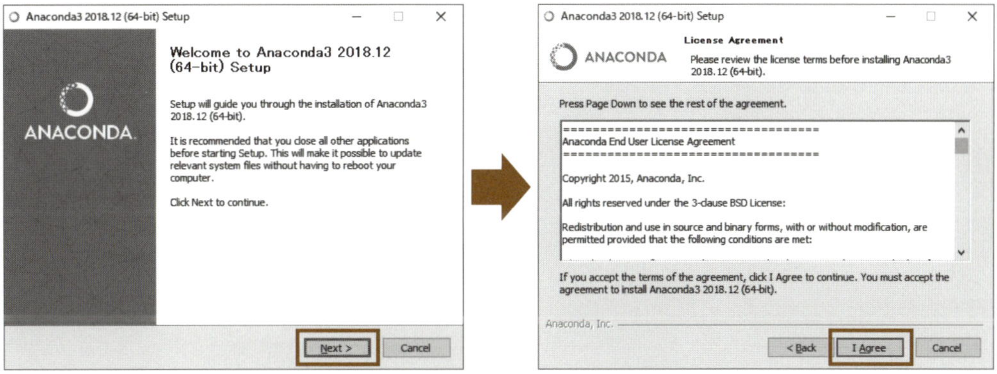

図 A1.2　Anaconda のインストール (1)

インストールタイプの選択画面では **[Just Me（recommend)]** を選び、自分のアカウントのみで使用できるようにします。[All Users (requires admin privileges)] を選ぶと、PC の全てのアカウントで使用可能となります。選択できたら **[Next >]** をクリックします。

インストール場所の選択画面では、Anaconda を指定します。場所はデフォルトのままで問題ありませんが、別の場所（例えば、E ドライブの直下）に作ることもできます。また、インストール場所に Anaconda3 フォルダがなければ自動で作られます。設定できたら **[Next >]** をクリックします。

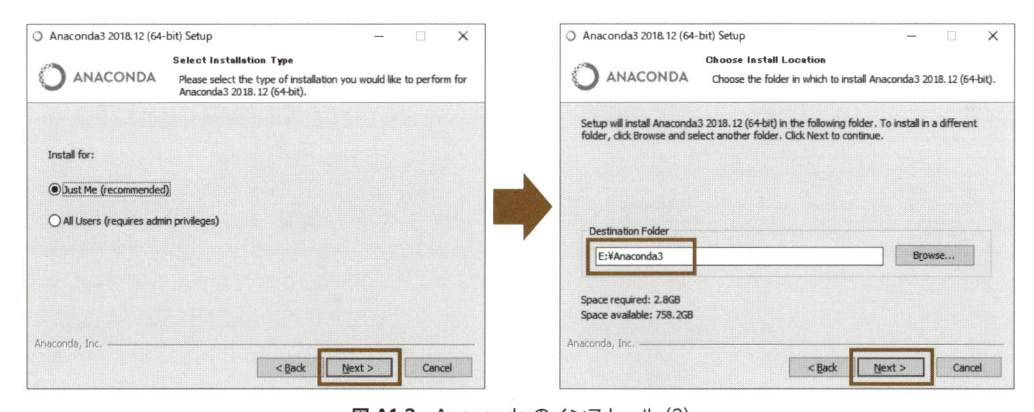

図 A1.3　Anaconda のインストール (2)

インストールオプションの画面では、追加の設定を行います。**[Add Anaconda to my PATH environment variable]** にチェックを入れて、環境変数に追加しましょう。[Register Anaconda as my default Python 3.7] は、Python 3.6 を標準で使用するバージョンにするかを意味します。こちらはデフォルトでチェックが入った状態です。そのままにしておき、**[Install]** をクリックします。

設定が完了すると、インストールが始まります。インストール中に [Show details] をクリックすると、図 A1.4 の右のように、インストールの状況を確認できます。

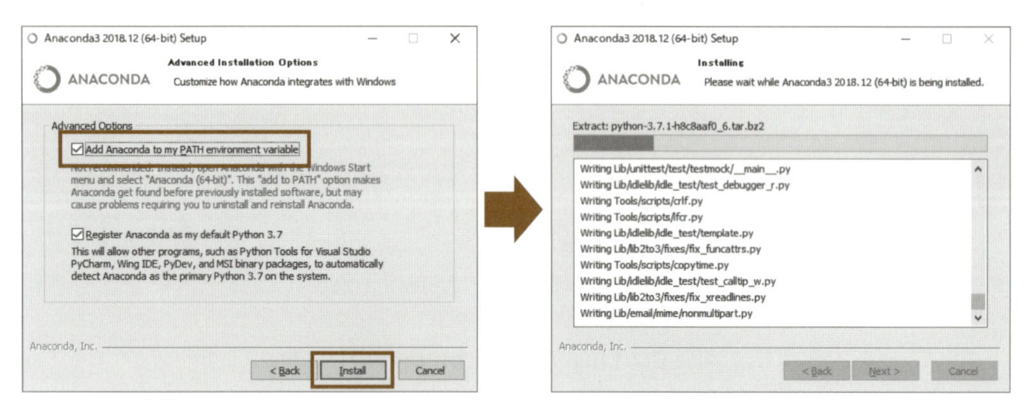

図 A1.4 Anaconda のインストール (3)

インストールが完了したら **[Next]** をクリックします。コードエディタの Microsoft Visual Studio Code をインストールしたい場合は、[Install Microsoft VSCode] をクリックしてください。ここでは、インストールせずに [Skip] をクリックします。

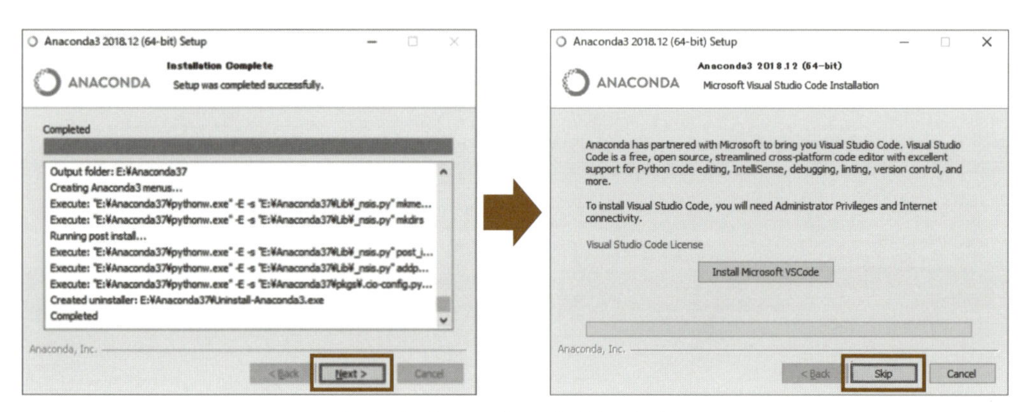

図 A1.5 Anaconda のインストール (4)

最後に「Thanks for installing Anaconda3!」と表示されればインストール完了です。**[Finish]** をクリックします。そして、E ドライブ直下に Anaconda3 がインストールされていることを確認しましょう。

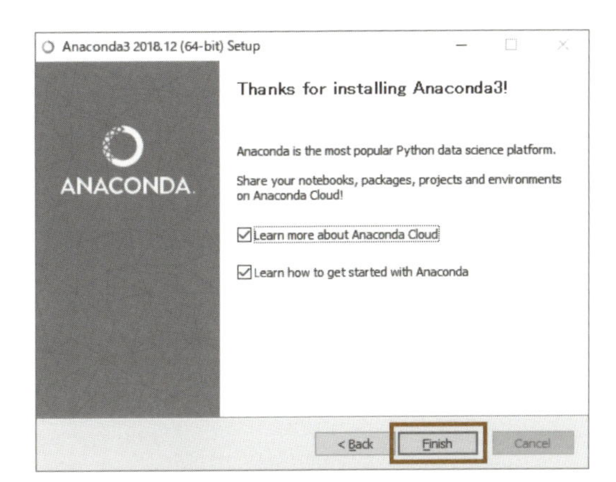

図 A1.6　Anaconda のインストール (5)

1.2　Python 環境の作成

Windows のスタートメニューから **Anaconda Navigator** を起動し、**Environments** をクリックします。Python 環境はデフォルトで、base(root) 環境のみが作成されています。

図 A1.7　Anaconda Navigator の起動

画面下の **Create** をクリックして、新しく環境を生成しましょう。Create new environment 画面で作成する環境名を入力し、使用する Python のバージョンを選択します。ここでは、環境名は「pbook_appx」とし、Python のバージョンは「**3.6**」とします。この Python のバージョンは、本編で使用したクラウド環境に合わせます。

［Create］をクリックして環境作成が完了すると、base(root) の下に作成した環境名が表示されます。

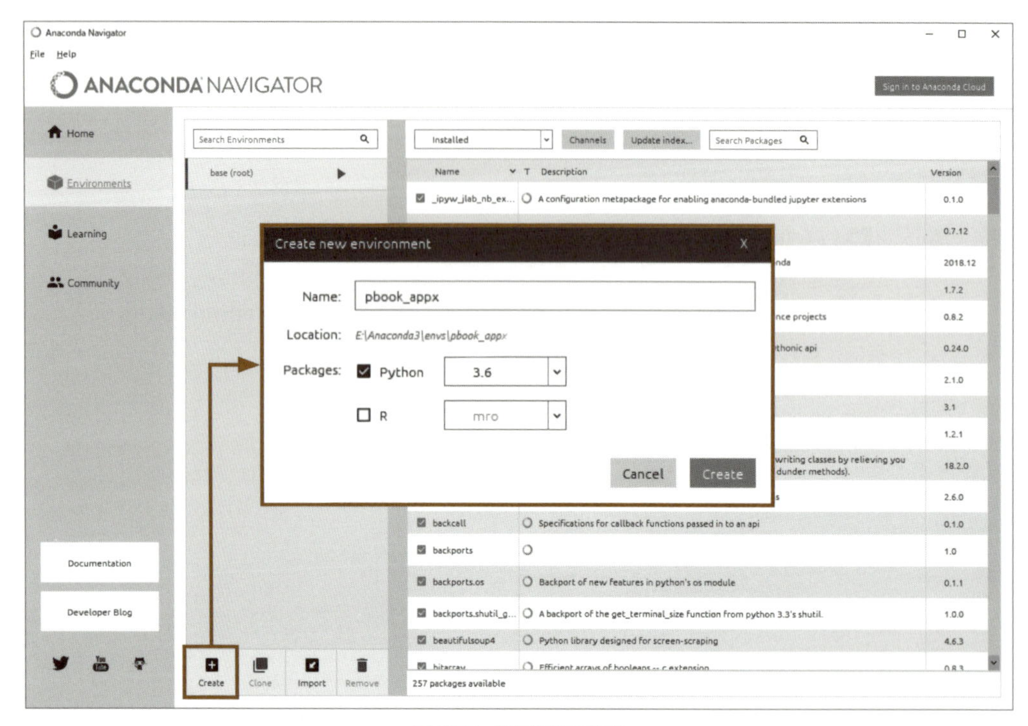

図 A1.8　新規環境の作成

1.3　パッケージのインストール

作成した環境名をクリックし、必要なパッケージをインストールしていきましょう。本編および付録で使用するパッケージは、次のとおりです。

表 A1.1　インストールする Python パッケージ

パッケージ名	概要
Jupyter	開発環境
JupyterLab	開発環境（Jupyter Notebook の後継）
Pandas	データ加工・整形パッケージ
Matplotlib	データ可視化パッケージ
Scikit-learn	機械学習パッケージ
OpenCV	画像処理パッケージ
TensorFlow	深層学習パッケージ
Keras	深層学習パッケージ
NetworkX	ネットワーク分析パッケージ

Jupyter と JupyterLab を例に、インストール方法を説明します。インストールされていないパッケージを探すため **Not installed** を選択し、検索ボックスに「jupyter」と入力します。そして、パッケージリストの中から「jupyter」と「jupyterlab」にチェックを入れ、画面右下の［Apply］をクリックします。

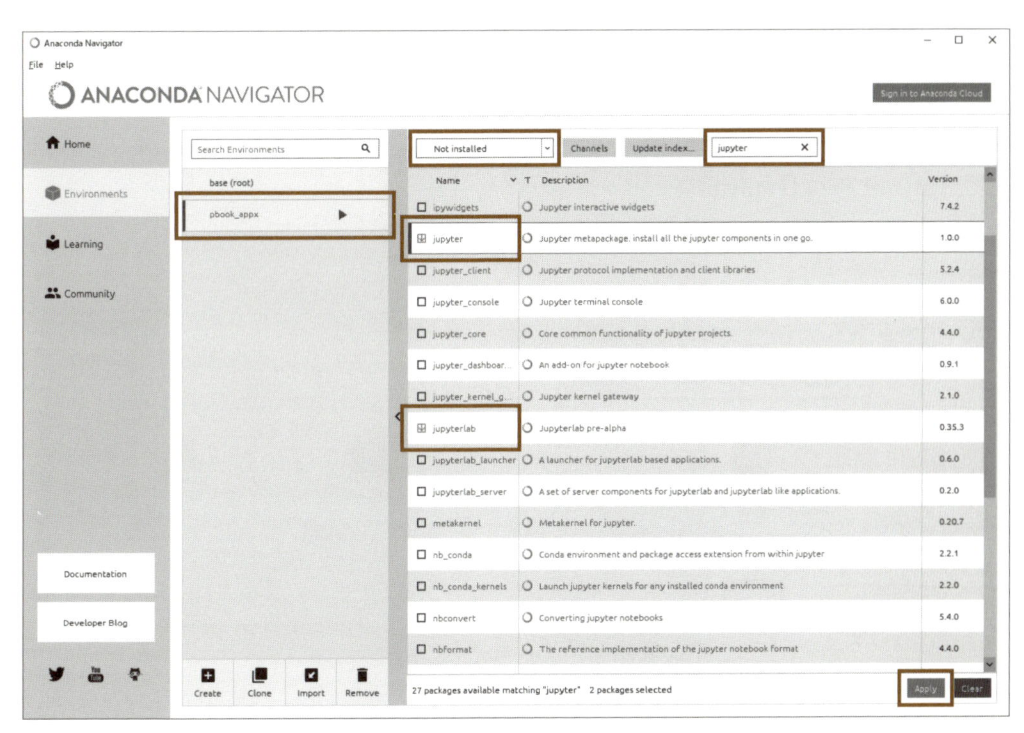

図 A1.9　インストールするパッケージの検索

JupyterとJupyterLabの依存パッケージが表示されます。そのまま［Apply］をクリックして、インストールが完了するまで待ちます。同様にして、他のパッケージもインストールしていきましょう。

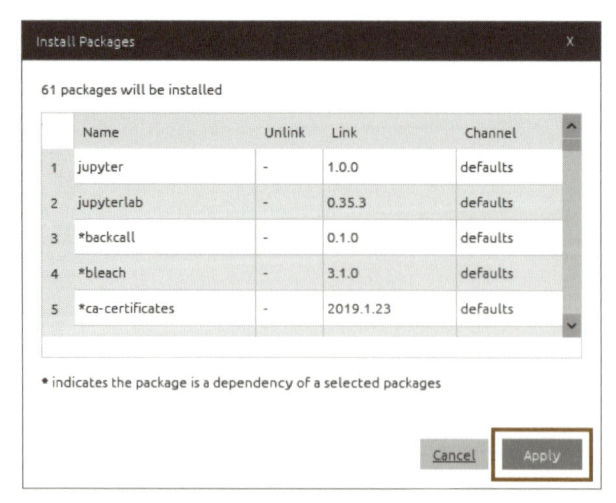

図 A1.10　依存パッケージも含めたインストール

1.4　JupyterLabの起動

Home画面に戻って、Applications onが作成した環境名になっていることを確認しましょう。そして、JupyterLabの **[Launch]** をクリックします。

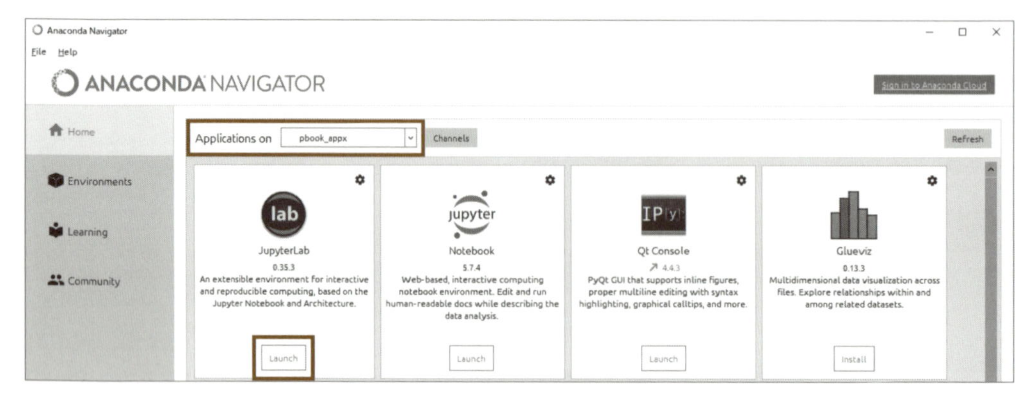

図 A1.11　JupyterLabの起動 (1)

ブラウザ上で、JupyterLabが起動します。JupyterLabのホームディレクトリは、PCログインユーザのホームフォルダです。

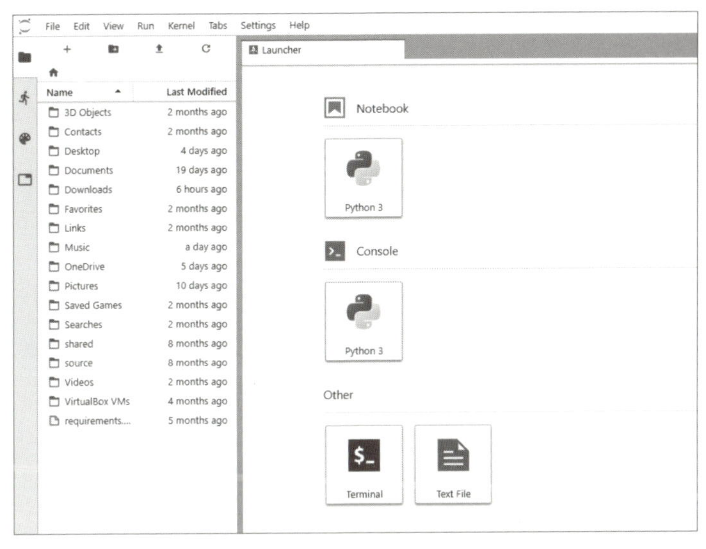

図 A1.12　JupyterLab の起動 (2)

もし、JupyterLab のホームディレクトリを変更したいときは、Jupyter Notebook の設定ファイルを書き換えます。Windows のスタートメニューから、**Anaconda Prompt** をクリックして起動してください。そして、次のコマンドを入力して実行します。

リスト A1.1

```
> jupyter notebook --generate-config
```

実行すると、コマンドを実行した場所に **.jupyter** フォルダが作成されます。

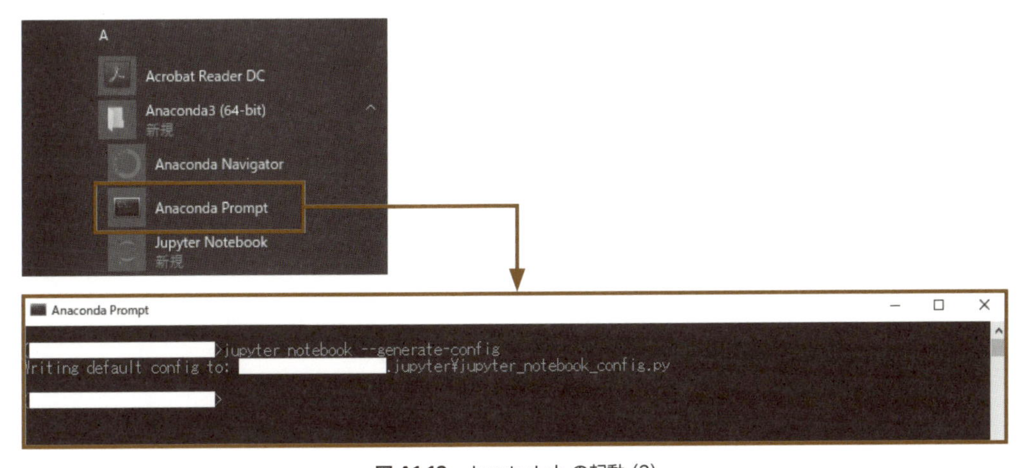

図 A1.13　JupyterLab の起動 (2)

.jupyter フォルダの中の「jupyter_notebook_config.py」を、テキストエディタで開いてください。261 行目を、次のように変更します。

リスト A1.2-1　変更前

```
#c.NotebookApp.notebook_dir = ''
```

リスト A1.2-2　変更後

```
c.NotebookApp.notebook_dir = 'E:/Anaconda3'
```

「dir = 」の後に、デフォルトで起動したい場所を指定します。例えば、E ドライブ直下の Anaconda3 フォルダで起動したい場合には、「E:/Anaconda3」とします。

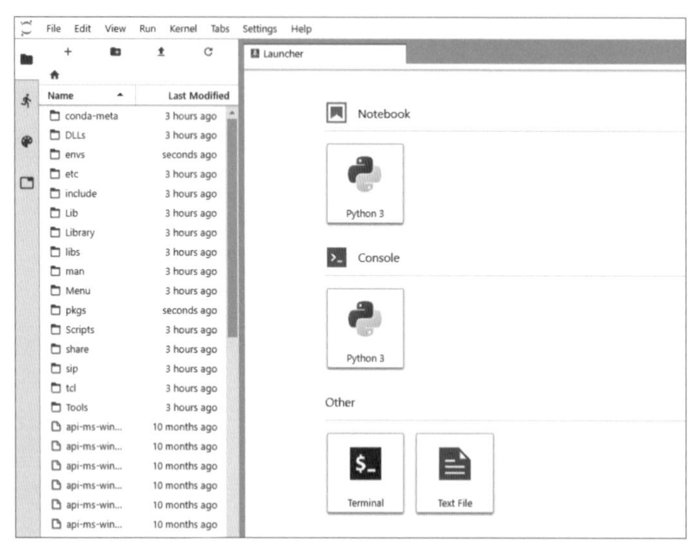

図 A1.14　JupyterLab の起動 (3)

以上で、ローカル PC に JupyterLab 環境を構築できました。以降の付録からは、ローカルの JupyterLab 環境を使って説明していきます。

2 画像認識モデルの作成

第5章の3節では、深層学習のアルゴリズムの1つであるCNNが受け付ける形へ、データを前処理しました。ここでは、そのデータを使って、画像の被写体が蟻か蜂かを識別するモデルを作成してみましょう。

2.1 実装環境の準備

JupyterLabのホームが、Eドライブ直下のAnaconda3フォルダとして説明します。envsフォルダ、作成した環境名のフォルダの順にクリックしていきます。ここに、第5章1節の説明と同じ手順で実装環境を作成してください。

また、第5章の3節にあるリスト5.22の続きから実装するので、そのとき作成したノートブックをアップロードしてください。

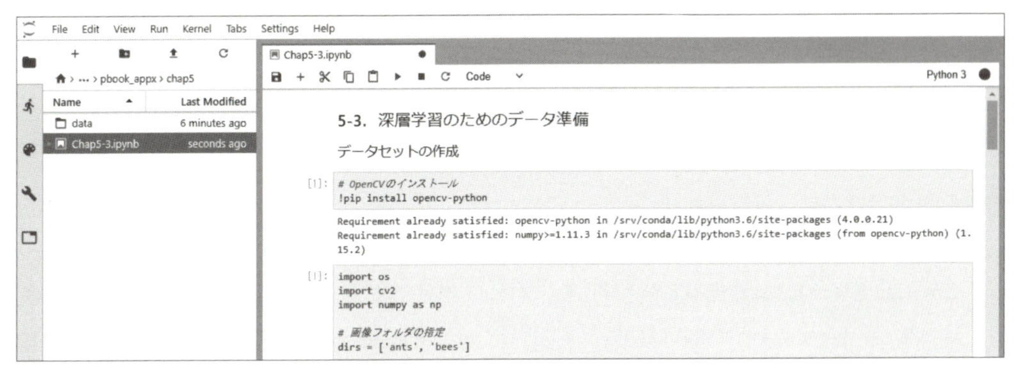

図 A2.1　ローカルPCの実装環境

2.2 グレースケール画像の識別モデル

ノートブックの各セルのコードを実行しておいてください。ただし、パッケージをインストールするコードの実行は不要です。そして、リスト5.22の続きから、以下のコードを挿入し実行してください。

学習に使用するネットワークを作成します。

リスト A2.1

```
1  from keras.models import Sequential
2  from keras.layers import Dense, Flatten, Dropout
3  from keras.layers import Conv2D, MaxPooling2D
4
5  model = Sequential()
6  model.add(Conv2D(16, (5, 5), activation='relu', input_shape=(128, 128, 1)))
7  model.add(MaxPooling2D((2, 2)))
8  model.add(Dropout(0.5))
9  model.add(Conv2D(32, (5, 5), activation='relu'))
10 model.add(MaxPooling2D((2, 2)))
11 model.add(Dropout(0.5))
12 model.add(Flatten())
13 model.add(Dense(128, activation='relu'))
14 model.add(Dense(1, activation='sigmoid'))
15
16 model.summary()
```

ネットワークは入力層（128 × 128 × 1 ノード）、畳み込み層とプーリング層が 2 つずつ、出力層（1 ノード）で構成します。

- 5 行目：**Sequential** を使い、層を重ねてネットワークを作成します。
- 6 行目：入力層のノード数は、画像データの縦ピクセル数、横ピクセル数、カラーチャンネル数を指定します。ここではグレースケール画像を扱うため、カラーチャンネル数は「1」となります。
  Conv2D を使って、畳み込み層を作成しましょう。1 番目の畳み込み層では、畳み込みフィルタの大きさを 5 × 5 とし、1 ピクセルずつスライドさせて特徴量を抽出します。この処理はフィルタ 16 枚分行います。よって出力ノード数は、(縦ピクセル数、横ピクセル数、カラーチャンネル数) = ((128 − 5 + 1) × (128 − 5 + 1) × 16) となります。
- 7 行目：**MaxPooling2D** を使って、プーリング層を作成します。1 番目のプーリング層は、領域の大きさを 2 × 2 とし、ピクセル間を重複なしにスライドさせて、畳み込み層で抽出した特徴量のうち最大のものを抽出します。よって出力ノード数は、(縦ピクセル数、横ピクセル数、カラーチャンネル数) = ((124 ÷ 2) × (124 ÷ 2) × 16) となります。
- 8 行目：**Dropout** を使ってドロップアウトを行い、50%のノードを無効にします。
- 9 行目：2 番目の畳み込み層では、畳み込みフィルタの大きさを 5 × 5 とし、1 ピクセルずつスライドさせて特徴量を抽出します。この処理はフィルタ 32 枚分行います。よって出力ノード数は、(縦ピクセル数、横ピクセル数、カラーチャンネル数) = ((62 − 5 + 1) × (62 − 5 + 1) × 32) となります。

- 10 行目：2 番目のプーリング層は、領域の大きさを 2 × 2 とし、ピクセル間を重複なしにスライドさせて、畳み込み層で抽出した特徴量のうち最大のものを抽出します。よって出力ノード数は、(縦ピクセル数、横ピクセル数、カラーチャンネル数) = ((58 ÷ 2) × (58 ÷ 2) × 32) となります。
- 12〜13 行目：**Flatten** を使ってノードをフラットに展開し、全結合層のノード数は 128 とします。中間層全ての活性化関数には ReLU 関数を使用します。
- 14 行目：**Dense** を使って出力層を作成します。ノード数は「1」とし、活性化関数にはシグモイド関数を使用します。

作成したネットワークの概要は、次のように確認できます。

```
_________________________________________________________________
Layer (type)                 Output Shape              Param #
=================================================================
conv2d_1 (Conv2D)            (None, 124, 124, 16)      416
_________________________________________________________________
max_pooling2d_1 (MaxPooling2 (None, 62, 62, 16)        0
_________________________________________________________________
dropout_1 (Dropout)          (None, 62, 62, 16)        0
_________________________________________________________________
conv2d_2 (Conv2D)            (None, 58, 58, 32)        12832
_________________________________________________________________
max_pooling2d_2 (MaxPooling2 (None, 29, 29, 32)        0
_________________________________________________________________
dropout_2 (Dropout)          (None, 29, 29, 32)        0
_________________________________________________________________
flatten_1 (Flatten)          (None, 26912)             0
_________________________________________________________________
dense_1 (Dense)              (None, 128)               3444864
_________________________________________________________________
dense_2 (Dense)              (None, 1)                 129
=================================================================
Total params: 3,458,241
Trainable params: 3,458,241
Non-trainable params: 0
_________________________________________________________________
```

図 A2.2 作成した CNN

学習条件を設定し、学習を実行します。

リスト A2.2

```
1  model.compile(loss='binary_crossentropy', optimizer='sgd', metrics=['accuracy'])
2  hist = model.fit(trainX, trainY, batch_size=64, verbose=1,
3                   epochs=20, validation_data=(testX, testY))
```

- 1行目：**compile**を使って学習条件をセットします。誤差関数に交差エントロピー、最適化関数に確率的勾配降下法、モデルの評価に精度を使用します。
- 2〜3行目：**fit**を使って学習を実行します。訓練データのサイズが32件になるよう分割し、シャッフルしながら20回反復学習します。各反復の最後に、テストデータを使用しモデルの精度を計算します。

実行すると、画面には以下に示すような学習状況が表示されるでしょう。ここで、lossは訓練データの誤差、accは訓練データに対するモデル精度、val_lossはテストデータの誤差、val_accはテストデータに対するモデル精度です。

```
Train on 317 samples, validate on 80 samples
Epoch 1/20
317/317 [==============================] - 100s 315ms/step - loss: 1.1875 - acc: 0.5773 -
val_loss: 0.6912 - val_acc: 0.4875
Epoch 2/20
317/317 [==============================] - 90s 284ms/step - loss: 0.7254 - acc: 0.4858 -
val_loss: 0.6919 - val_acc: 0.4875
・・・
Epoch 20/20
317/317 [==============================] - 97s 307ms/step - loss: 0.4280 - acc: 0.8139 -
val_loss: 0.6382 - val_acc: 0.6500
```

学習の結果を覗いてみましょう。横軸をエポック数、縦軸を訓練データとテストデータの誤差とし、誤差の履歴を描画します。

リスト A2.3

```
1  import matplotlib.pyplot as plt
2  %matplotlib inline
3
4  plt.plot(hist.history['loss'])
5  plt.plot(hist.history['val_loss'])
6  plt.ylabel('loss')
```

1
2
3
4
5
6
7
A

```
7 plt.xlabel('epoch')
8 plt.legend(['train', 'val'], loc='upper right')
9 plt.show()
```

同様に、横軸をエポック数、縦軸を訓練データとテストデータの精度とし、精度の履歴を描画します。

リスト A2.4

```
1 plt.plot(hist.history['acc'])
2 plt.plot(hist.history['val_acc'])
3 plt.ylabel('accuracy')
4 plt.xlabel('epoch')
5 plt.legend(['train', 'val'], loc='upper left')
6 plt.show()
```

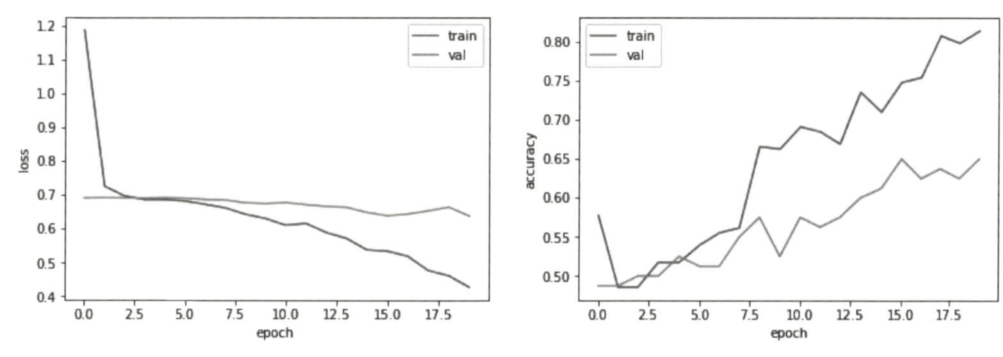

図 A2.3　誤差と精度の履歴を描画

2.3 カラー画像の識別モデル

第5章3節の「練習問題・7」の続きから実装します。そのときに使用したノートブックに、以下のコードを挿入して実行してください。

学習に使用するネットワークを作成します。

リスト A2.5

```
1 from keras.models import Sequential
2 from keras.layers import Dense, Flatten, Dropout
3 from keras.layers import Conv2D, MaxPooling2D
4
```

```
5  model = Sequential()
6  model.add(Conv2D(16, (5, 5), activation='relu', input_shape=(128, 128, 3)))
7  model.add(MaxPooling2D((2, 2)))
8  model.add(Dropout(0.5))
9  model.add(Conv2D(32, (5, 5), activation='relu'))
10 model.add(MaxPooling2D((2, 2)))
11 model.add(Dropout(0.5))
12 model.add(Flatten())
13 model.add(Dense(128, activation='relu'))
14 model.add(Dense(1, activation='sigmoid'))
15
16 model.summary()
```

ネットワークは入力層（128 × 128 × 3 ノード）、畳み込み層とプーリング層が 2 つずつ、出力層（1 ノード）で構成します。

- 5 行目：層を重ねてネットワークを作成します。
- 6 行目：入力層のノード数は、画像データの縦ピクセル数、横ピクセル数、カラーチャンネル数を指定します。ここではカラー画像を扱うため、カラーチャンネル数は「3」となります。
  1 番目の畳み込み層では、畳み込みフィルタの大きさを 5 × 5 とし、1 ピクセルずつスライドさせて特徴量を抽出します。この処理はフィルタ 16 枚分行います。よって出力ノード数は、(縦ピクセル数、横ピクセル数、カラーチャンネル数) = ((128 − 5 + 1) × (128 − 5 + 1) × 16) となります。
- 7 行目：1 番目のプーリング層は、領域の大きさを 2 × 2 とし、ピクセル間を重複なしにスライドさせて、畳み込み層で抽出した特徴量のうち最大のものを抽出します。よって出力ノード数は、(縦ピクセル数、横ピクセル数、カラーチャンネル数) = ((124 ÷ 2) × (124 ÷ 2) × 16) となります。
- 8 行目：ドロップアウトを行い、50%のノードを無効にします。
- 9 行目：2 番目の畳み込み層では、畳み込みフィルタの大きさを 5 × 5 とし、1 ピクセルずつスライドさせて特徴量を抽出します。この処理はフィルタ 32 枚分行います。よって出力ノード数は、(縦ピクセル数、横ピクセル数、カラーチャンネル数) = ((62 − 5 + 1) × (62 − 5 + 1) × 32) となります。
- 10 行目：2 番目のプーリング層は、領域の大きさを 2 × 2 とし、ピクセル間を重複なしにスライドさせて、畳み込み層で抽出した特徴量のうち最大のものを抽出します。よって出力ノード数は、(縦ピクセル数、横ピクセル数、カラーチャンネル数) = ((58 ÷ 2) × (58 ÷ 2) × 32) となります。
- 12〜13 行目：ノードをフラットに展開し、全結合層のノード数は 128 とします。中間層全ての活性化関数には ReLU 関数を使用します。
- 14 行目：出力層のノード数は「1」とし、活性化関数にはシグモイド関数を使用します。

作成したネットワークの概要は、次のように確認できます。

```
_________________________________________________________________
Layer (type)                 Output Shape              Param #
=================================================================
conv2d_3 (Conv2D)            (None, 124, 124, 16)      1216
_________________________________________________________________
max_pooling2d_3 (MaxPooling2 (None, 62, 62, 16)        0
_________________________________________________________________
dropout_3 (Dropout)          (None, 62, 62, 16)        0
_________________________________________________________________
conv2d_4 (Conv2D)            (None, 58, 58, 32)        12832
_________________________________________________________________
max_pooling2d_4 (MaxPooling2 (None, 29, 29, 32)        0
_________________________________________________________________
dropout_4 (Dropout)          (None, 29, 29, 32)        0
_________________________________________________________________
flatten_2 (Flatten)          (None, 26912)             0
_________________________________________________________________
dense_3 (Dense)              (None, 128)               3444864
_________________________________________________________________
dense_4 (Dense)              (None, 1)                 129
=================================================================
Total params: 3,459,041
Trainable params: 3,459,041
Non-trainable params: 0
_________________________________________________________________
```

図 A2.4　作成した CNN

学習条件を設定し、学習を実行します。

リスト A2.6

```
1 model.compile(loss='binary_crossentropy', optimizer='adam', metrics=['accuracy'])
2 hist = model.fit(trainX, trainY, batch_size=64, verbose=1,
3                  epochs=20, validation_data=(testX, testY))
```

- 1 行目：学習条件として、誤差関数に交差エントロピー、最適化関数に Adam 法、モデルの評価に精度をセットします。
- 2〜3 行目：訓練データのサイズが 32 件になるよう分割し、シャッフルしながら 20 回反復学習します。各反復の最後に、テストデータを使用しモデルの精度を計算します。

実行すると、画面には以下に示すような学習状況が表示されるでしょう。

```
Train on 317 samples, validate on 80 samples
Epoch 1/20
317/317 [==============================] - 127s 400ms/step - loss: 5.3862 - acc: 0.5016 -
val_loss: 0.7580 - val_acc: 0.4500
Epoch 2/20
317/317 [==============================] - 120s 379ms/step - loss: 1.1637 - acc: 0.4953 -
val_loss: 0.6995 - val_acc: 0.4500
・・・
Epoch 20/20
317/317 [==============================] - 107s 338ms/step - loss: 0.5741 - acc: 0.7192 -
val_loss: 0.5924 - val_acc: 0.7375
```

学習の結果を覗いてみましょう。横軸をエポック数、縦軸を訓練データとテストデータの誤差とし、誤差の履歴を描画します。

リスト A2.7

```
1 plt.plot(hist.history['loss'])
2 plt.plot(hist.history['val_loss'])
3 plt.ylabel('loss')
4 plt.xlabel('epoch')
5 plt.legend(['train', 'val'], loc='upper right')
6 plt.show()
```

同様に、横軸をエポック数、縦軸を訓練データとテストデータの精度とし、精度の履歴を描画します。

リスト A2.8

```
1 plt.plot(hist.history['acc'])
2 plt.plot(hist.history['val_acc'])
3 plt.ylabel('accuracy')
4 plt.xlabel('epoch')
5 plt.legend(['train', 'val'], loc='upper left')
6 plt.show()
```

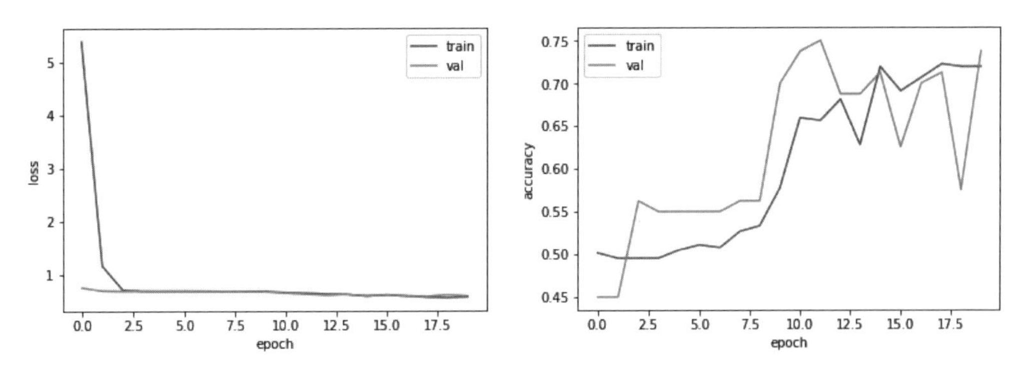

図 A2.5　誤差と精度の履歴を描画

グレースケール画像に比べてカラー画像の識別モデルの方が、誤差は速く小さく収束し、精度は速く高くなっていることがわかります。しかし、どちらも実用に耐え得る精度ではありません。精度を高めるために、ネットワークの構造を変えたり、エポック数を増やしたりするなどして、工夫してみてください。本書の結果は筆者の環境で実行したものを載せています。実行する環境によって結果は異なることに注意してください。

3 記事分類モデルの作成

第7章3節では、深層学習のアルゴリズムの1つであるLSTMが受け付ける形へと、データを前処理しました。ここではそのデータを使って、記事がITライフハックか映画に関するものかを分類するモデルを作成してみましょう。

3.1 実装環境の準備

JupyterLabのホームを、Eドライブ直下のAnaconda3フォルダとした前提で説明します。envsフォルダ、作成した環境名のフォルダの順にクリックしていきます。ここに、第7章1節の説明と同じ手順で実装環境を作成してください。

また、第7章3節のコードを修正して実装するため、そのとき作成したノートブックをアップロードしてください。

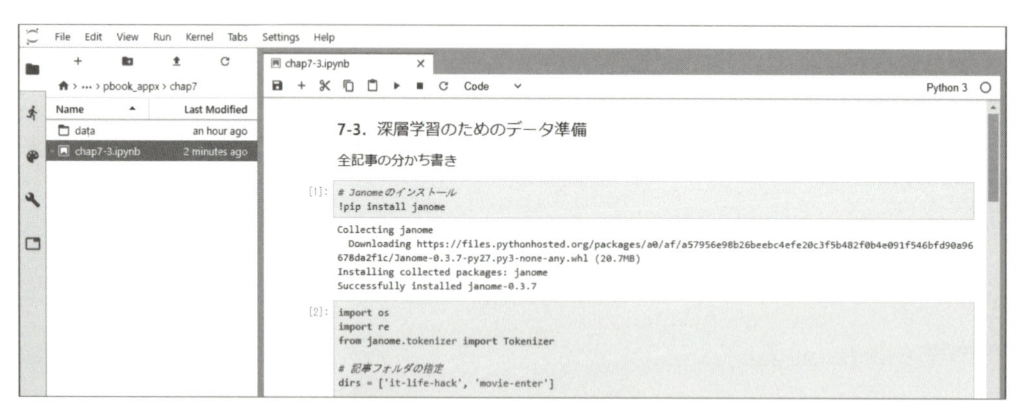

図A3.1　ローカルPCの実装環境

3.2 記事分類モデル

第7章3節では、全ての記事を読み込み、正規表現を適用したのちに分かち書きして、データセットを作成しました。しかし、ローカル環境でこのデータセットを使うと、モデルの学習に非常に時間がかかってしまいます。そのため、品詞が名詞のみの単語を抽出して、データセットを作成することにしましょう。

具体的には、リスト7.17を以下のように変更します。

リスト A3.1

```
1  import os
2  import re
3  from janome.tokenizer import Tokenizer
4  from janome.analyzer import Analyzer
5  from janome.tokenfilter import POSKeepFilter
6
7  dirs = ['it-life-hack', 'movie-enter']
8  tmp = []
9  wakati = []
10 label = []
11
12 t = Tokenizer()
13 token_filters = [POSKeepFilter(['名詞'])]
14 a = Analyzer([], t, token_filters)
15
16 for i, d in enumerate(dirs):
17     files = os.listdir('./data/' + d)
18
19     for file in files:
20         f = open('./data/' + d + '/' + file, 'r', encoding='utf-8')
21         text = f.read()
22
23         reg_text = re.sub(r'[0-9a-zA-Z]+', '', text)
24         reg_text = re.sub(r'[:;/+\.-]', '', reg_text)
25         reg_text = re.sub(r'[\s\n]', '', reg_text)
26
27         for token in a.analyze(reg_text):
28             tmp.append(token.surface)
29         wakati.append(tmp)
30         tmp = []
31
32         label.append(i)
33         f.close()
```

次に、リスト7.21を以下のように変更します。

リスト A3.2

```
1  from keras.preprocessing import sequence
2  import numpy as np
3
```

```
4  wakati_id = sequence.pad_sequences(np.array(wakati_id), maxlen=399)
5  label = np.array(label)
6
7  print(wakati_id[0])
```

ほかのセルのコードは変更せずに実行してください。ただし、Kerasをインストールするコードの実行は不要です。そして、リスト7.21の続きから、以下のコードを挿入して実行してください。これにより、学習に使用するネットワークを作成します。

リスト A3.3

```
1  from keras.models import Sequential
2  from keras.layers import Embedding, LSTM, Dense
3
4  model = Sequential()
5  model.add(Embedding(11540, 512, input_length=399))
6  model.add(LSTM(128, dropout=0.5))
7  model.add(Dense(1, activation='sigmoid'))
8
9  model.summary()
```

ネットワークは入力層に続き、中間層は埋め込み層とLSTMブロックの2層、それに出力層で構成します。

まず、**Embedding**を使って、埋め込み層を作成します。入力は単語の種類数11540ノード、出力は512ノードとします。単語の種類数は11539ですが、補完した「0」も1つの単語とみなして11540とします。

入力層から伝わる単語は、埋め込み層で**分散表現**（埋め込み表現）へと変換されます。単語の分散表現は、「ニューラル言語モデル」を学習することにより得られます。この言語モデルは、テキスト中のある単語の次に出現する単語を予測するモデルです。

このモデルでは、類似した単語の特徴を数値で表現するために、変換行列を作成して学習を行います。類似した単語の特徴とは、例えば、「同じテキスト中に一緒に出現する単語同士は特徴が似ているとみなせる」などが挙げられます。この変換行列が、単語の分散表現に相当します。

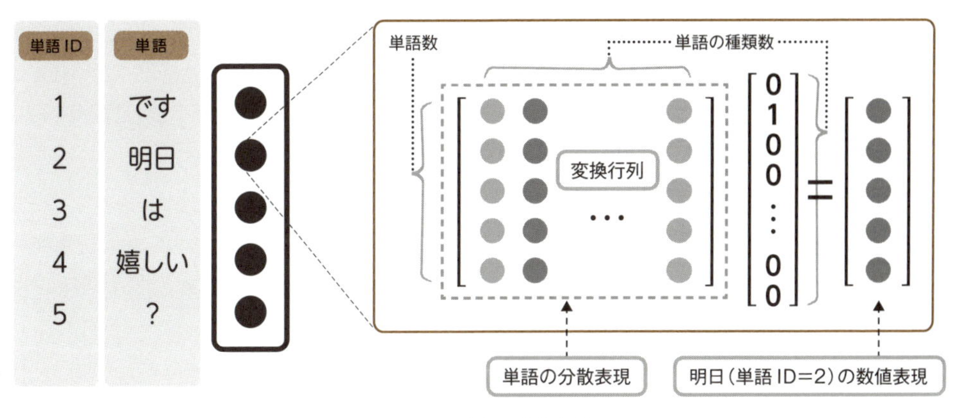

図 A3.2　単語の分散表現

入力層には、単語の種類数である11540ノードを配置します。出力層には、記事がITライフハックか映画のものなのかを分類するために、1ノードを配置します。

LSTMを使って層を作成します。ノード数は128、ドロップアウトは0.5と設定します。出力層の作成にはDenseを使います。ノード数は1とし、活性化関数にはシグモイド関数を使用します。作成したネットワークの概要は、次のように確認できます。

```
_________________________________________________________________
Layer (type)                 Output Shape              Param #
=================================================================
embedding_1 (Embedding)      (None, 399, 512)          5908480
_________________________________________________________________
lstm_1 (LSTM)                (None, 128)               328192
_________________________________________________________________
dense_1 (Dense)              (None, 1)                 129
=================================================================
Total params: 6,236,801
Trainable params: 6,236,801
Non-trainable params: 0
_________________________________________________________________
```

図 A3.3　作成したRNN

学習条件を設定し、学習を実行します。

リスト A3.4

```
1 model.compile(loss='binary_crossentropy', optimizer='adam', metrics=['accuracy'])
2 hist = model.fit(trainX, trainY, batch_size=32, verbose=1,
3                  epochs=30, validation_split=0.2)
```

- 1行目：学習条件として、誤差関数に交差エントロピー、最適化関数にAdam法、モデルの評価に精度をセットします。
- 2〜3行目：訓練データのサイズが32件になるよう分割し、シャッフルしながら30回反復学習します。各反復の最後に、テストデータを使用しモデルの精度を計算します。

実行すると、画面には以下に示すような学習状況が表示されるでしょう。ここで、lossは訓練データの誤差、accは訓練データに対するモデル精度、val_lossはテストデータの誤差、val_accはテストデータに対するモデル精度です。

```
Train on 320 samples, validate on 80 samples
Epoch 1/30
320/320 [==============================] - 15s 47ms/step - loss: 0.6753 - acc: 0.6219 -
val_loss: 1.0010 - val_acc: 0.0250
Epoch 2/30
320/320 [==============================] - 11s 35ms/step - loss: 0.6490 - acc: 0.6937 -
val_loss: 0.8826 - val_acc: 0.1125
・・・
Epoch 30/30
320/320 [==============================] - 14s 42ms/step - loss: 0.1617 - acc: 0.9719 -
val_loss: 0.0607 - val_acc: 0.9875
```

学習の結果を覗いてみましょう。横軸をエポック数、縦軸を訓練データとテストデータの誤差とし、誤差の履歴を描画します。

リストA3.5

```
1  import matplotlib.pyplot as plt
2  %matplotlib inline
3
4  plt.plot(hist.history['loss'])
5  plt.plot(hist.history['val_loss'])
6  plt.ylabel('loss')
7  plt.xlabel('epoch')
8  plt.legend(['train', 'val'], loc='upper right')
9  plt.show()
```

同様に、横軸をエポック数、縦軸を訓練データとテストデータの精度とし、精度の履歴を描画します。

リスト A3.6

```
1 plt.plot(hist.history['acc'])
2 plt.plot(hist.history['val_acc'])
3 plt.ylabel('accuracy')
4 plt.xlabel('epoch')
5 plt.legend(['train', 'val'], loc='upper left')
6 plt.show()
```

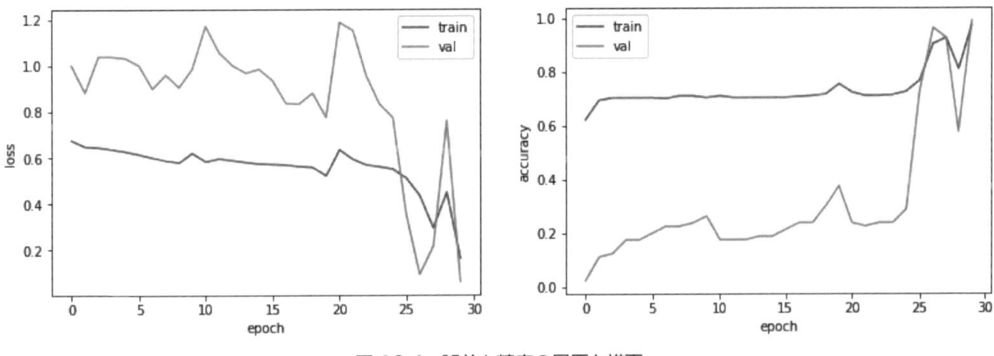

図 A3.4　誤差と精度の履歴を描画

エポック数25あたりから誤差は急激に低く収束し、精度は急激に高くなっていくことがわかります。経過を観察すると、データセットが少なすぎることにより、過学習に陥っている可能性が考えられます。実用に耐え得る汎用モデルを作成するために、まず、学習に使用するデータを増やして、様々なパターンを学習させましょう。このほか、ネットワークの構造を変えたり、エポック数を増やしたりするなど、工夫してみてください。本書の結果は筆者の環境で実行したものを載せています。実行する環境によって結果は異なることに注意してください。

4 記事トピックの抽出

第7章の4節では、ITライフハックと映画それぞれのジャンルについて、共起語ネットワークを構築するためのエッジリストを作成しました。ここではそのデータを使って、各ジャンルの記事に含まれる話題（トピック）を抽出してみましょう。

4.1 実装環境の準備

付録の3節と同じ環境に、第7章の4節で使用したノートブックをアップロードします。そして、「練習問題・6」の続きから実装していきましょう。

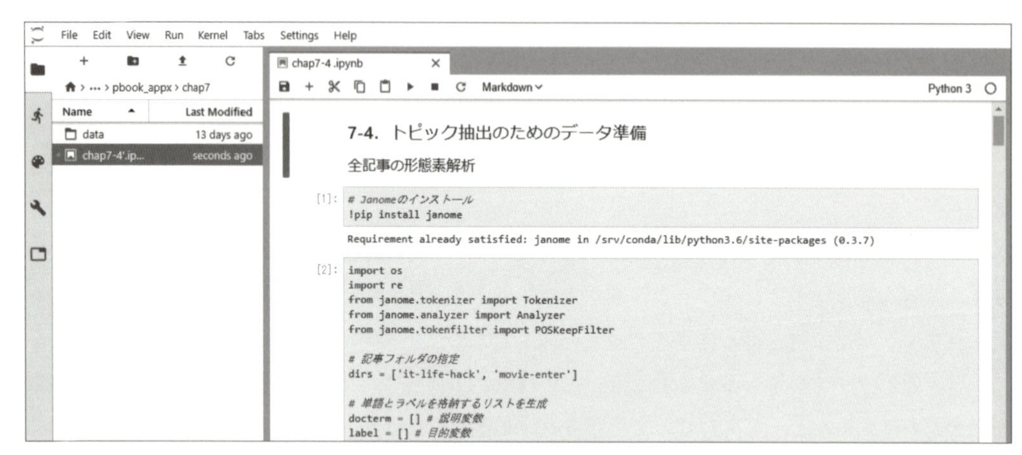

図 A4.1　実装環境の準備

4.2 共起語ネットワークの作成

ノートブックの各セルのコードを実行しておいてください。ただし、パッケージをインストールするコードの実行は不要です。そして、第7章の「練習問題・6」の続きから、以下のコードを挿入して実行してください。

まず、映画の記事に関する共起語リストからネットワークを構築します。

リスト A4.1

```
1  import networkx as nx
2
```

```
3 G_corlist = nx.from_pandas_edgelist(sim1_list, 'node1', 'node2', ['weight'], nx.Graph)
4 print(G_corlist.nodes())
5 print(G_corlist.edges(data=True))
```

- 3行目：**from_pandas_edgelist**を使って、データフレーム形式のエッジリストsim1_listからネットワークを構築します。ノードには、node1とnode2を利用します。ノード間をつなぐエッジの重みには、weightを利用します。そして、ネットワークは無向Graphとします。
- 4行目：**nodes**を使って、ネットワークのノードリストを得ます。実行すると、画面上にはノードリストとして以下のような単語IDが表示されます。

```
[2, 497, 3, 89, 4, 383, 446, 5, 155, 7, 163, 218, 221, 12, 457, 13, 267, 19, 25, 38, 397,
433, 493, 26, 484, 27, 391, 28, 341, 35, 36, 368, 39, 272, 40, 242, 44, 275, 45, 194, 334,
440, 46,
・・・
313, 347, 500, 326, 352, 333, 409, 342, 452, 441, 350, 490, 382, 487, 389, 504, 398, 420]
```

- 5行目：**edges**を使って、ネットワークのエッジリストを得ます。実行すると、画面上にはノードとノードのつながり、つながりの重みが以下のように表示されます。

```
[(2, 497, {'weight': 0.5028124554315104}), (3, 89, {'weight': 0.5418546712429354}), (89,
371, {'weight': 0.5161124470692666}), (4, 383, {'weight': 0.6622684690692614}), (4, 446,
{'weight': 0.6155225178574318}), (446, 350, {'weight': 0.5007704610373146}),
・・・
(389, 504, {'weight': 0.5359133901825027}), (398, 420, {'weight': 0.5893480412461295})]
```

作成したネットワークを描画してみましょう。

リストA4.2

```
1 import matplotlib.pyplot as plt
2 %matplotlib inline
3
4 plt.figure(figsize=(10,10))
5 pos = nx.spring_layout(G_corlist)
6 nx.draw_networkx(G_corlist, pos)
7 plt.axis('off')
8 plt.show()
```

- 5行目：**spring_layout** を使って、ネットワークのレイアウトを整えます。ノード間の反発力を指定し、吸引力をエッジの重さから計算して、ノードの位置を決定します。

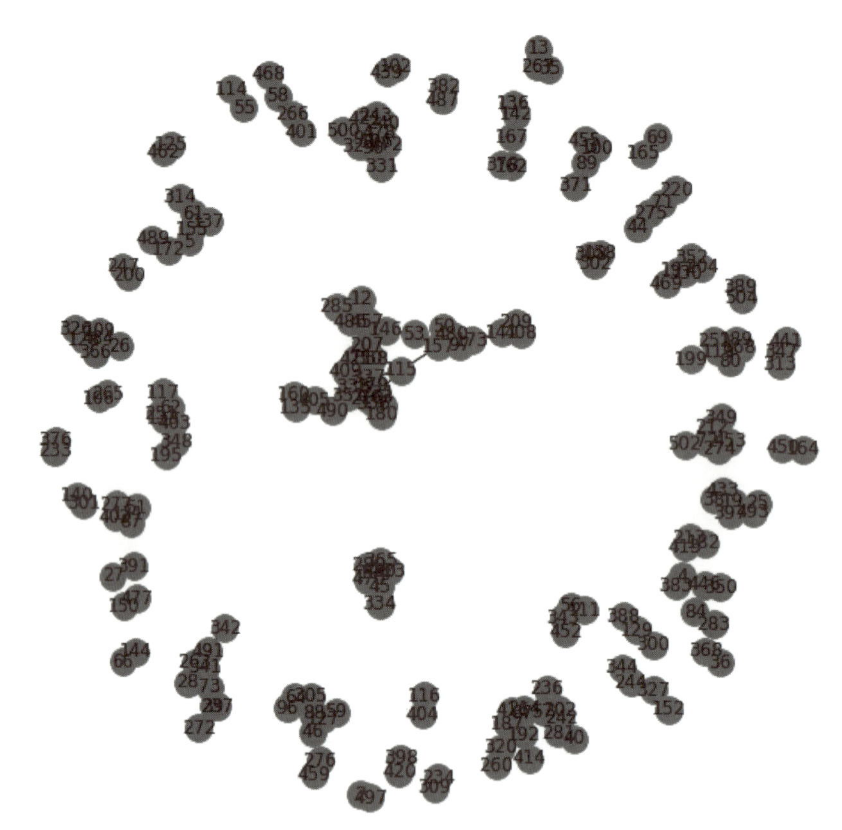

図 A4.2　映画の共起語ネットワーク

4.3　ネットワークの特徴

実際のネットワークは、多くの場合構造が複雑なため、可視化して特徴を把握するのは困難です。このようなときには、何かしらの指標をもって、定量的に特徴を把握します。この指標には、ネットワーク全体を把握するためのもの（大域的）もあれば、あるノードに着目して把握するもの（局所的）もあります。

以下に、代表的な指標を挙げます。

- 次数：ノードが持つエッジの本数を表す
- 次数分布：ある次数を持つノード数のヒストグラムを表す
- クラスタ係数：ノード間がどの程度密につながっているかを表す

- 経路長：あるノードから他のノードへ至るまでの距離
- 中心性：あるノードが、ネットワークにおいて中心的な役割を果たす度合いを表す

では、作成したネットワークにおいて、**クラスタ係数**と**媒介中心性**を計算してみましょう。今回のネットワークでは、クラスタ係数は単語間の「つながり密度」を表し、媒介中心性はネットワークにおける単語の「ハブ度合い」を表します。

リスト A4.3

```
1  print(nx.average_clustering(G_corlist))
2
3  bc = nx.betweenness_centrality(G_corlist)
4  for k, v in sorted(bc.items(), key=lambda x: -x[1]):
5      print(str(k) + ': ' + str(v))
```

- 1行目：**average_clustering** を使って、平均クラスタ係数を計算します。実行すると、平均クラスタ係数 0.182…を得ることができ、ネットワーク全体を見て単語間のつながりが疎であるとわかります。
- 3行目：**betweenness_centrality** を使って、媒介中心性を計算します。実行すると、中心性が高い順にノードが取り出されます。

実行すると、次の結果を得られます。

```
337: 0.011421175399670025  （映画）
157: 0.008747226489161975  （ランキング）
115: 0.006990669625078227  （ニュース）
351: 0.005077658303464756  （月日）
207: 0.004935426978437732  （作品）
・・・（続く）
```

映画に関する単語が、上位を占めています。

4.4 共起語コミュニティの抽出

1つのネットワークは、複数の部分ネットワーク（**コミュニティ**）によって成り立っています。コミュニティの中のノード同士には、エッジで密につながっているという特徴があります。そのため、1つのネットワークの疎なエッジを取り除いていけば、部分ネットワークに分割でき、つまりは、

コミュニティを抽出できるはずです。

ネットワークの分割には、「**モジュラリティ**」と呼ばれる指標を使います。モジュラリティは、コミュニティ内のノード間をつなぐエッジの割合と、ランダムに配置したエッジの割合の差をもって、「分割の質」を定量化します。モジュラリティの値が大きいほど、コミュニティ内のノードは密につながっていると言えます。

リスト A4.4

```
1  from networkx.algorithms.community import greedy_modularity_communities
2
3  cm_corlist = list(greedy_modularity_communities(G_corlist))
4  cm_corlist
```

- 3行目：**greedy_modularity_communities** を使って、コミュニティを抽出します。実行すると、所属するノード数が多い順に、コミュニティを得ることができます。上位5つのコミュニティは、以下のとおりです。

```
[frozenset({12, 53, 146, 207, 250, 285, 333, 337, 358, 409, 411, 457, 486}),
 frozenset({7, 135, 160, 163, 179, 180, 218, 221, 336, 351, 405, 490}),
 frozenset({90, 93, 196, 240, 243, 324, 331, 421, 472, 478, 500}),
 frozenset({50, 97, 115, 141, 157, 173, 209, 408, 480}),
 frozenset({45, 194, 280, 323, 334, 365, 440, 470}),
 ・・・（続く）
```

2番目のコミュニティの単語を見てみましょう。単語は、「おすすめ」「ブルー」「レイ」「ロードショー」「主演」「予告」「全国」「公開」「映像」「月日」「発売」「開始」です。これらの単語からは、このコミュニティのトピックは、公開予定の映画に関する事柄であると推測できます。他のコミュニティについても同様に、単語グループからトピックを推測することができます。

ネットワーク分析は、モデルを可視化し、説明しやすい結果を得られる手法です。共起語リストを作成する段階で、辞書の整備や単語の選択などの前処理をさらに行えば、より洗練された結果を得られるでしょう。ぜひ試してみてください。

なお、リスト A4.2 を実行して作成したネットワーク図は静的です。ノードを自由に動かして、好みの配置へ変更することができません。もし、動的なネットワーク図を作成したいのであれば、専用ツールを利用するとよいでしょう。その方法を付録の5節で説明します。

5 様々な可視化ツール

本編ではデータやモデルを可視化する際、主にPythonのMatplotlibパッケージを使いました。場合によっては、Python以外のツールを使う方が、使い勝手がよかったり、見栄えよく描画できることがあります。ここではその方法を説明します。

5.1 データの可視化

各章のデータ理解のフェーズでは、Matplotlibパッケージを使って、データを棒グラフや折れ線グラフ、円グラフなどで可視化しました。望ましい形のグラフを作成するために、目盛を微調整しながら、目視で繰り返し結果を確認します。この作業は、コードを記述して実行するよりも、GUIツールを使う方が容易な場合があります。そのGUIツールとして、ここでは「RapidMiner」を紹介します。

データ分析ソフト RapidMiner

RapidMinerは、RapidMiner社が開発・販売しているGUIベースのデータ分析ソフトです[2]。プログラミングなしに、データの前処理、機械学習の手法（一部の深層学習も含む）の適用、学習、評価をひととおり行うことができ、次のような特徴を持っています。

●ドラッグ＆ドロップ操作で分析プロセスを作成

データの読み込み、データの分割や欠損値の補完などの前処理、k近傍法や決定木などの手法の適用、学習と評価といった機能が、それぞれブロックで表現されています。これらをドラッグ＆ドロップで配置し、線でつなぐことで、簡単に分析プロセスを作成できます。PythonやR言語などを使った「プログラミングあり」の場合と比べて、実装の難易度が下がり、時間も少なくて済みます。

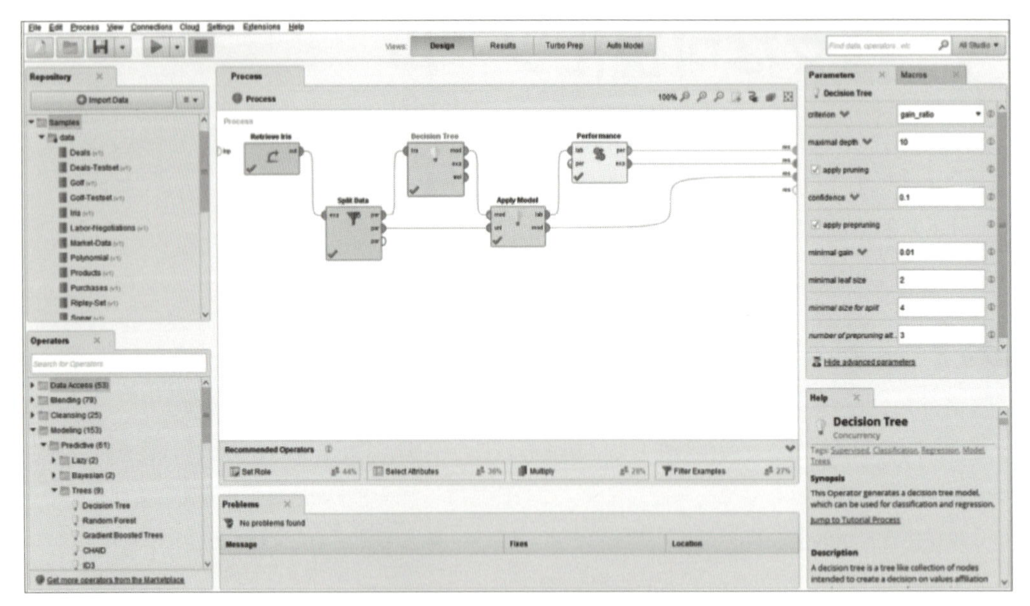

図 A5.1　分析プロセスの作成

●ボタン 1 つで学習と評価を実行

ボタンを1つクリックするだけで、作成したプロセスを実行して、学習と評価を開始します。学習の結果として作成したモデルを確認でき、さらに評価の結果として、モデルの精度と混同行列を確認できます。また、予測結果を確認することもできます。これらの機能により、作成したモデルと学習に対する理解が深まります。

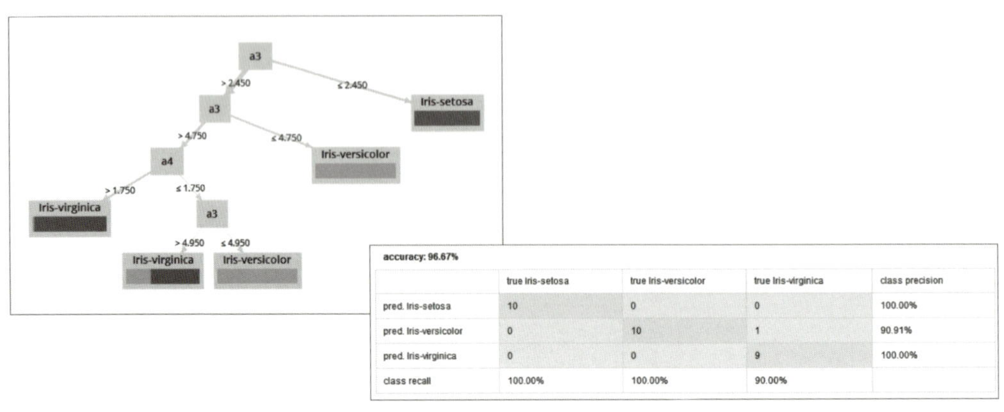

accuracy: 96.67%

	true Iris-setosa	true Iris-versicolor	true Iris-virginica	class precision
pred. Iris-setosa	10	0	0	100.00%
pred. Iris-versicolor	0	10	1	90.91%
pred. Iris-virginica	0	0	9	100.00%
class recall	100.00%	100.00%	90.00%	

図 A5.2　作成したモデルと評価結果の確認

●豊富な可視化ツールによりデータを理解

散布図をはじめ、30を超える可視化ツールを備えており、データを様々な形で表現できます。また、データの基本的な統計量（最大値、最小値、平均値など）が自動計算されるので、データの概観の把握に役立ちます。これらの機能を活用すれば、分析結果を効果的に提示できます。

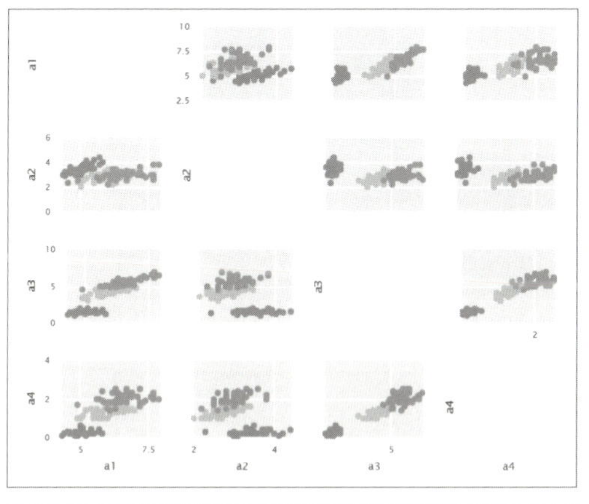

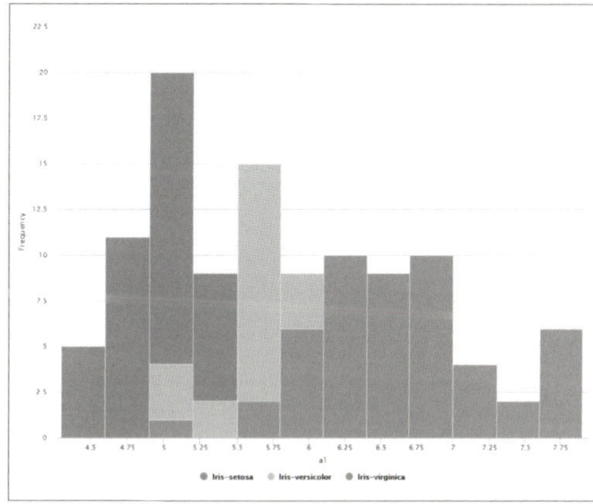

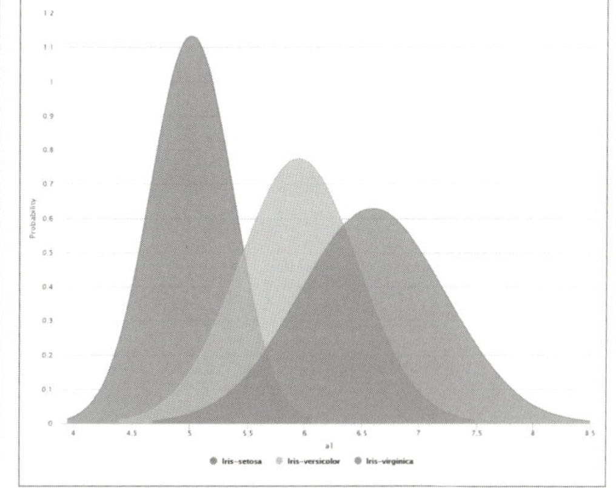

図 A5.3　散布図行列・ヒストグラム・箱ひげ図・正規分布によるデータの可視化

RapidMinerには、用途に応じた複数の製品があります。個人での分析用には（デスクトップ版）RapidMiner Studio、複数人での分析用には（サーバ版）RapidMiner Server、大規模データの分析に特化したRapidMiner Radoopなどがあり、それぞれにフリー版と商用版があります。ここでは、RapidMiner Studioのフリー版を使用します。

RapidMiner のインストールと起動

RapidMiner トップページ右上の［MY ACCOUNT］をクリックし、ダウンロードページでWindows 用のインストーラを入手しましょう[3]。「64bit」を選択します。

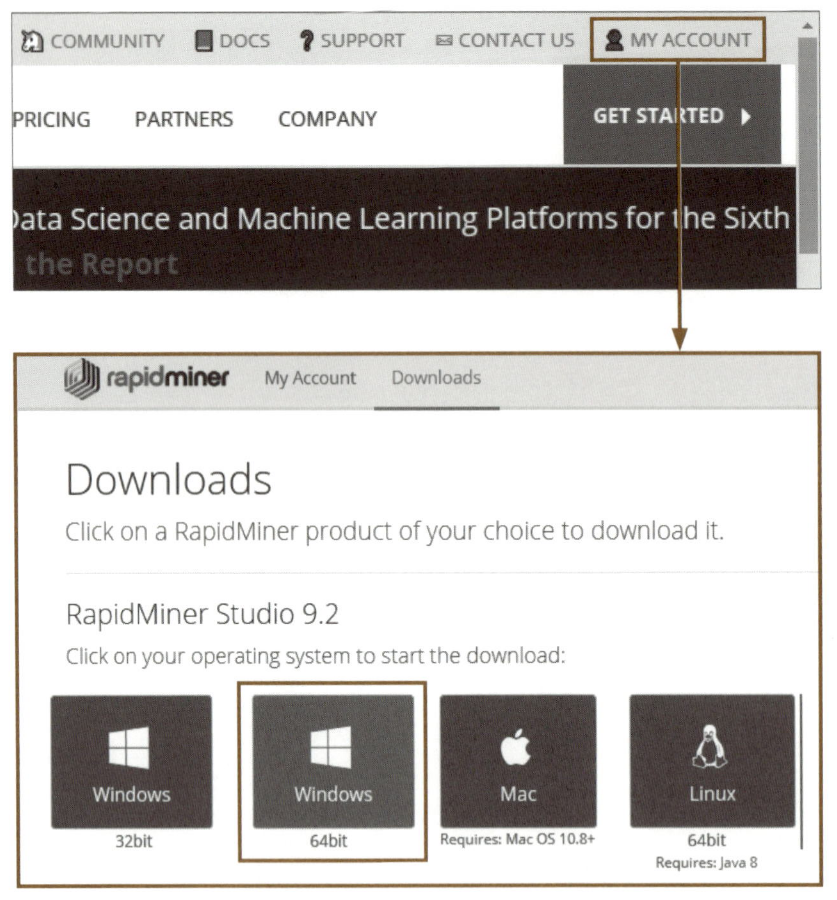

図 A5.4　インストーラのダウンロード

続けてユーザ登録を行いましょう。今開いているダウンロードページの右上の［Register］をクリックします。そして、ユーザ登録画面で必要な情報を入力し、その画面下の［Register］をクリックします。

メールアドレスに、ユーザ登録画面で入力したメールが届きます。［confirm your email address］をクリックすれば登録は完了です。先にダウンロードしたインストーラを実行しましょう。

1
2
3
4
5
6
7
A

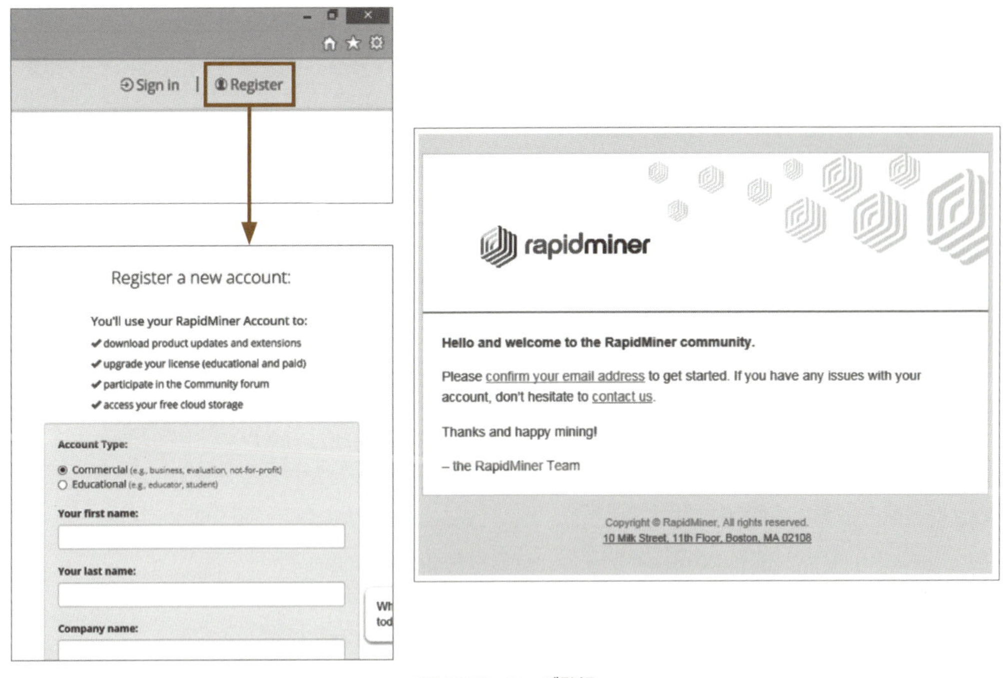

図 A5.5 ユーザ登録

インストーラを実行し、図 A5.6 左の画面では［Next >］をクリックします。次に図 A5.6 右の画面で、ライセンスに同意する［I Agree］をクリックします。

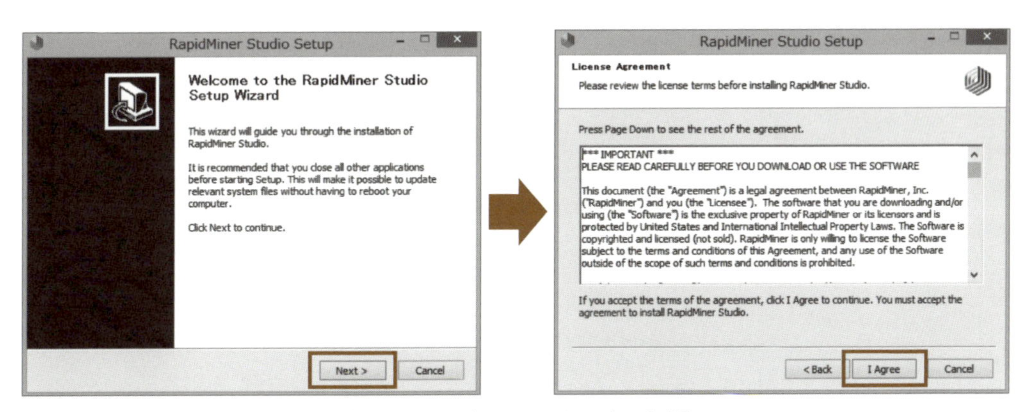

図 A5.6 RapidMiner のインストール (1)

図 A5.7 左の画面では、RapidMiner をインストールするフォルダを設定します。そのままの設定で［Install］をクリックしましょう。すると、図 A5.7 右に示すようにインストールが始まります。［show details］をクリックすると、インストール状況の進捗を確認できます。

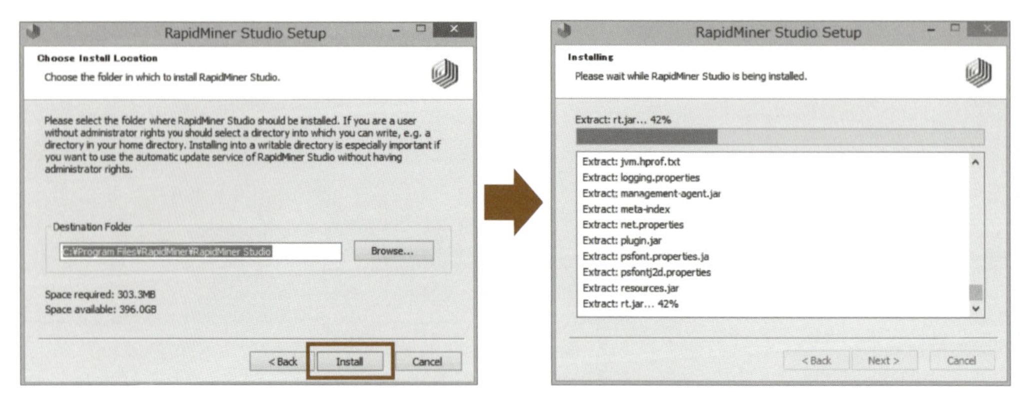

図 A5.7　RapidMiner のインストール (2)

図 A5.8 左の画面でインストールが完了したら、[Next>] をクリックしましょう。最後に、図 A5.8 右の画面で [Finish] をクリックすると、RapidMiner が起動します。インストールの完了と同時に、デスクトップに RapidMiner のアイコンが作られます。

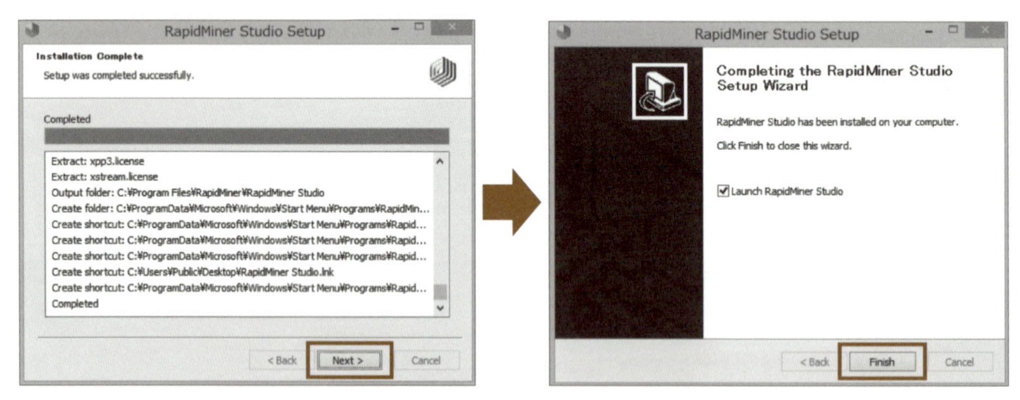

図 A5.8　RapidMiner のインストール (3)

RapidMiner を起動すると、まず、ライセンスに同意するかどうか問われます。ライセンスを確認した後にチェックを入れ、[I Accept] をクリックしましょう。[I already have an account or license key] をクリックします。先ほど登録したメールアドレスとパスワードを入力し、[Login and Install] をクリックします。最後に [I'm ready!] をクリックしましょう[注1]。

注1　PC がプロキシ環境下にある場合は、図 A5.9 の右画面で [Manually enter a license key] をクリックし、ライセンスキーを手入力しましょう。ライセンスキーは、RapidMiner 公式サイトのユーザ画面 (MY ACCOUNT) にログイン (Sign in) して確認しましょう。ログイン ID とパスワードは、先ほど図 A5.5 で登録した内容です。

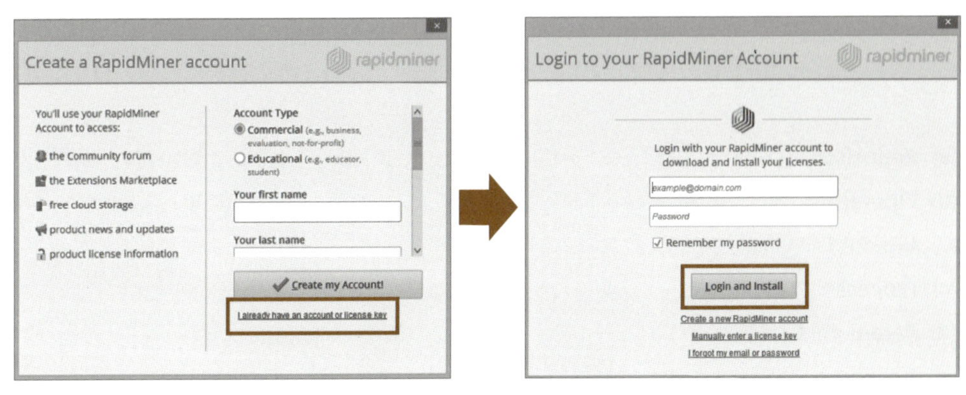

図 A5.9　RapidMiner の起動

画面左端の［Tutorials］タブの右にある［×］をクリックしましょう。これで、RapidMiner の基本的な機能を使用する準備が整いました。

RapidMiner の画面構成

RapidMiner を起動すると、まず、**Design**（デザイン）画面が表示されます。Design 画面では、分析のプロセスを作成します。**Results**（結果）画面には、作成したプロセスを実行した結果が表示されます。Results 画面については後で説明します。これら 2 つの画面は、タブで切り替えることができます。

なお、Turbo Prep 画面ではプロセスを作成せずに前処理でき、Auto Model 画面ではプロセスを作成せずにモデル作成できますが、これらは有償版の機能なので本書では扱いません。

図 A5.10　RapidMiner の画面構成

Design画面には初期の段階で、Repositoryビュー、Operatorsビュー、Processビュー、Parametersビュー、Helpビューの5つが表示されています。それぞれの役割は次のとおりです。

(a) Repository（レポジトリ）ビュー：分析に使用するデータと作成したプロセスを保存します。
(b) Operators（オペレータ）ビュー：データの読み込み、前処理、機械学習の手法などの機能がオペレータとして格納されています。
(c) Process（プロセス）ビュー：分析プロセスを作成します。
(d) Parameters（パラメータ）ビュー：各オペレータのパラメータを設定します。
(e) Help（ヘルプ）ビュー：各オペレータのヘルプを確認します。

ほかにも様々なビューがあり、必要なものを追加することができます。

画面上部のメニューバーとビューの間にボタンが並んでいます。それぞれのボタンの役割を説明します。

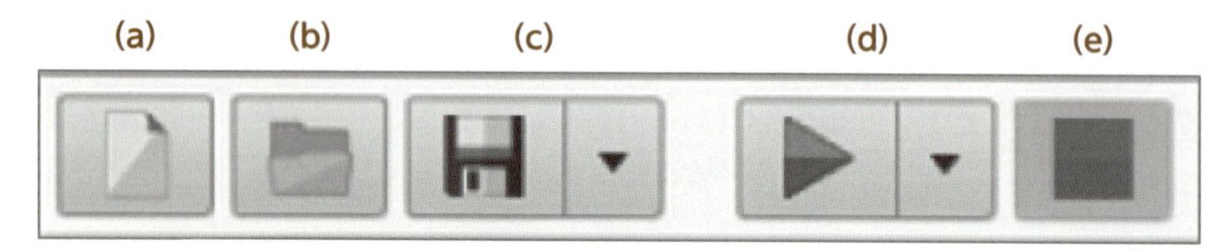

図 A5.11　各ボタンの役割

(a) 新規作成：プロセスを新規作成します。
(b) 開く：過去に作成したプロセスを開きます。
(c) 保存：作成したプロセスを上書き保存します。アイコン右の下向き三角をクリックすると、別名で保存（[Save Process as...]）ができます。
(d) 実行：作成したプロセスを実行します。
(e) 停止：実行中のプロセスを停止します。

プロセスの作成

実際にプロセスを作成してみましょう。まず、第3章の1節で使用したデータbank.csvを読み込みます。

●オペレータの配置

新規プロセスを作成し、[Operators] ビューからデータを読み込むための [Read CSV] オペレータを探し出し、マウスのドラッグ&ドロップ操作で [Process] ビューへ配置します。そして、[Read CSV] の out ポートから、プロセス右端の res ポートへ線をつないでおきます。

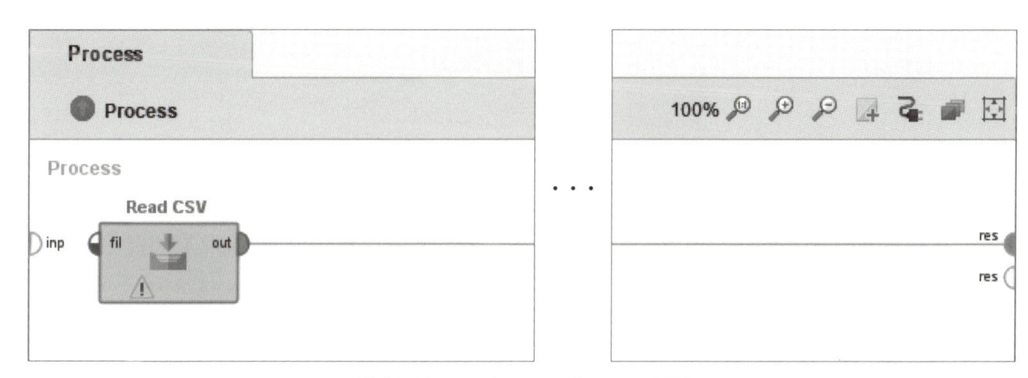

図 A5.12　Read CSV オペレータの配置

●オペレータの設定

[Read CSV] オペレータをクリックし、[Parameters] ビューの上部に表示されている [Import Configuration Wizard...] をクリックして、設定を進めていきましょう。

[Import Data] 画面の1番目の画面では、bank.csv を指定し [Next] をクリックします。2番目の画面では、何も変更せず [Next] をクリックします。3番目の画面では、項目「y」の分析における役割を設定します。項目名横の▼アイコンをクリックして出現する Change Role を選択し、label を選択して [OK] をクリックしてください。設定が終わったら、[Finish] をクリックして完了です。

各種グラフの描画

Design 画面上の実行ボタンをクリックし、プロセスを実行してみましょう。実行が完了すると Results 画面へ遷移します。画面左のタブ [Visualizations] をクリックすると、データを様々な形に加工して可視化できます。

手始めに、ヒストグラムを描画してみましょう。[**Plot Type**] は **Histgram**、[**Value column**] は「**age**」、[**Color**] は「**y**」を選択すると、目的変数の値ごとに age のヒストグラムが表示されます。

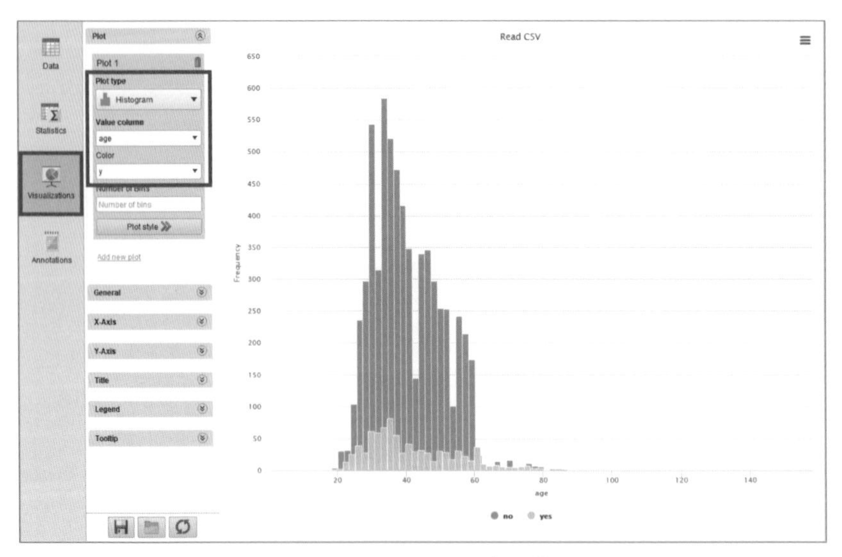

図 A5.13　age のヒストグラム描画

次に、散布図行列を描画してみましょう。[Plot Type] は「**Scatter Matrix**」、[Value column] は「**age・balance・day・duration**」、[Color] は「**y**」を選択すると、目的変数の値ごとに、数値変数 4 つの散布図行列が表示されます。

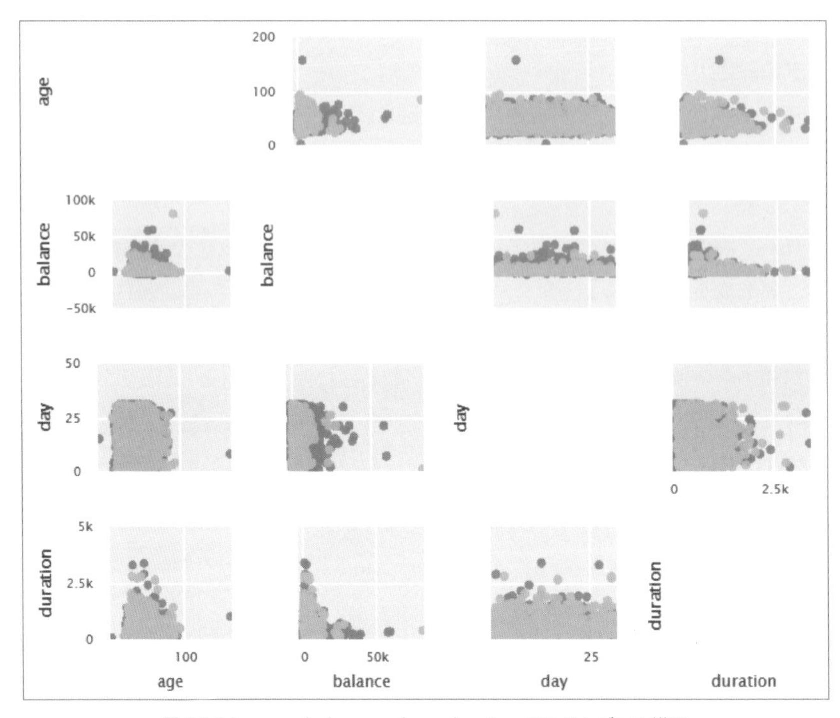

図 A5.14　age・balance・day・duration のヒストグラム描画

箱ひげ図を描画してみましょう。［Plot Type］は「**Boxplot**」、［Value column］は「**age**」、［Color］は「**y**」を選択すると、目的変数の値ごとに、ageの箱ひげ図が表示されます。

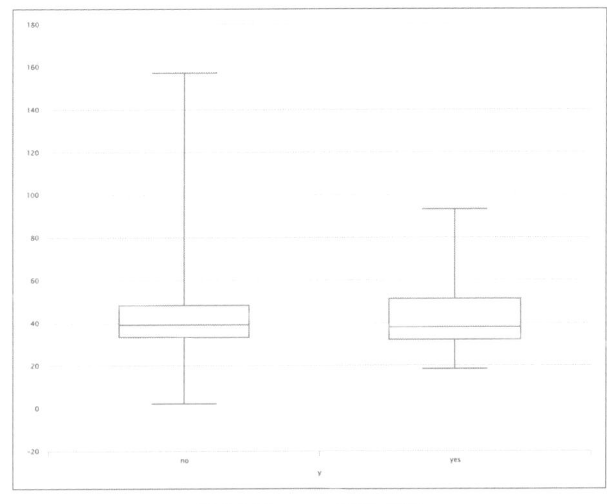

図 A5.15　ageの箱ひげ図

以上のほか、円グラフや折れ線グラフなど、30を超える可視化ツールを利用できます。

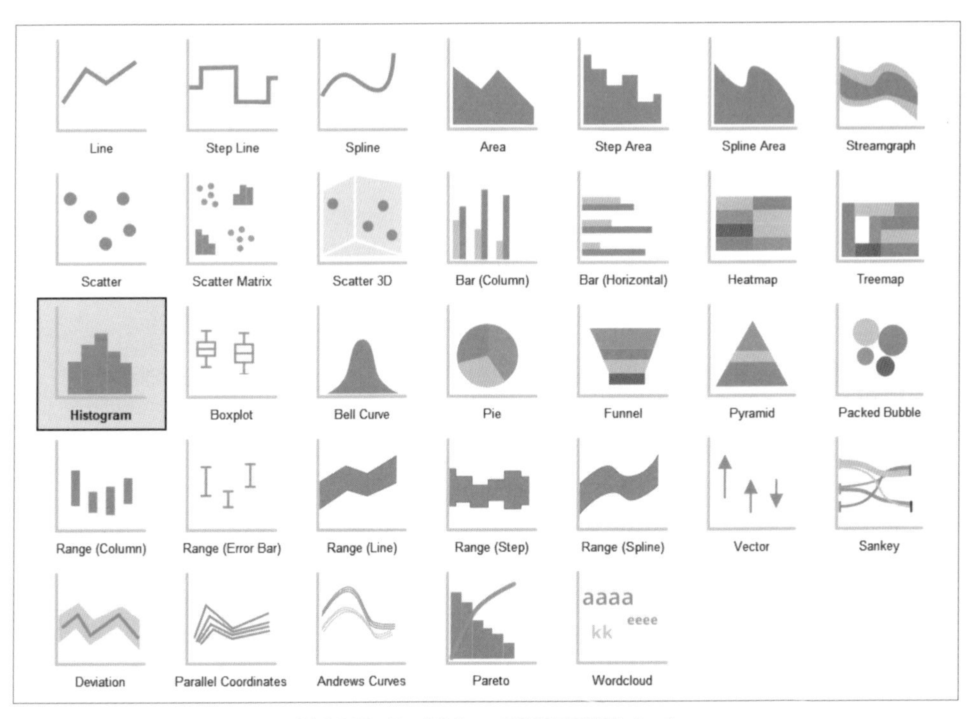

図 A5.16　RapidMinerで使える可視化ツール

Pythonではコードの修正を繰り返して、グラフの体裁を整えていました。RapidMinerを使えば、結果をその場で確認しながら手軽に作業できます。また、可視化ツールを切り替えるだけで、クオリティの高いグラフを容易に描画できます。

5.2 決定木の可視化

PythonからGraphVizパッケージを使うと、決定木モデルを可視化できます。しかし、見た目がやや煩雑で、見栄えが悪いと感じるかもしれません。

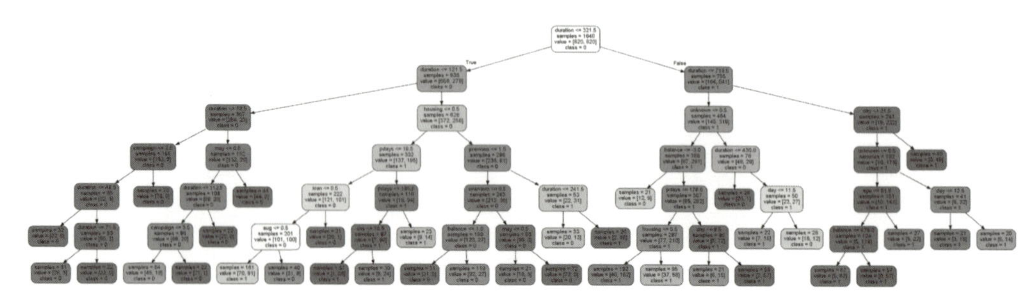

図 A5.17 GraphVizを使って可視化した決定木

RapidMinerを使えば、次の図A5.18のように、たいへん見やすく可視化できます。

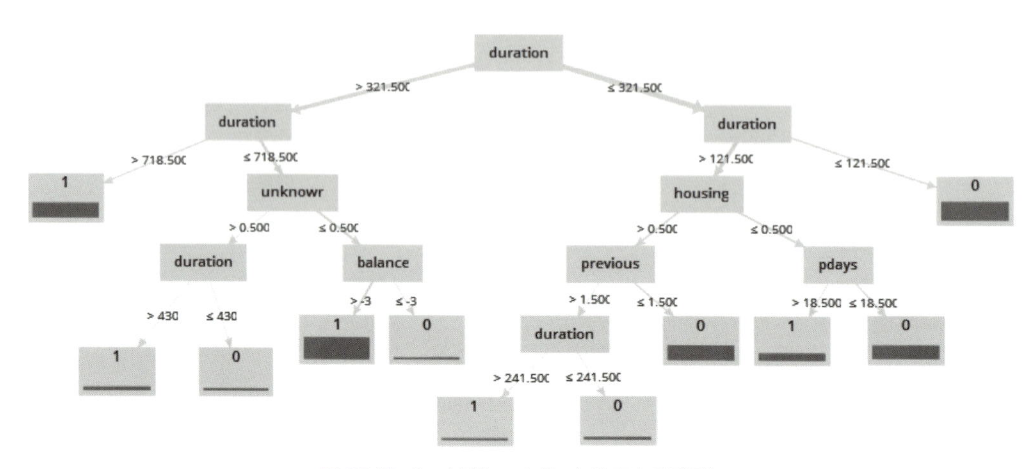

図 A5.18 RapidMinerを使った決定木の可視化

プロセスの作成

プロセスの作成では、事前に、第3章で前処理したデータセットをCSVファイルへ出力しておきましょう。

●オペレータの配置

新規プロセスを作成し、[Operators] ビューからデータを読み込むための [Read CSV] オペレータと、決定木モデルを作成するための [Decision Tree] を探し出して、マウスのドラッグ&ドロップ操作で [Process] ビューへ配置します。そして、[Read CSV] と [Decision Tree] を線でつなぎ、プロセス右端のresポートへ線でつないでおきます。

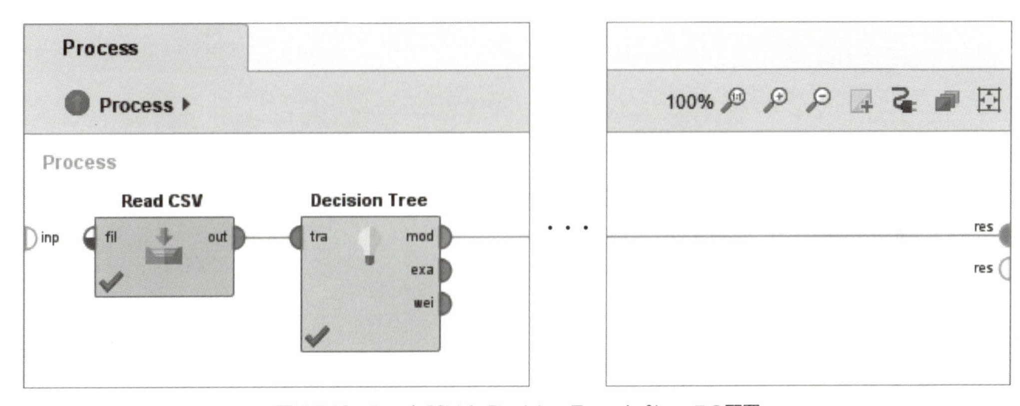

図 A5.19　Read CSV と Decision Tree オペレータの配置

●オペレータの設定

[Read CSV] オペレータをクリックし、[Parameters] ビューの上部に表示されている [Import Configuration Wizard...] をクリックして、設定を進めていきましょう。

[Import Data] 画面の1番目の画面では、前処理し出力したCSVファイルを指定し [Next] をクリックします。2番目の画面では、何も変更せず [Next] をクリックします。3番目の画面では、項目「y」の分析における役割を設定します。項目名横の▼アイコンをクリックして出現するChange Roleを選択し、labelを選択して [OK] をクリックしてください。設定が終わったら [Finish] をクリックして完了です。

[Decision Tree] オペレータをクリックし、[Parameters] ビューに表示されている各種パラメータを設定します。これらのパラメータは、Scikit-learnに含まれる決定木アルゴリズムDecisionTreeClassifierの引数と対応しています（名称は異なります）。

プロセスの実行

Design 画面上の実行ボタンをクリックし、プロセスを実行してみましょう。実行が完了するとResults 画面へ遷移します。画面左のタブ［Graph］が選択されている状態で、図 A5.18 に示した決定木が可視化されます。

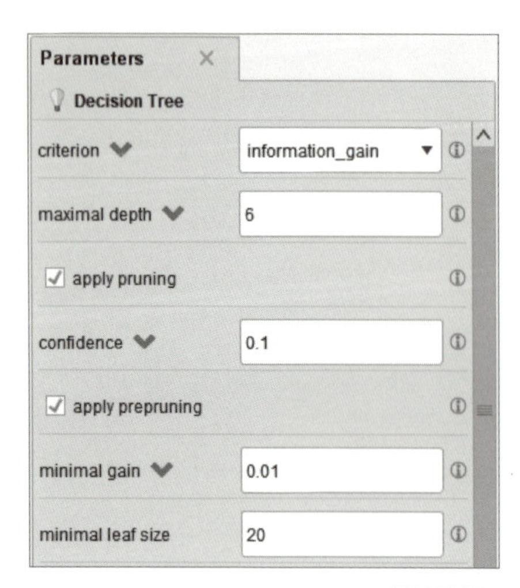

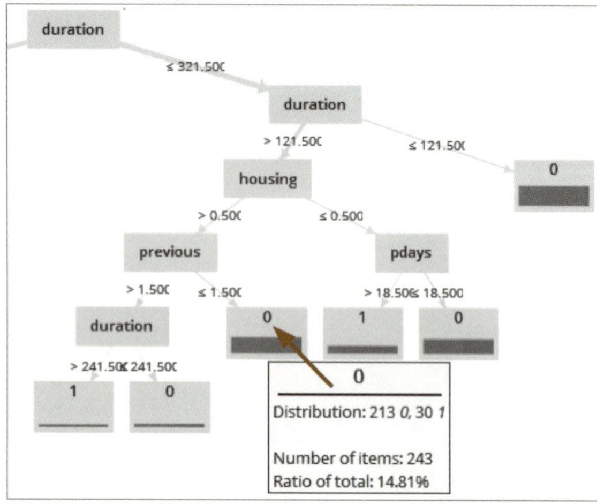

図 A5.20　パラメータ設定と決定木の確認

決定木の各ノードにマウスカーソルを当てると、データセット全体の何割が分類されたか件数がわかります。また、画面左のタブ［Description］をクリックすると、決定木の分岐条件をテキスト形式で確認できます。

Tree

```
duration > 321.500
|   duration > 718.500: 1 {0=19, 1=222}
|   duration ≤ 718.500
|   |   unknown > 0.500
|   |   |   duration > 430: 1 {0=23, 1=27}
|   |   |   duration ≤ 430: 0 {0=25, 1=1}
|   |   unknown ≤ 0.500
|   |   |   balance > -3: 1 {0=85, 1=282}
|   |   |   balance ≤ -3: 0 {0=12, 1=9}
duration ≤ 321.500
|   duration > 121.500
|   |   housing > 0.500
|   |   |   previous > 1.500
|   |   |   |   duration > 241.500: 1 {0=2, 1=18}
|   |   |   |   duration ≤ 241.500: 0 {0=20, 1=13}
|   |   |   previous ≤ 1.500: 0 {0=213, 1=30}
|   |   housing ≤ 0.500
|   |   |   pdays > 18.500: 1 {0=16, 1=94}
|   |   |   pdays ≤ 18.500: 0 {0=121, 1=101}
|   duration ≤ 121.500: 0 {0=285, 1=23}
```

図 A5.21　決定木の構造をテキスト形式で確認

5.3　ネットワークの可視化

第7章では、Matplotlibパッケージを使って共起語ネットワークを可視化しました。このままでも問題ありませんが、Gephiを使って、より見栄えよくネットワークを可視化してみましょう。

ネットワーク分析・可視化ソフトGephi

Gephiは、オープンソースでGUIベースのネットワーク分析・可視化ソフトです[4]。Windowsのほか、MacやLinuxなど、OSに依存せず動作します。ただし、事前にJava 7以上をインストールしておく必要があります。

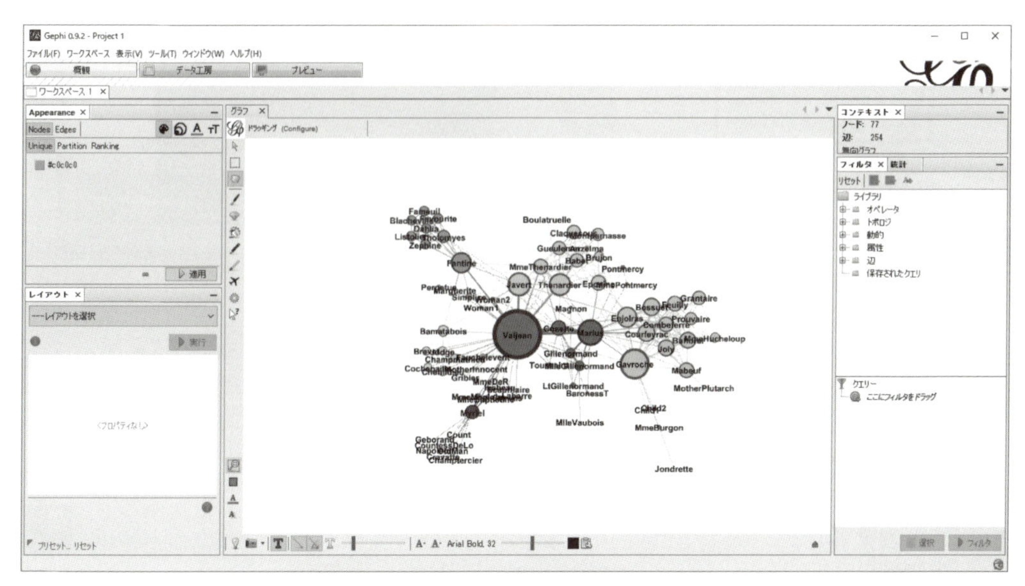

図 A5.22　レ・ミゼラブル登場人物のネットワーク

Gephi のインストールと起動

Gephi トップページの［Download FREE］をクリックし、Windows 用のインストーラを入手しましょう。

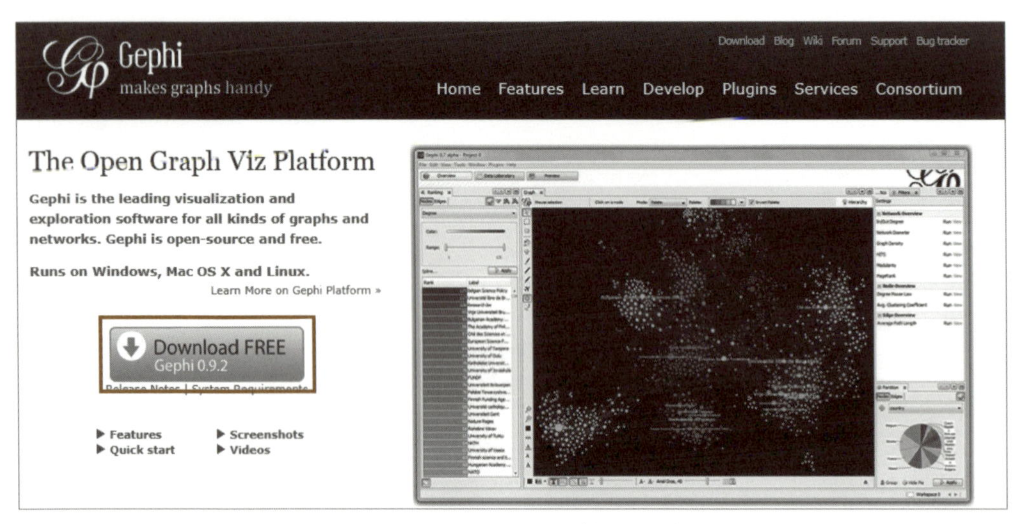

図 A5.23　インストーラのダウンロード

インストーラを実行し、図 A5.24 左の画面で［Next >］をクリックします。次に、図 A5.24 右の画面でライセンスに同意する［I accept the agreement］を選択して［Next >］をクリックします。

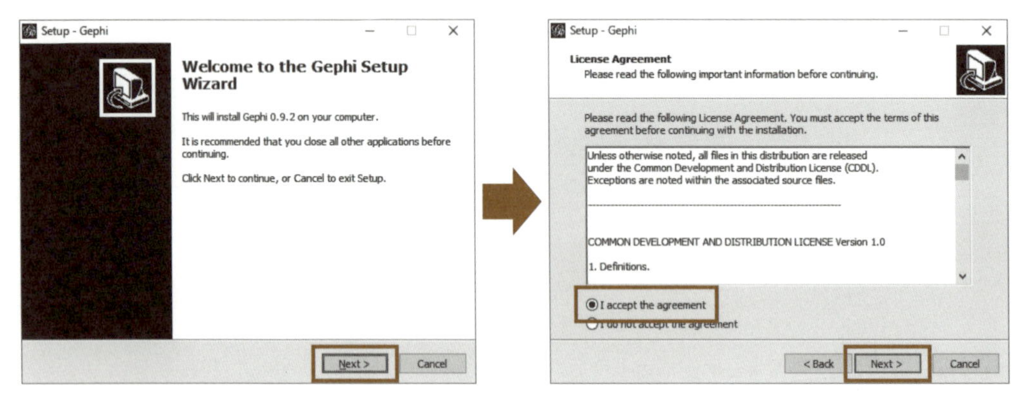

図 A5.24　Gephi のインストール (1)

図 A5.25 左の画面では、Gephi をインストールするフォルダを設定します。そのままの設定で［Next >］をクリックしましょう。図 A5.25 右の画面では、スタートメニューに追加するかどうかを設定します。そのままの設定で［Next >］をクリックしましょう。

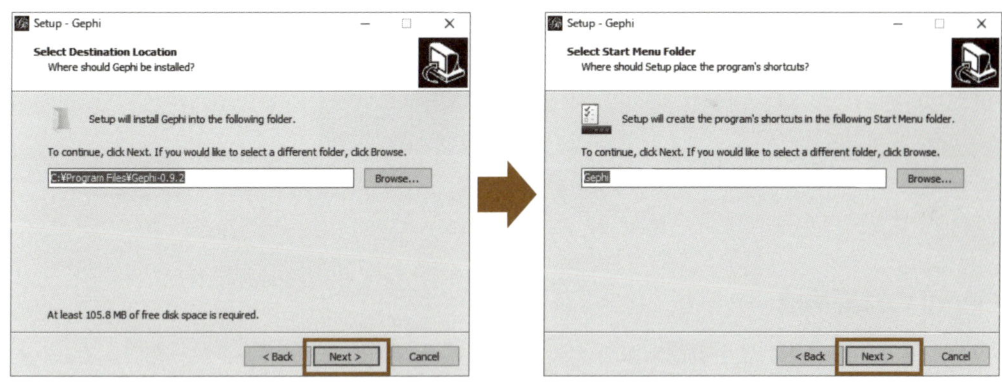

図 A5.25　Gephi のインストール (2)

図 A5.26 左の画面では、デスクトップにアイコンを追加するか、どの拡張子のファイルを標準で読み込むかなどを設定します。そのままの設定で［Next >］をクリックしましょう。最後に、図 A5.26 右の画面で設定内容を確認し［Install］をクリックすると、Gephi のインストール作業が始まります。

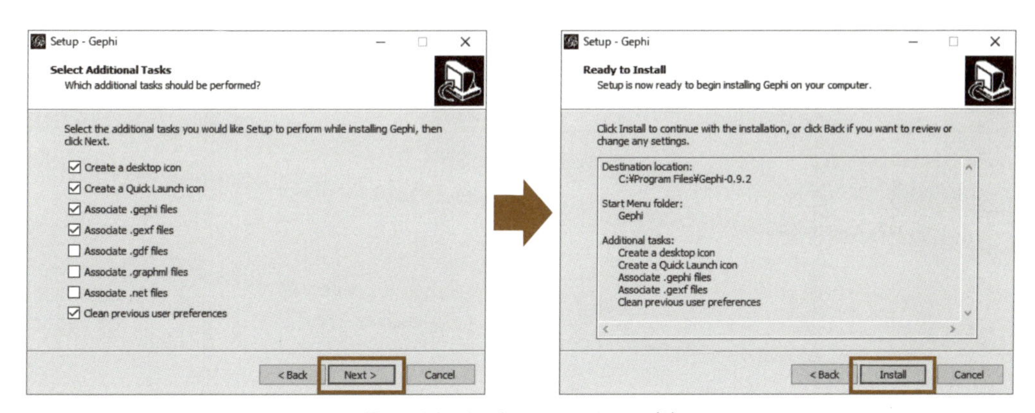

図 A5.26　Gephi のインストール (3)

インストールが完了したら［Finish］をクリックしてソフトを起動しましょう。デスクトップに作られた Gephi アイコンをダブルクリックして、起動することもできます。

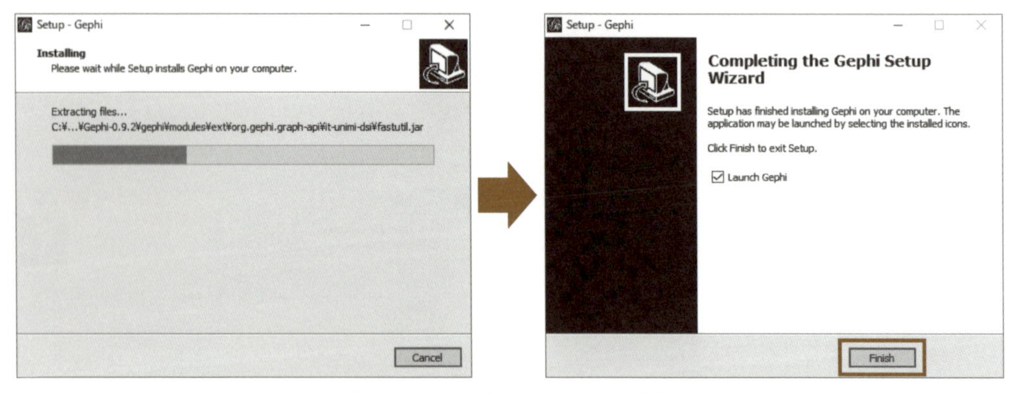

図 A5.27　Gephi のインストール (4)

Gephi の画面構成

Gephi を起動すると、まず**概観**画面が表示されます。概観画面では、ネットワークのレイアウトを整えたり、分析を行って特徴量を抽出したりできます。**データ工房**画面では、ネットワークを構築するためのデータを作成します。**プレビュー**画面では、概観画面で整えたネットワーク図を出力します。

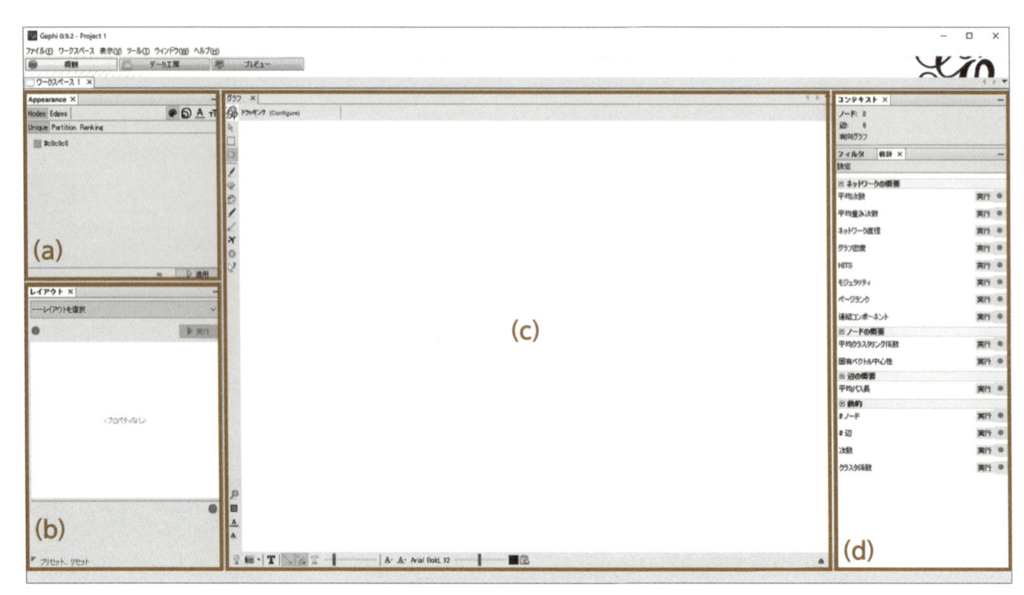

図 A5.28　概観画面の構成

概観画面には初期の段階で、Appearance ビュー、レイアウトビュー、グラフビュー、コンテキストビューの 4 つが表示されています。それぞれの役割は次のとおりです。

(a) **Appearance** ビュー：ノードの大きさや色、エッジの太さを調整します。
(b) **レイアウト**ビュー：レイアウトに従ってノードをどのように配置するかを調整します。
(c) **グラフ**ビュー：Appearance とレイアウトで調整した結果を反映したネットワークが表示されます。マウス操作でノードの配置を微調整したり、ノードにラベルを付与したり、ラベルの文字のフォントやサイズを変更できます。
(d) **コンテキスト**ビュー：ネットワークの特徴量を計算します。NetworkX パッケージの関数を使って計算できるものと同様のメニューが用意されています。

ネットワークの構築

第 7 章の 4 節で作成したエッジリストとノードのラベルを、それぞれ CSV ファイルへ出力して、項目名を次のように変更しておいてください。

Source	Target	Type	Weight
2	497	Undirected	0.5028124554
3	89	Undirected	0.5418546712
4	383	Undirected	0.6622684691
4	446	Undirected	0.6155225179
5	155	Undirected	0.5631302821
7	163	Undirected	0.6652760908
7	218	Undirected	0.6215598005
7	221	Undirected	0.5081303145
12	457	Undirected	0.5027996796
13	267	Undirected	0.5136635134

Id	Label
0	あと
1	あなた
2	いかが
3	いくつ
4	いずれ
5	いつ
6	うち
7	おすすめ
8	ここ
9	こちら

図 A5.29　エッジとノードリスト

●エッジリストの読み込み

データ工房画面で［スプレッドシートのインポート］をクリックし、エッジリストを選択して開きます。**General CSV options** 画面では、読み込んだデータを走査し、区切り文字やデータの種類、文字コードを推測します。プレビューでデータを確認し、問題なければ［次 >］をクリックします。

Import settings 画面では、どの項目を読み込むかを選択します。ここでは全ての項目を読み込むので、何も変更せず［終了 (F)］をクリックします。

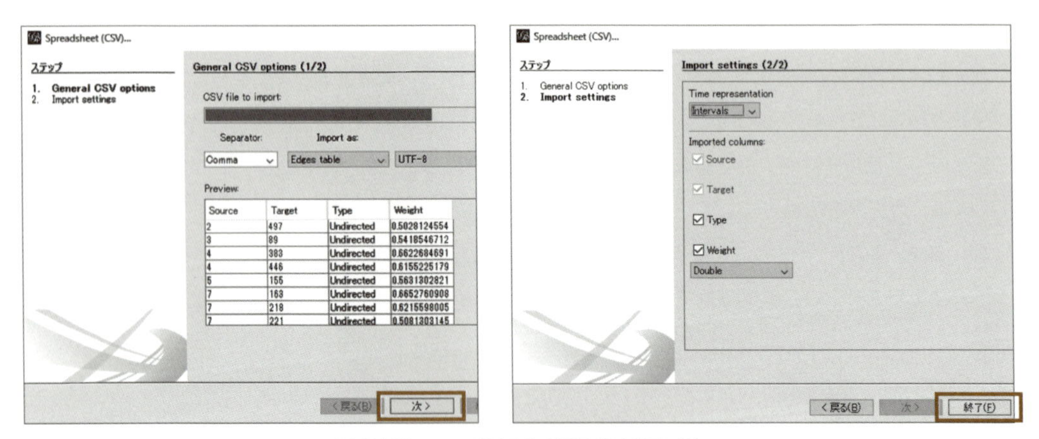

図 A5.30　エッジリストの読み込み設定 (1)

最後の画面では、構築するネットワークの種類、ノード数、辺の数を確認しましょう。既存のワークスペースに追加するので、[**Append to existing workspace**] を選択し、[OK] をクリックします。

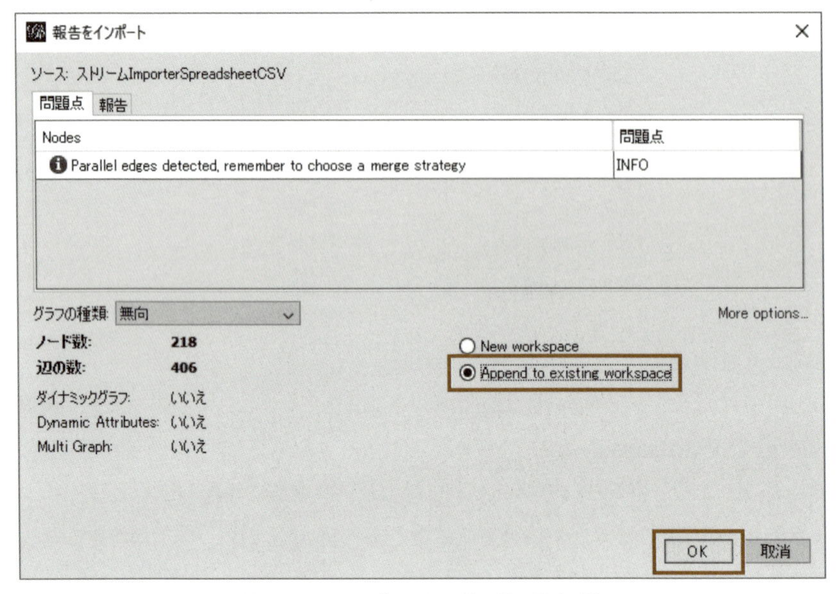

図 A5.31　エッジリストの読み込み設定 (2)

エッジリストを正しく読み込めると、データ・テーブル（辺）には次の結果が表示されます。タブ名下の [辺] をクリックして切り替えてください。

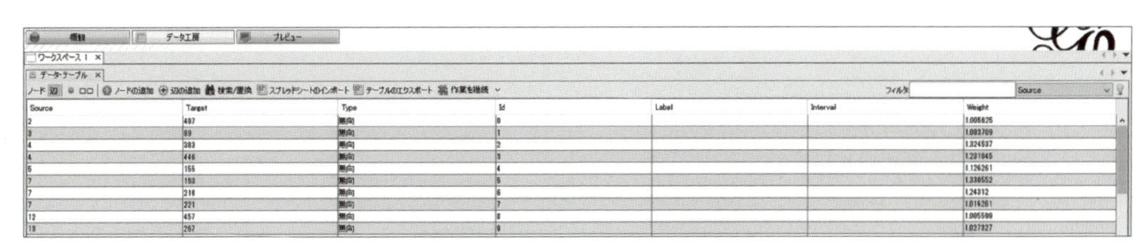

図 A5.32 エッジリストの読み込み

●ノードリストの読み込み

ノードリストも同様に読み込んでみましょう。データ工房画面で［スプレッドシートのインポート］をクリックし、ノードリストを選択して開きます。General CSV options 画面のプレビューでデータを確認し、問題なければ［次 >］をクリックします。Import settings 画面では何も変更せず［終了 (F)］をクリックします。

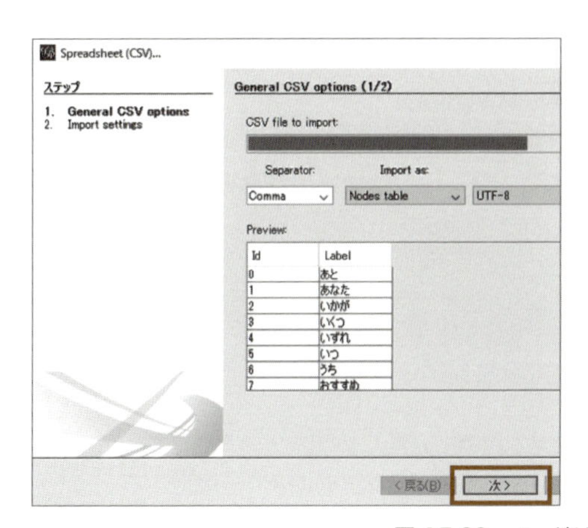

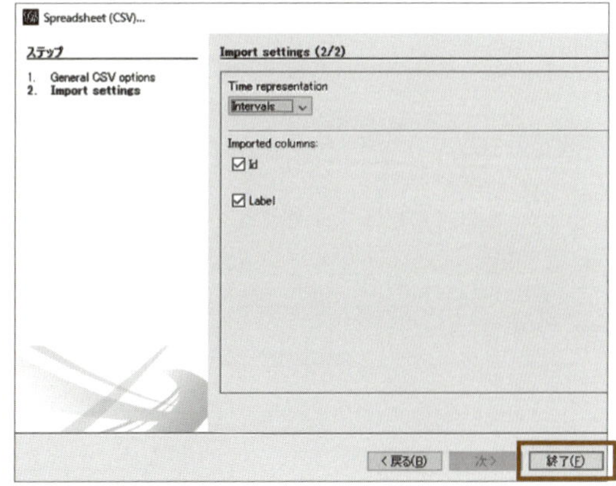

図 A5.33 ノードリストの読み込み設定 (1)

最後の画面では、ノード数を確認しましょう。既存のワークスペースに追加するため、［Append to existing workspace］を選択し［OK］をクリックします。

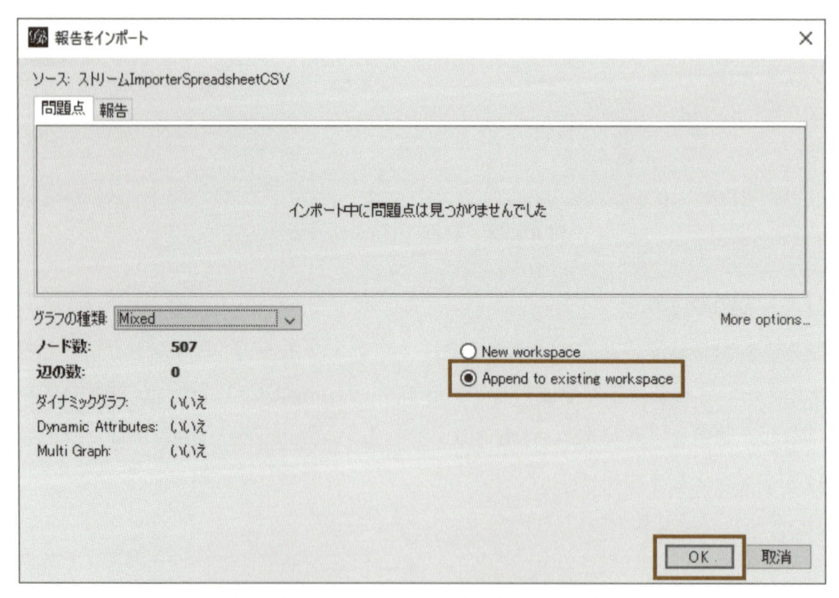

図 A5.34　エッジリストの読み込み設定 (2)

ノードリストを正しく読み込めると、データ・テーブル（ノード）には次の結果が表示されます。

概観　データ工房　プレビュー
ワークスペース 1
データ・テーブル
ノード 辺 | ノードの追加 辺の追加 検索/置換 スプレッドシートのインポート テーブルのエクスポート 作業を継続

Id	Label
2	いかが
497	雰囲気
3	いくつ
89	セキュリティ
4	いずれ
383	無線
446	表示
5	いつ
155	ユーザー
7	おすすめ

図 A5.35　ノードリストの読み込み

5.4　ネットワークのレイアウト調整

概観画面へ戻ると、グラフビューにネットワークが描画されています。レイアウトは「**Force Atlas**」を選択し、パラメータを設定して配置を整えましょう。また、文字フォントはMS UI Gothicを選択します。その他のパラメータは見やすいよう調節してください。

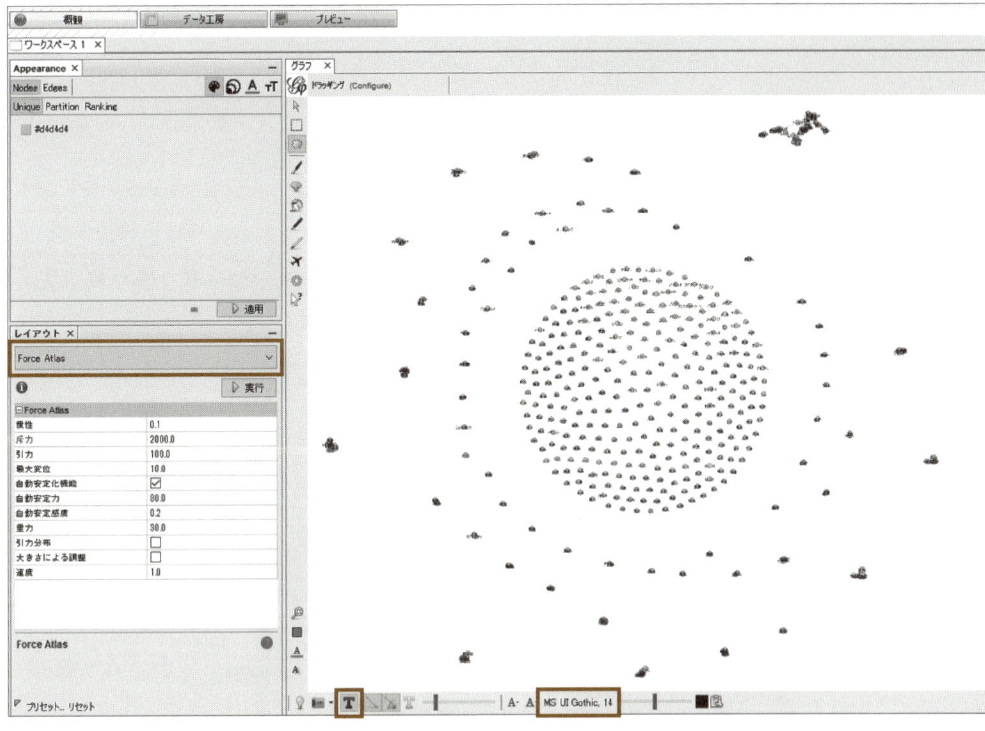

図 A5.36　共起語ネットワークの描画

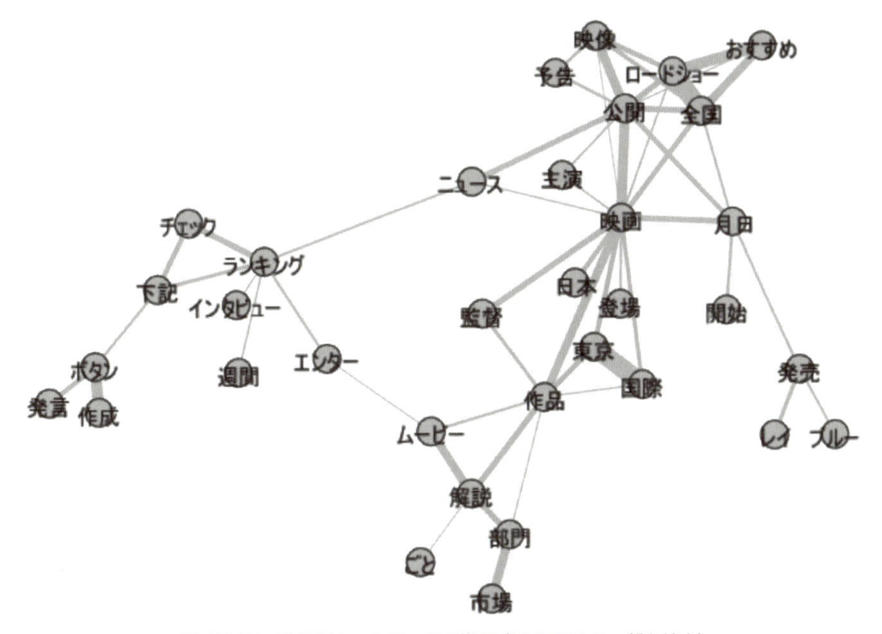

図 A5.37　共起語ネットワークの描画（図 A5.36 の一部を拡大）

納得のいくネットワーク図を描画できたら、スクリーンショットを撮る、もしくはプレビュー画面から図を出力するなど、好みの手段で図を保存して活用してください。

5.5 出現単語の可視化

文書中にどの単語が何回出現しているか、単語出現リストを作成して表形式で確認できます。しかし、もっと視覚に訴える、効果的な可視化の方法があります。それが**ワードクラウド**（**Word Cloud**）です。

ワードクラウドは、出現回数が多い単語ほど文字を大きく表示します。また、文字の色や向きを変えて効果的に表現します。

図 A5.38 IT ライフハック記事の単語を可視化

では、付録の 3 節と同じ環境で実装していきましょう。ノートブックを新規作成し、次のコードを実行してワードクラウドをインストールします。

リスト A5.1

```
1  !pip install wordcloud
```

付録の 3 節のリスト A3.1 を、以下のように修正して実行しましょう。

リスト A5.2

```
1  import os
2  import re
3  from janome.tokenizer import Tokenizer
4  from janome.analyzer import Analyzer
5  from janome.tokenfilter import POSKeepFilter
6  from janome.tokenfilter import TokenCountFilter
7
8  dirs = ['it-life-hack', 'movie-enter']
9  docterm = []
10 label = []
11 tmp1 = []
12 tmp2 = ''
13
14 t = Tokenizer()
15 token_filters = [POSKeepFilter(['名詞']), TokenCountFilter()]
16 a = Analyzer([], t, token_filters)
17
18 for i, d in enumerate(dirs):
19     files = os.listdir('./data/' + d)
20
21     for file in files:
22         f = open('./data/' + d + '/' + file, 'r', encoding='utf-8')
23         text = f.read()
24
25         reg_text = re.sub(r'[0-9a-zA-Z]+', '', text)
26         reg_text = re.sub(r'[:;/+\.-]', '', reg_text)
27         reg_text = re.sub(r'[\s\n]', '', reg_text)
28
29         tokens = a.analyze(reg_text)
30         for token in tokens:
31             if token[1] > 5:
32                 tmp1.append(token[0])
33                 tmp2 = ' '.join(tmp1)
34         docterm.append(tmp2)
35         tmp1 = []
```

```
36
37          label.append(i)
38          f.close()
```

- 29～35行目：**TokenCountFilter**を使って単語の出現回数をカウントし、5回を超えて出現する単語のみリストへ格納していきます。

リストA5.3

```
1  import matplotlib.pyplot as plt
2  from wordcloud import WordCloud
3
4  text = ''
5  for i in range(50):
6      text = text + docterm[i]
7
8  wc = WordCloud(background_color='white', font_path=r'C:\Windows\Fonts\msgothic.ttc',
9                        width=800, height=800).generate(text)
10
11 wc.to_file('it-life-hack_50-articles.png')
```

- 5～6行目：先頭から50記事に含まれる単語を抽出します。
- 8～9行目：**WordCloud**を使ってワードクラウドを生成します。文字のフォントは、Windowsが備えているものを使用します。
- 11行目：生成したワードクラウドを画像として出力します。

実行すると、図A5.38に示したITライフハックのワードクラウドが表示されます。ワードクラウドは、見た人にインパクトを与える、記憶に残りやすい可視化手法です。有効活用していきましょう。

出典

[1] https://www.anaconda.com/distribution/#download-section

[2] https://rapidminer.com/

[3] https://my.rapidminer.com/nexus/account/index.html#downloads

[4] https://gephi.org/

おわりに

本書を手にしてくださったのは、きれいに整形されたデータを使って分析したことはあっても、「実務で扱う生データをどのように前処理すればよいだろうか」とお悩みの方々ではないでしょうか。

本書では、様々な構造化データと非構造化データを対象にして、基本的な前処理のノウハウを学び、Pythonを使って実装する方法を紹介しました。前処理は課題ごとにオーダーメイドで設計・実装していくため、全てを紹介することはできません。しかし、本書で扱った技術は実務にも活かすことができます。

各章に設置した練習問題は、解けましたか？　前処理の技術力を高めるために、反復して問題を解くことは有効です。もし躓いた箇所があったら、解けるようにしておくことをお勧めします。

機械学習（深層学習を含む）のアルゴリズムを使って分析モデルを作成する作業は、急速に自動化されつつあります。しかし、モデル作成に投入する特徴量は、まだ暫くの間、人の手で前処理して作成する状況が続くでしょう。よって、これからデータ分析を主な業務とする皆さんには、前処理の力を高めてほしいと願っています。本書がその手助けになれば幸いです。

最後になりましたが、本書の執筆にあたってリックテレコム社の蒲生様、松本様に大変お世話になりました。多くの皆さまに改めて深く感謝を申し上げます。

2019年3月　足立 悠

お勧め書籍

本書では、開発環境や言語、パッケージの使い方、機械学習のアルゴリズムについては、実装に必要な最低限の説明に留めています。さらに学びたい場合は、以下の書籍を参考にしてください。

- 大重美幸著『詳細！Python 3 入門ノート』ソーテック、2017年
- 池内孝啓ほか著『Python ユーザのための Jupyter[実践] 入門』技術評論社、2017年
- Jake VanderPlas 著『Python データサイエンスハンドブック —Jupyter、NumPy、pandas、Matplotlib、scikit-learn を使ったデータ分析、機械学習』オライリージャパン、2018年
- Francois Chollet 著『Python と Keras によるディープラーニング』マイナビ出版、2018年
- 石川聡彦著『人工知能プログラミングのための数学がわかる本』KADOKAWA、2018年

Index 索引

M

N

O

P

R

S

T

U

W

Z

あ

う

え

お

足立　悠（あだち はるか）

BULB株式会社所属のデータサイエンティスト。過去にメーカーのSEやデータサイエンティスト、ITベンダーのデータアナリスト等を経て現職。数々のデータ分析プロジェクトのほか、実務者教育にも従事。個人的な活動として、記事や書籍の執筆、セミナー講師なども行っている。著書に『初めてのTensorFlow』と『ソニー開発のNeural Network Console入門』がある。
多感な時期に高専で5年間を過ごしてしまったせいか、周囲から変人や外れ値と評されている。趣味はお地蔵さんが密集している場所に佇むこと。ノマドワークによるパフォーマンスを測定中。

機械学習のための「前処理」入門

2019年 6月13日　第1版第1刷発行

著　　者　足立 悠

発 行 人　新関卓哉
企画担当　蒲生達佳
編集担当　松本昭彦
発 行 所　株式会社リックテレコム
〒113-0034 東京都文京区湯島 3-7-7
振替　00160-0-133646
電話　03(3834)8380(営業)
　　　03(3834)8427(編集)
URL　http://www.ric.co.jp/

装　　丁　長久雅行
編集協力・組版　株式会社トップスタジオ
印刷・製本　株式会社 平河工業社

●訂正等
本書の記載内容には万全を期しておりますが、万一誤りや情報内容の変更が生じた場合には、当社ホームページの正誤表サイトに掲載しますので、下記よりご確認下さい。
＊正誤表サイトURL
http://www.ric.co.jp/book/seigo_list.html

●本書に関するご質問
本書の内容等についてのお尋ねは、下記の「読者お問い合わせサイト」にて受け付けております。
また、回答に万全を期すため、電話によるご質問にはお答えできませんのでご了承下さい。
＊読者お問い合わせサイトURL
http://www.ric.co.jp/book-q

●その他のお問い合わせは、弊社サイト「BOOKS」のトップページ http://www.ric.co.jp/book/index.html 内の左側にある「問い合わせ先」リンク、またはFAX：03-3834-8043にて承ります。

●乱丁・落丁本はお取り替え致します。

ISBN978-4-86594-196-8　　Printed in Japan